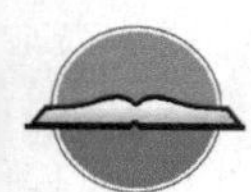

全国高等院校“十二五”规划教材
农业部兽医局推荐精品教材

新编 动物药理学

【动物医学　动物科学专业】

刘占民　李　丽　主编

中国农业科学技术出版社

图书在版编目(CIP)数据

新编动物药理学 / 刘占民,李丽主编 . —北京:中国农业科学技术出版社,2012. 7 (2024.3重印)
ISBN 978 - 7 - 5116 - 0958 - 8

Ⅰ. ①新…　Ⅱ. ①刘…②李…　Ⅲ. ①兽医学 - 药理学　Ⅳ. ①S859. 7

中国版本图书馆 CIP 数据核字(2012)第 124792 号

责任编辑　闫庆健　李冠桥
责任校对　贾晓红

出 版 者　中国农业科学技术出版社
北京市中关村南大街 12 号　邮编:100081
电　　话　(010)82106632(编辑室)(010)82109704(发行部)
(010)82109709(读者服务部)
传　　真　(010) 82106632
网　　址　http://www. castp. cn
经 销 者　各地新华书店
印 刷 者　北京建宏印刷有限公司
开　　本　787 mm×1 092 mm　1/16
印　　张　15. 375
字　　数　384 千字
版　　次　2012 年 7 月第 1 版　2024 年 3 月第 5 次印刷
定　　价　26. 00 元

版权所有 · 翻印必究

《新编动物药理学》编委会

主　　编　刘占民　李　丽

副 主 编　王安忠　呼秀智　刘荣欣　高　睿

参 编 者（按姓氏笔画排序）

王安忠（河北农业大学）

刘占民（河北农业大学）

刘荣欣（河北农业大学）

李　丽（辽宁医学院）

宋志勇（山西省畜牧兽医学校）

张建楼（河北农业大学）

呼秀智（河北工程大学）

高　睿（杨凌职业技术学院）

主　　审　刘聚祥（河北农业大学）

内容简介

本书为农业高等院校规划教材和农业部推荐系列教材之一，全书共十二章，在正文后附有实训指导。内容包括动物药理与药物学基本知识，消毒防腐药，抗微生物药，抗寄生虫药，作用于消化系统药物，作用于呼吸系统药物，作用于血液循环系统药物，作用于泌尿生殖系统药物，作用于神经系统药物，影响新陈代谢药和解毒药等。本教材主要供农业高职院校畜牧兽医及其相关专业的学生使用，也适用于基层畜牧兽医技术人员的培训，更是畜牧兽医技术人员和畜牧兽医生产一线从业人员的有益读物。

前　　言

《动物药理学》教材于2008年8月由中国农业科学技术出版社第一次出版，经过近四年的时间，通过各个院校在教学中使用，效果良好。结合现代畜牧业生产实际的需求，根据各院校在教学实践中对本教材的反映意见，于2012年3月对本教材进行修订。

在修订过程中，各位参编教师对原教材进行了深入细致的讨论、研究，制订了各章节的修改要求和修改内容，提出在原教材内容的基础上进行修改。根据学科特点，教材内容注重思想性、科学性、先进性、适用性，注重培养学生的独立思考能力和创造能力，并贯彻理论联系实际的原则，进一步培养和提高学生分析问题和解决问题的能力。

全书共分十二章和实训指导，在修改过程中原则上每位教师负责修改所编写章节，但由于部分教师工作繁忙或单位变动等原因，对部分章节的修改人员进行了变更。绪论、第一章、第十一章由刘占民修改；第二章、第十二章、实训十一、实训十二、实训十三由王安忠修改；第六章、实训六、实训七由呼秀智修改；第八章、实训四、实训五由高睿修改；第三章、第五章由刘荣欣修改；第四章、第七章、实训一、实训二、实训三由张建楼修改；第九章、实训八、实训九、实训十由宋志勇修改；第十章由李丽修改。

在修改过程中，所有编者本着高度负责的态度，对原教材进行了认真修改，同时查阅的大量相关资料，对教材内容进行了合理、科学地增减。书中插图是根据书后所参考文献绘制或修改的，在此对原书作者和出版社表示衷心的感谢。

由于编者水平和经验所限，经过修改后的教材仍会存在一些问题，真诚希望有关专家、广大师生和读者给予批评指正和提出宝贵意见。

编　者

2012年5月

序

中国是农业大国，同时又是畜牧业大国。改革开放以来，中国畜牧业取得了举世瞩目的成就，已连续20年以年均9.9%的速度增长，产值增长近5倍。特别是“十五”期间，中国畜牧业取得持续快速增长，畜产品质量逐步提升，畜牧业结构布局逐步优化，规模化水平显著提高。2005年，中国肉、蛋产量分别占世界总量的29.3%和44.5%，居世界第一位，奶产量占世界总量的4.6%，居世界第五位。肉、蛋、奶人均占有量分别达到59.2千克、22千克和21.9千克。畜牧业总产值突破1.3万亿元，占农业总产值的33.7%，其带动的饲料工业、畜产品加工、兽药等相关产业产值超过8 000亿元。畜牧业已成为农牧民增收的重要来源，建设现代农业的重要内容，农村经济发展的重要支柱，成为中国国民经济和社会发展的基础产业。

当前，中国正处于从传统畜牧业向现代畜牧业转变的过程中，面临着政府重视畜牧业发展、畜产品消费需求空间巨大和畜牧行业生产经营积极性不断提高等有利条件，为畜牧业发展提供了良好的内外部环境。但是，中国畜牧业发展也存在诸多不利因素。一是饲料原材料价格上涨和蛋白饲料短缺；二是畜牧业生产方式和生产水平落后；三是畜产品质量安全和卫生隐患严重；四是优良地方畜禽品种资源利用不合理；五是动物疫病防控形势严峻；六是环境与生态恶化对畜牧业发展的压力继续增加。

中国畜牧业发展要想改变以上不利条件，实现高产、优质、高效、生态、安全的可持续发展道路，必须全面落实科学发展观，加快畜牧业增长方式转变，优化结构，改善品质，提高效益，构建现代畜牧业产业体系，提高畜牧业综合生产能力，努力保障畜产品质量安全、公共卫生安全和生态环境安全。这不仅需要全国人民特别是广大畜牧科教工作者长期努力，不断加强科学研究与科技创新，不断提供强大的畜牧兽医理论与科技支撑，而且还需要培养一大批掌握新理论与新技术并不断将其推广应用的专业人才。

培养畜牧兽医专业人才需要一系列高质量的教材。作为高等教育学科建设的一项重要基础工作——教材的编写和出版，一直是教改的重点和热点之一。为了支持创新型国家建设，培养符合畜牧产业发展各个方面、各个层次所需的复合型人才，中国农业科学技术出版社积极组织全国范围内有较高学术水平和多年教学理论与实践经验的教师精心编写出版面向21世纪全国高等农林院校，反映现代畜牧兽医科技成就的畜牧兽医专业精品教材，并进行有益的探索和研究，其教材内容注重与时俱进，注重实际，注重创新，注重拾遗补缺，注重对学生能力、特别是农业职业技能的综合开发和培养，以满足其对知识学习和实践能力的迫切需要，以提高中国畜牧业从业人员的整体素质，切实改变畜牧业新技术难以顺利推广的现状。我衷心祝贺这些教材的出版发行，相信这些教材的出版，一定能够得到有关教育部门、农业院校领导、老师的肯定和学生的喜欢。也必将为提高中国畜牧业的自主创新能力和增强中国畜产品的国际竞争力作出积极有益的贡献。

国家首席兽医官
农业部兽医局局长

二〇〇七年六月八日

目　　录

绪　　论

一、动物药理学的定义、性质与任务

1. 动物药理学的定义

动物药理学是研究药物与动物机体（包括病原体）相互作用规律的一门学科。动物药理学研究的范畴包括药物效应动力学和药物代谢动力学两部分。药物效应动力学简称药效学，主要研究药物对机体的作用及其作用原理；药物代谢动力学简称药动学，主要研究药物在体内的代谢过程，即机体如何对药物进行处理。

2. 动物药理学的性质

动物药理学是临床医学各专业的基础医学课程，也是药学专业的专业课程，它既是基础医学与临床医学间的桥梁，也是医学与药学间的桥梁。动物药理学与动物生理学、动物生物化学、动物病理学、动物微生物学、动物免疫学等基础课程和动物内科学、动物外科学、动物产科学、动物传染病学、动物寄生虫病学以及中兽医学等专业课程都有密切的关系。

3. 动物药理学的学科任务

动物药理学的学科任务是为临床兽医学专业的学生在临床工作中合理用药、防治疾病提供理论依据，为从事动物临床医疗工作奠定基础；为动物药学专业的学生临床合理用药、评价药物及新药开发奠定基础；为兽医中药学发展、阐明生命活动的本质、揭示疾病的原理、促进生物科学发展提供研究方法，也是中药新药研究开发的重要组成部分；其理论研究进展也为研究细胞生理、生化及病理过程提供重要的科学资料。

学习动物药理学的主要任务是使学生既要掌握动物药理学的基本理论以及各类药物的作用和应用的基础知识，又要学会运用它们的能力。

4. 学习动物药理学的目的

学习动物药理学的目的是运用动物生理学、动物生物化学、动物病理学、动物微生物学及免疫学等基础医学知识和理论，阐明药物的作用原理、主要适应症和禁忌症，在此基础上掌握动物药理学的基本知识、基本理论和基本技能、药物的来源、性质、作用原理和临床应用等主要内容，为动物临床合理用药提供理论依据，指导临床合理用药，更有效地防治各种动物的各类疾病。

5. 学习动物药理学的方法

学习动物药理学，要以马克思主义哲学理论为指导思想，辩证地看待和处理药物与动物机体、药物与病原体之间的关系。动物药理学既是医学基础理论学科，又是实践性很强的实验性学科。因此，在学习过程中，要运用理论联系实际的学习方法，熟悉和掌握每类药物的基本作用原理和作用规律，分析各类药物的共性和特性。对常用重点药物，必须全面掌握其功效、作用原理和临床应用，并注意与其他药物进行比较和鉴别。对常用的试验方法和操作技能要重点学习和练习并熟练掌握，仔细观察和记录试验结果，同时要养成对实验结果和实验过程中出现的其他现象进行分析和思索的习惯，通过实验研究，培养严谨的工作作风、良好的实验动手能力、较强的分析和解决问题的能力。

二、药物学与动物药理学的发展简史

药物是劳动人民在长期的生产实践中发现、发明和创造出来的。古代人为了生存，从生活经验中得知某些天然物质可以治疗疾病与伤痛，有很多药物一直沿用至今，如“大黄导泻、楝实祛虫、柳皮退热”等。这些药物知识的大量积累和世代留传而集成古代本草学。从古代本草学发展成为现代药物学经历了漫长的岁月，是人类药物知识和经验的总结。其中，中国的本草学发展很早，文献极为丰富，对世界药物学的发展作出了重大贡献。《神农本草经》是中国现存最早的本草著作，成书时间约在公元1世纪前后，为汉代学者托“神农”之名编纂而成的著作，此书收载植物药、动物药和矿物药365种。公元659年，唐朝政府在此基础上修订为《新修本草》，并由政府颁布实施；《新修本草》收载药物884种，并附有图谱，是中国也是世界最早的药典性著作，比欧洲最早的《纽伦堡药典》还早880多年。宋朝开国百年，政府数次大规模修订本草，有力地推动了药学的发展。明代伟大医药学家李时珍经过30多年的艰苦努力，克服重重困难，编著而成药学巨著《本草纲目》，《本草纲目》收载药物1 892种，绘制药图1 160幅，收入药方11 000余条。此书内容丰富，收载广泛，实事求是，改进了分类方法，批判了迷信谬说，在当时的历史条件下有相当高的科学性。《本草纲目》是中国最伟大的本草学巨著，促进了中国医药学的发展，并受到国际医药界的推崇，在世界各国流传很广，对世界医药学的发展具有巨大的推动作用。

动物药物学的发展是随着药物学的发展而发展的。隋、唐之前兽医专用本草著作极少，兽用本草的内容多包含在历代的本草书籍之中。《神农本草经》中就载有不少专门治疗家畜疾病的药物，如柳叶“主马疥痂疮”，梓叶、桐花“治猪疮”等，可以认为《神农本草经》是一部人、畜通用的药学专著。汉简记载，汉代已有兽医药方，如“治马伤水方，姜、桂、细辛、皂荚、附子各三分，远志五分，桂枝五钱……”。晋代名医葛洪（公元281～340）所著《肘后备急方》，在第八卷有“治牛马六畜水谷疫疠诸病方”。北魏贾思勰所著《齐民要术》一书中，有畜牧兽医专卷，列举了48种治疗家畜疾病的方法，其中有麦芽治中谷（伤食），麻子治肚胀，榆白皮治咳嗽，雄黄治疥癣等。据《隋书·经籍志》载，有《疗马方》等有关兽医方药的专著，但原书已佚，其内容也无从查考。唐朝李石所著《司牧安骥集》是中国现存最早的兽医专著，其中卷七为《安骥药方》，收载兽医药方144个。宋代王愈著《蕃牧纂验方》，收载兽医方剂57个，如消黄散、天麻散、石决明散、桂心散、茴香散、乌梅散等。元代卞宝著《痊骥通玄论》，收载药物249种，兽医药方113个。明代喻本元、喻本亨兄弟编撰了《元亨疗马集》（刊行于1608年），这是流行最广的一部中兽医古籍。在该书“用药须知”中，收载药物260种。此外，还有中药运用、配伍、禁忌等内容。在“经验良方”中，收载方剂170余个。“使用歌方”将常用方剂编成汤头歌，被后世称为“三十六汤头”。

科学的发展与社会生产力的发展有密切的关系，现代药理学的建立和发展是与现代科学技术的进步紧密联系的。16～18世纪，欧洲经过资产阶级革命，资本主义兴起，社会生产力得到迅速提高，促进了自然科学的快速发展。化学和生理学等学科的发展为药物学和药理学的发展奠定了科学基础。18 世纪以前，凡研究药物知识的科学统称为“药物学”。意大利生理学家 F. Fontana（1702 ~ 1805）通过动物实验对千余种药物进行了毒性测试，得出了“天然药物都有其活性成分，选择作用于机体某个部位而引起典型反应”的客观结论。这一结论后来被德国化学家 F. W. Sertürner（1783 ~ 1841）所证实，F. W. Sertürner 于 1804 年首先从罂粟中分离提纯出吗啡，并在犬身上证明其具有镇痛作用。19 世纪初期，有机化学的发展为药理学提供了物质基础，从植物药中不断提纯其活性成分，得到纯度较高的药物，如咖啡因（1819）、士的宁（1818）、阿托品（1831）等。1819 年法国人 F. Magendie 用青蛙实验确定了士的宁的作用部位在脊髓。这些工作为药理学创造了实验方法。1828 年成功合成尿素，为人工合成有机化合物开辟了道路。药理学作为独立的学科应从德国人 R. Buchheim（1820 ~ 1879）算起，他建立了第一个药理学实验室，写出第一部药理学教科书，他也是世界上第一位药理学教授。其学生 O. Schmiedeberg（1838 ~ 1921）继续发展了试验药理学，开始研究药物的作用部位，被称为器官药理学。受体原是英国生理学家 J. N. LangLey（1852 ~ 1925）提出的药物作用学说，现已被证实它是许多特异性药物作用的靶。此后，药理学得到飞跃发展，又开始了人工合成新药研究，有许多催眠药、解热镇痛药、局部麻醉药涌现出来。如德国微生物学家 P. EhrLich 与同事共同合成治疗梅毒的胂凡纳明（606），开创了用化学药物治疗传染病的新纪元。1935 年德国 G. Domagk 发现磺胺类药百浪多息能治疗细菌感染。1940 年英国 H. W. FLorey 在 A. FLeming 研究的基础上，从青霉菌培养液中提纯了青霉素，开创了抗生素发展的新时代。20 世纪中叶，出现了许多前所未有的药理学新领域及新药物，如抗生素、抗癌药、抗精神病药、抗高血压药、抗组胺药、抗肾上腺素药等。药理学已由过去的只与生理学有联系的单一学科发展成为与生物化学、生物物理学、免疫学、遗传学和分子生物学等诸多学科有密切联系的综合学科，并随之出现了许多新的分支学科，如生化药理学、细胞分子药理学、免疫药理学、遗传药理学等。而临床药理学特别是药动学的发展使临床用药从单凭经验发展为科学计算，并促进了生物药学的发展。药效学研究方面特别是药理作用原理的研究也逐渐向微观世界深入，阐明了许多药物作用的分子机制，反过来也促进了分子生物学的发展。

大约在 17 世纪初，西药制造方法开始传入中国。1840 年鸦片战争以后，中国海禁开放，西方医药大量传入，在传统医药之外逐渐形成另一西方医药体系。此后百余年间，是中国对西药认识、学习和吸收的阶段。1949 年以前，中国医药科学发展十分缓慢，与此同时，中医药事业的发展也受到了相当严重的制约。新中国成立以后，中国医药事业快速发展，药理学研究取得了巨大成就。例如对抗血吸虫药酒石酸锑钾的药效学与药代学进行了系统研究，提高了疗效，又研制出非锑剂抗血吸虫药呋喃丙胺；阐明了吗啡镇痛部位是在第三脑室周围和导水管周围灰质，对镇痛药的作用机理研究产生了重要影响；在中药药理研究方面，对强心甙（如黄夹甙）、肌松药（如防己科植物）、镇痛药（如延胡索）、抗胆碱药（如山莨菪碱）、抗肿瘤药（如喜树碱）及抗疟药（如青蒿素）等进行了大量的工作，阐明了作用机理，推动了中西药的结合。

动物药理学作为独立学科建立的准确年代无从查考，欧洲 18 世纪开始成立兽医学院，20 世纪初期已出现多种兽医药物学及治疗学的教科书，但多记述植物药、矿物药和处方，没有叙述药物对组织的作用或作用机制。1917 年美国康乃尔大学的 H. J. MiLks 教授出版教科书《实用药理学及治疗学》，在当时得到广泛应用，由此可认为20世纪20年代前后是动物药理学学科建立的年代。

中国动物药理学在20世纪50年代初成为独立学科，得到较好发展是在20世纪70年代末期中国实行改革开放以后。这一时期，动物药理学研究进展很快，新兽药的研制开发取得了显著成就。例如，对磺胺与抗生素在动物体内的药代动力学进行了比较系统的研究；创制了海南霉素；合成了兽用保定药二甲苯胺噻唑与保定宁等；兽用抗寄生虫药及新制剂也不断开发应用。特别是近十年来，新兽药的研制开发取得了更加突出的成就。20世纪50年代初，中国成立独立的高等农业院校，大多数农业院校设立了兽医专业，开始开设动物药理学课程，1959年出版了全国试用教材《兽医药理学》，1980年5月出版全国高等农业院校教材《兽医药理学》（第一版），2002年出版面向21世纪课程教材《兽医药理学》（第二版）（即全国高等农业院校教材《兽医药理学》第二版）。此外，还编写出版了多种版本的《兽医药理学》教材和兽药专著、兽药手册等，促进和完善了《兽医药理学》教材体系的建设。1965年出版了第一部《兽药规范》，1978年出版了第二部《兽药规范》，1987年5月国务院颁发了《兽药管理条例》；2004年又重新修订。自《中华人民共和国兽药典》（1990版）正式颁布至今，已颁布发行到2005年版，这些法规的颁布与实施对兽医药品的生产与质量控制发挥了重要作用。所有这一切，都为保障和促进中国畜牧业发展起到了重要的作用。

第一章

药理学基础知识

第一节　兽药基本知识

一、药物与兽药的概念

1. 药物　药物是指用于预防、治疗或诊断疾病的各种物质。随着科学的发展，药物的概念也在进一步扩大和深入。理论而言，凡能通过化学反应影响生命活动过程（包括器官功能及细胞代谢）的化学物质都属于药物范畴。

2. 兽药　是指用于预防、治疗、诊断动物疾病或者有目的地调节动物生理机能的物质（含药物饲料添加剂），主要包括血清制品、疫苗、诊断制品、微生态制品、中药材、中成药、化学药品、抗生素、生化药品、放射性药品及外用杀虫剂、消毒剂等。

3. 普通药物　指使用治疗剂量时一般不产生明显毒性的药物。如青霉素、链霉素和磺胺类药物等。

4. 毒药　指作用剧烈，毒性极强，超过极量在短时间内即可引起动物中毒或死亡的药物。如硝酸士的宁和毛果芸香碱等。

5. 剧药　指作用剧烈，毒性较强，超过极量极易引起中毒或死亡的药物。其中一些剧药，必须经过国家有关部门批准才能生产和销售，并在使用时有一定条件限制，这类剧药称为限剧药。如苯甲酸钠咖啡因、巴比妥等。

6. 麻醉品　指具有成瘾性的毒、剧药品，如吗啡、可待因等。它与不具有成瘾性的麻醉药物有着本质的区别，不能把麻醉品和麻醉药的概念相混淆。

7. 兽用处方药　是指凭兽医处方方可购买和使用的兽药。

8. 兽用非处方药　是指由国务院兽医行政管理部门公布的、不需要凭兽医处方就可以自行购买并按照说明书使用的兽药。

二、药物的来源

药物的种类繁多，根据来源可分为天然药物和人工合成药物。

1. 天然药物　存在于自然界中具有预防和治疗疾病作用的天然物质称天然药物。天然药物包括植物药（如黄连、龙胆）、动物药（如胰岛素、胃蛋白酶）、矿物药（如硫酸钠、硫酸镁）3 类。抗生素和生物制品（如青霉素、疫苗等）也列入天然药物范畴。

2. 人工合成或半合成药物　用化学方法人工合成或根据天然药物的化学结构用化学方法制备的药物称为人工合成药，如磺胺类药物和肾上腺素；人工半合成药是在原有天然药物的化学结构基础上引入不同的化学基团，制得的一系列化学药物，如氨苄青霉素和强力霉素等。人工合成和半合成药物应用非常广泛，是药物生产和获得新药的主要途径。

三、药物的制剂与剂型

为了便于使用、保存和携带，将药物经过适当加工，制成具有一定形态和规格而有效成分不变的制品称为制剂。经加工后的药物的各种物理形态称为剂型。兽医临床常用的剂型有以下5类。

（一）液体剂型

1. 溶液剂 指溶质为非挥发性药物的澄明液，溶媒多为水。主要供内服，也可外用。如硫酸镁溶液。

2. 合剂 由两种以上药物制成的透明或混浊的液体剂型，多供内服用，用时摇匀。如复方甘草合剂。

3. 乳剂 指两种以上不相混合的液体，加入乳化剂（如阿拉伯明胶等）后制成的乳状悬浊液，可内服或外用。如松节油乳剂。

4. 酊剂 指将药物用规定浓度的乙醇浸出或溶解而制成的澄清液体制剂，也可用流浸膏稀释而成，可供内服或外用，如碘酊。

5. 醑剂 指挥发性药物的酒精溶液，可供内服或外用。如樟脑醑。

6. 擦剂 由刺激性药物制成的油性或醇性液体剂型，多供外敷用，涂擦于完整的皮肤表面，发挥局部治疗作用。如四三一擦剂。

7. 流浸膏剂 将药材的浸出液经浓缩除去部分溶媒而制成的符合标准的液体剂型，多供内服。通常每1ml相当于原药材1g。如益母草流浸膏。

8. 透皮吸收剂 将药物涂擦于完整的皮肤上而经皮肤吸收的液体剂型。如左旋咪唑透皮剂和一些中药透皮剂。

（二）半固体剂型

1. 软膏剂 指药物与油脂性或水溶性基质混合制成的均匀的半固体外用制剂。供眼科用的灭菌软膏称为眼膏。如红霉素软膏。

2. 舔剂 是由各种植物药粉末、中性盐类或浸膏与黏浆药等混合制成的一种黏稠状或面团状半固体剂型，供病畜自由舔食或涂抹在病畜舌根部任其吞食，应无刺激性及不良气味。常用的辅料有甘草粉、淀粉和糖浆等。

（三）固体剂型

1. 片剂 指由药物与适宜的辅料混匀压制而成的圆片状或异形片状的固体制剂。主要供内服用，如土霉素片。

2. 丸剂 是一种类似球形或椭圆形的剂型，由主药、赋形药、黏合药等组成。如牛黄解毒丸。

3. 胶囊剂 药物或加有辅料充填于空心胶囊或密封于软质囊材中的固体制剂。主要供内服用，如速效感冒胶囊。

4. 粉剂（散剂） 是由各种不同药物经粉碎、过筛、均匀混合而制成的干燥粉末状制剂，可供内服或外用。如健胃散等。

5. 可溶性粉剂（饮水剂） 指药物或与适宜的辅料经粉碎、均匀混合制成的可溶于水的干燥粉末状制剂。专用于饮水给药。

6. 预混剂　是由一种或几种药物与适宜的基质（赋形剂）混合制成供添加在饲料中的药物的粉末状制剂。常用的基质有碳酸钙、麸皮、玉米粉等。将适宜的基质掺入饲料中（混饲）充分混合，可达到使药物微量成分均匀分散的目的。

（四）气雾剂

气雾剂是指药物与适宜的基质均匀混合制成的粉末状或颗粒状制剂。可供皮肤和腔道等局部应用，也可作吸入全身治疗、厩舍消毒、除臭及杀虫等。

（五）注射剂（针剂）

注射剂是指药物与适宜的溶剂或分散介质制成的供体内注射的溶液、乳状液或混悬液及供临用前制成或稀释成溶液或浓溶液的无菌制剂。据此可将注射剂分为水针剂和粉针剂（在临用时加注射用水等溶媒配制）。如果密封于安瓿中，称为安瓿剂。

四、药物的保管与贮藏

妥善地保管与贮藏药物是防止药物变质、药效降低、毒性增加和发生意外的重要环节。

1. 药物的保管　保管药物应有专人负责，并建立严格的保管制度，否则不但会造成药品的损失，甚至可能危害人、畜生命。特别是毒、剧药品和麻醉药品，应严格按国家颁发的有关法令、条例进行管理和保存。

2. 药物的贮藏　按药物的理化性质、用途等科学合理地贮存药物，是防止事故、避免损失的重要措施。各种药品的贮藏原则是遮光、密封贮藏，以免药物被污染或发生挥发、潮解、风化、变质、燃烧甚至爆炸等事故。

对于有保存期限的药品，应经常检查，以免过期失效。有效期是指药物的有效使用期限，一般指药物自生产之日起到失效之日止；失效期指药物开始失效的日期。生产批号是用来表示同一原料同一批次制造的产品，其内容包括日号和分号。日号原用六位数字表示，若同一日期生产几批，则可加分号来表示不同的批次。中国药厂生产的药品批号与出厂日期是合在一起的，如某药的批号为20070526－3，即表示2007年5月26日生产的第三批药物。

五、处方

处方指兽医师为患畜开的药单。处方为医疗中的法律性文件，同时也代表兽医师的医疗水平。处方开写的正确与否，直接影响治疗效果和病畜的安全，兽医师及药剂师必须有高度的责任感。处方也是药房配药和发药的依据，同时处方也是药房管理中药物消耗的原始凭证。

（一）处方的结构和内容

处方应书写在规定格式的处方笺上。书写应清楚，便于应用、保存、核查和总结经验。书写完整的处方必须包括以下各项内容。

1. 登记　写明就诊日期、就医单位、畜主、畜别、年龄、性别、特征等，以便查询。

2. 处方上项　印有 R 或 Rp，为拉丁文 Recipe 的缩写，意思是“取或拿”。

3. 处方中项　药名及剂量。每一种药物单写一行，根据药物在处方中所起作用依次排列。

主药，起主治作用的药物；辅（佐）药，辅助或加强主药发挥作用的药物；矫正药，矫正主药、佐药不良气味或不良反应的药物；赋形药，本身无明显药理作用，而是使处方中药物能制成适当剂型的药物。

通常情况下，在处方中主药、赋形药都有，辅药常有，而矫正药不常有。

4. 处方下项 写明药物配制法，服用法，即说明将药物配制成何种剂型、给药途径、给药次数、给药的间隔时间、给药疗程等。

5. 兽医师、药剂员签名盖章 兽医师开完处方、药剂员发完药后，均应在处方相应位置签名、盖章，以示负责。

（二）处方的类型

1. 普通处方 处方中所开药物均为《中国兽药典》或《中国兽药规范》所规定的制剂，其成分、含量及配制方法都有明确的规定。开写处方时，只写出制剂的名称、用量及用法即可。

××××××××××兽医站处方笺

NO. 年 月 日

畜主			住址				
畜别		性别		年龄		特征	

R

1. 硫酸链霉素 100 万 U×6 支
   注射用水 30. 0ml
   用法：肌肉注射，每次 100 万 U，每天 2 次，连用 3 天；
2. 大黄苏打片 0. 3g×60 片
   用法：每次 10 片，每天 3 次

药价

兽医师： 药剂员：

2. 临时调配处方 是兽医师根据病情需要开的《中国兽药典》和《中国兽药规范》没有规定的处方，兽医师把所需要的药物开在一张处方上，由药房临时配制后应用。

××××××××××兽医站处方笺

NO. 年 月 日

畜主			住址				
畜别		性别		年龄		特征	

R

磺胺嘧啶 2. 0
非那西汀 0. 6
碳酸氢钠 4. 0
甘草粉 6. 0
常水 适量
配制：调制成糊状
用法：一次投服

药价

兽医师： 药剂员：

（三）开写处方注意事项

1. 不可用铅笔开写处方，字迹工整，不得涂改，如有涂改须加盖兽医师印章。

2. 使用药物名称必须规范，原则采用《中国兽药典》或《中国兽药规范》收载的名称（正名），或使用普遍认同的通用商品名或缩写名称。

3. 处方中开写的毒、剧药不得超过极量，如因特殊需要而超量时，应在剂量旁加感叹号，如“5.0！”，以引起注意，同时加盖处方医师印章或签名，以示负责。

4. 剂量单位：固体药物用克（g），液体药物用毫升（ml），一般情况下可省略单位；特殊单位如 mg、μg、IU 等，必须写明；剂量如有小数时，小数点必须对齐。

5. 一张处方笺上书写几个处方时，每个处方的中项均应完整，并在每个处方第一个药名的左上方写出序号，如①，②，③等。

6. 书写完毕，必须认真检查，不得有错字、别字及不规范的简体字。

六、兽药管理

（一）中国兽药管理概况

1. 兽药管理现状与存在的问题　中国兽药产业起步虽晚，但近年来发展较快。改革开放以来，兽药的研究和开发水平不断提高，新兽药的研发速度逐年加快，新产品的开发能力不断增强。随着畜牧业的快速发展和产业结构的不断调整和优化，中国兽药生产方式和产品结构不断变化。近年来，禽用化学药品和疫苗以及新型抗菌促生长剂的品种和产量增加较多；为满足畜牧生产的实际需要，已开发出一些兽药新品种或新剂型，如可溶性粉剂、缓释剂和浇淋剂等。然而，在兽药产业发展过程中还存在一些问题，如兽药生产企业数量多、规模小、产品质量参差不齐，在国内和国际兽药市场的竞争力低；新兽药研发能力薄弱，资金投入不足，仿制产品多，低层次和重复研究较多，生产工艺落后，分装产品多，自主研发能力差，具有自主知识产权的产品比例很低；兽药质量监督体系建设不能适应兽药生产和经营企业发展的需要，个别假、劣兽药仍充斥于市场而不能彻底杜绝；不规范使用兽药现象（包括饲料中滥用兽药）仍较严重。

2. 兽药滥用及其后果　由于畜牧业的发展，兽药的使用量和范围不断扩大，兽药应用的安全性问题凸显。兽药安全问题不仅涉及各类动物的安全，而且还与人类健康密切相关。滥用兽药造成的不良后果，主要有以下六方面：①导致动物中毒；②引起动物过敏反应（有些动物可产生严重反应甚至致死）；③导致动物体内一些病原菌或寄生虫产生耐药性；④造成动物源性食品如肉、蛋、奶的药物残留（药物残留指在用药动物的细胞、组织、器官或产品中蓄积药物原型及其代谢物，长期食用含药物残留的动物性食品的消费者会发生过敏反应，甚至发生致畸、致突变和致癌等不良后果）；⑤污染环境；⑥动物源性食品出口受阻。

3. 动物源性食品兽药残留的原因与对策　目前，肉、蛋、奶及其制品中的兽药残留超标现象，主要原因是滥用兽药，不按照《中国兽药典》规定的“作用与用途”、“用法与用量”使用兽药；不遵守《饲料药物添加剂使用规范》（2001 年 7 月 3 日农业部颁布）中明确的适用动物种类、作用与用途、用法与用量、注意事项（含休药期）等用药规定；随意增加用药剂量或延长用药时间，在休药期内屠宰，不按要求废弃有药物残留的牛奶等产品；以未经许可的途径给药，将兽药用于未经许可的动物品种或违反特定的限制，直接将原料药加入饲料中使用，甚至将不允许作饲料药物添加剂的兽药制成药物添加剂或直接加入饲料，饲料加工过程中药物添加剂的混合方法不当，动物厩舍污染等。以上违规用药方法，均可造成动物源性食品兽药残留超标而影响消费者的健康。

4. 严格按照要求管理和使用兽药　按规定，凡含有药物的饲料添加剂，均按兽药进行管理；兽用原料药不得直接加入饲料中使用，必须制成预混剂后方可添加到饲料中；饲料药物添加剂必须按农业部发布的饲料药物添加剂品种及含量规格等规定进行生产、经营和使用；饲料药物添加剂使用的药物，必须符合兽药标准的规定。由两种以上药物制成的饲料添加剂，必须符合药物配伍规定，凡批准用于防治动物疾病并规定疗程，仅通过混饲给药的饲料药物添加剂须凭兽医处方购买和使用。农业部还规定对激素类、同化激素类等药物应严加管理，不允许用作饲料药物添加剂。

随着人民生活水平提高，进一步提高肉、蛋、奶的产量和品质已成为迫在眉睫的问题，对兽药和药物添加剂的需求品种和数量愈来愈多，对其质量的要求也不断提高。根据中国兽药生产的现状和使用过程中存在的问题，必须加强兽药的管理，采取切实可行的措施，不断解决新出现的问题，中国兽药业才能逐步缩小与世界先进水平的差距。

（二）兽药管理措施

1. 兽药管理组织机构　按照中国《兽药管理条例》的规定，农业部兽医局负责全国的兽药管理工作，中国兽药监察所负责全国的兽药质量监督、检验工作。各省、自治区、直辖市设立相应的兽药药政部门和兽药监察所，分别从事辖区内的兽药管理工作和兽药质量监督、检验工作。

2. 兽药标准　为使中国兽药生产、经营、销售、使用和新兽药研发以及兽药的检验、监督和管理规范化，应共同遵循法定的技术依据，即中国的兽药国家标准《中华人民共和国兽药典》（简称《中国兽药典》）和《中国兽药规范》。

《中华人民共和国兽药规范》是中国的兽药国家标准，是兽药生产、经营、使用和监督等部门检验质量的法定依据。《中国兽药规范》（1965 年版）是中国最早的兽药国家标准，于 1965 年颁布实施。1978 年颁布实施《中国兽药规范》（1978 年版），收载了农业部颁布的一些新兽药的质量标准；1992 年经中国兽药典委员会组织修订，并审议通过，将没有收入到《中国兽药典》（1990 年版）的、各地仍有生产和使用的一些品种以及农业部陆续颁布的一些新兽药的质量标准载入《中国兽药规范》（1992 年版）。该规范分一部（收载化学药品）和二部（收载中药材和中兽药成方），采用的凡例和附录均照《中国兽药典》（1990 年版）一部或二部的规定。

1991 年正式颁布中国第一部兽药典《中华人民共和国兽药典》（1990 年版），现已颁布发行到 2005 年版。《中国兽药典》（1990 年版）分一部和二部，一部收载化学药品、抗生素、生化制品和各类制剂；二部收载中药材和成方制剂。根据中国兽药业发展状况，国家兽药典委员会对《中国兽药典》（1990 年版）进行了相应的修订和增补，于 2000 年 11 月颁布《中国兽药典》（2000 年版）；2006 年 4 月颁布了《中国兽药典》（2005 年版）。《中国兽药典》（2005 年版）分为一、二、三部，一部收载化学药品、抗生素、生物药品原料及制剂 446 种，新增 27 种；二部收载中药材、中成药方剂共 685 种，新增 31 种；三部收载生物制品共 115 种，新增 27 种。三部各有凡例、附录、索引等。同时，编写两部配套丛书《兽药使用指南（化学药品卷）》和《兽药使用指南（生物制品卷）》，主要内容包括“作用与用途”、“用法与用量”和“注意”等，对指导临床用药具有重要意义。

3. 兽药管理法规 为加强兽药的监督管理，保证兽药质量，有效防治畜禽等动物疾病，促进畜牧业的发展和维护人类健康，中国的兽药管理主要法规是国务院发布的《中华人民共和国兽药管理条例》。《条例》要求凡从事兽药生产、经营和使用者，应当遵守本条例的规定，保证兽药生产、经营和使用的质量，并确保安全有效。农业部根据《条例》的规定，制定和发布了《兽药管理条例实施细则》，并根据各章中的规定制定并发布了相应的管理办法，如《新兽药及兽药新制剂管理办法》《核发兽药生产许可证、兽药经营许可证、兽药制剂许可证管理办法》《兽药药政、药检管理办法》、《兽药生产质量管理规范（试行）》《兽药生产质量管理规范实施细则（试行）》《动物性食品中兽药最高残留限量》和《饲料药物添加剂使用规范》等。

4. 加强兽药管理的措施 为防止兽药可能对动物引起的种种直接危害，防止兽药及其代谢物在动物体内的残留通过食品对人体产生有害影响和对环境造成污染，必须从严管理兽药。今后兽药管理应加强以下几方面工作。

（1）加强法制建设。兽药管理的重点是立法。随着中国经济体制的变革和社会主义市场经济体制逐步完善，兽药管理也应适应市场经济发展的需要，应通过立法，进一步加强对兽药行业和兽药制品的严格管理。国务院1987年5月27日发布《中华人民共和国兽药管理条例》，并于1988年1月1日实施。同时，废除了国务院1980年8月26日批转的《中华人民共和国兽药工作暂行条例》。2001年11月29日国务院发布《国务院关于修改〈中华人民共和国兽药管理条例〉的决定》，根据这一决定对《中华人民共和国兽药管理条例》进行了修改，并于2004年11月1日实施。为了进一步加大对兽药管理的立法力度，应进一步对原有《条例》进行修改和调整，并尽快使之上升为《动物药品法》。为规范兽药的生产和经营，应继续保留和完善《条例》中规定的实行许可证制度；增补《条例》中缺乏的兽药使用管理方面的规定，并以法律形式明确下来，以保证兽药使用环节规范化。为彻底消除假、劣兽药的生产、销售和使用，应加大处罚力度，并追究有关当事人的刑事责任。在将来的《动物药品法》中应明确规定，提高兽药生产和经营人员的素质要求，确保兽药的安全和有效。

（2）加快新兽药的研发。加大新兽药的研究开发力度，增加投入，加快研究开发的速度。重视兽药新剂型的研究开发。新兽药研发的重点是动物专用抗菌药物、安全高效抗寄生虫药物、基因工程疫苗和药物以及宠物用药的研发。

（3）完善兽药监督体系。加强各省兽药监察所建设，提高监督人员的素质，使之完全有能力承担常规的监督工作，进一步加强对兽药产品的质量监督。

（4）兽药生产实行科学化、规范化管理。为从根本上保证产品质量，兽药生产企业的生产全过程均应符合《兽药生产质量管理规范（试行）》（1990年1月1日起施行），即兽药GMP标准及《实施细则（试行）》（1994年10月21日颁布）中有关规定，杜绝兽药制剂生产厂的低水平的重复建设。

（三）兽药质量监督

兽药质量监督是加强兽药管理的核心问题，必须认真做好。中国各级兽药监察所是兽药质量保证体系的重要组成部分，是国家对兽药质量实施技术监督、检验、鉴定的法定专业技术机构。中国兽药监察所是全国兽药监察业务技术指导中心，全国兽药检验的最高技术仲裁单位。其主要职责是负责全国兽药质量的监督、抽检兽药产品和兽药质量检验、鉴定的最终技术仲裁；承担或参与国家兽药标准的制定和修订；负责第一、第二、第三类新兽药、新生物制品和进口兽药的质量复核，并制定和修订质量标准，提交其编制说明和复核报告；开展有关兽药质量标准、检验新技术和新方法等研究；掌握全国兽药质量情况，承担兽药产品质量的监督抽查，参与对假冒伪劣兽药的查处；指导下属所工作；培训兽药检验技术人员等。省、自治区、直辖市兽药监察所主要负责本辖区的兽药检验及质量监督工作，掌握兽药质量情况；承担兽药地方标准制定、修订，参与部分国家兽药标准的起草、修订；负责兽药新制剂的质量复核试验；调查、监督本辖区的兽药生产、经营和使用情况；参与对假劣兽药的查处；开展有关研究和兽药检验技术培训；参与兽药厂考核验收、技术把关。地区设区市兽药监察所，主要配合省所做好流通领域中的兽药质量监督、检验；协助省所对兽药生产、经营企业进行质量监督。

（四）新兽药的研制和审批

1. 新兽药的概念与分类 新兽药是指未曾在中国境内上市销售的兽用药品。按管理要求，新兽药分为五类。第一类为中国研制的国外没有或未批准生产、仅有文献报道的原料药品及其制剂；第二类为中国研制的国外已批准生产，但未列入国家药典、兽药典或国家法定药品标准的原料药品及其制剂；第三类为中国研制的国外已批准生产，并已列入国家药典、兽药典或国家法定药品标准的原料药品及其制剂、有化学药物复方制剂、中西兽药复方制剂；第四类为改变剂型或改变给药途径的药品；第五类为增加适应症的兽药制剂。

2. 新兽药的研制和审批 新兽药的研制和审批均应按《兽药管理条例》及其《实施细则》和《新兽药及兽药新制剂管理办法》等有关规定进行。新兽药的研究内容应包括：理化性质、药理、毒理、临床、处方、剂量、剂型、稳定性、生产工艺等，并提出质量标准草案。

申报新兽药应提交以下20项申报资料：新兽药名称及命名依据；选题目的、依据及国内外概况综述；新兽药化学结构或组分的试验数据、理化常数、图谱及其解析；生产工艺，对新制剂尚须提交处方及其依据；原料药及其制剂、复方制剂稳定性试验数据；药理研究结果；一般毒性试验结果；特殊毒性试验结果；食品动物主要组织中兽药残留的消除规律、最高残留限量和休药期的研究资料；饲料药物添加剂或激素的动物喂养致畸和繁殖毒性试验报告；环境毒性试验资料；临床研究结果；中试生产总结报告；连续3～5批中试生产的样品及其检验报告；三废处理试验报告；质量标准草案及起草说明；新兽药及其制剂的包装、标签和使用说明书；生产成本计算；主要参考文献；申报申请书。

第一、第二和第三类新兽药的申报资料由农业部初审，符合规定的交兽药评审中心进行复核试验和新兽药质量标准草案的起草。复核试验合格的，由新兽药审评委员会进行技术审评。凡符合规定的，经审核批准后发布其质量标准，并发给研制单位《新兽药证书》。兽药新制剂的复核试验、技术审评、审核批准、质量标准的发布均由省属相应机构受理。第一和第二类新兽药在批准试生产后，应继续考察新兽药的稳定性、疗效和安全性，并在广泛的推广应用中，重点了解在长期使用后出现的不良反应和远期疗效。

第二节　药物对机体的作用——药效学

一、药物的基本作用

（一）药物作用的基本表现

药物能引起动物生理机能或生化反应过程发生改变和杀灭病原体的作用称为药物的作用，又称药物的效应或药效。

药物对机体作用的表现多种多样，但任何药物的作用都是在机体原有生理机能和生化过程的基础上产生的，即主要表现为机能活动加强和减弱两个方面。凡使机体的机能活动增强的称为兴奋作用，能引起兴奋的药物为兴奋药。凡使机体的机能活动减弱的称为抑制作用，能引起抑制的药物为抑制药。

药物兴奋和抑制作用是可以转化的。当兴奋药的剂量过大或作用时间过久时，往往在兴奋之后出现抑制；同样，抑制药在产生抑制之前也可出现短时而微弱的兴奋。

除了功能性药物表现为兴奋和抑制作用外，有些药物如化疗药物则主要作用于病原体，可以杀灭或驱除入侵的微生物或寄生虫，使机体的生理、生化功能免受损害或恢复平衡而呈现其药理作用。

（二）药物作用的方式

1. 药物的直接作用与间接作用　药物对所接触的组织器官直接产生的作用称为直接作用，又称原发性作用；由于直接作用而使其他组织器官产生的反应叫做间接作用，也称继发性作用。例如，洋地黄被机体吸收后，直接作用于心脏，加强心肌收缩力，使心脏机能增强，这种作用为直接作用；同时由于心输出量的增加，间接增加肾的血流量，尿量增加，表现利尿作用，使心性水肿得以减轻或消除，这种作用为间接作用。

2. 药物的局部作用与吸收作用　药物未被吸收进入血液前在用药局部产生的作用称为药物的局部作用，如对注射部位的消毒就是局部作用。药物吸收进入血液后对机体组织器官产生的作用称为吸收作用，又叫全身作用。如肌肉注射青霉素后出现的抗感染作用，就是吸收作用。

（三）药物的选择性作用与原浆毒作用

绝大多数的药物在适当的剂量时，仅对机体的某些器官组织有明显的药理作用，对其他器官组织作用较小或几乎无作用，这种现象称为药物的选择性作用或药物作用的选择性。如缩宫素对子宫平滑肌具有高度选择性，能用于催产。药物的选择性作用一般是相对的，往往与剂量有关，随着剂量的加大，选择性可能降低。与选择性作用相反，有些药物对各种组织细胞均有类似作用，能破坏一切有生命的蛋白质，称为原浆毒作用或原生质毒作用。这类药物一般仅作为环境或用具的防腐消毒药，如氢氧化钠等。

（四）药物的治疗作用与不良反应

药物作用于机体后，既可产生对疾病治疗和机体健康有益的作用，即药物的治疗作用；也会出现不利或有害的作用，即药物的不良反应。治疗作用与不良反应构成了药物作用的两重性。在临床用药中，应充分发挥药物的防治作用，尽量减少或避免药物的不良反应。

1. 治疗作用

一般又分为对因治疗和对症治疗。用药后能消除发病的原因称为对因治疗，也称治本，如抗生素杀灭体内的病原微生物等；用药后仅能改善或消除疾病的症状称为对症治疗，也称治标，如解热药可使病畜升高的体温降至正常而不能消除致热原。对因治疗和对症治疗是相辅相成的，临床应遵循“急则治标，缓则治本，标本兼治”的治疗原则，并根据病情灵活运用。

2. 不良反应

（1）副作用。副作用是药物在治疗剂量时产生的与用药目的无关的作用。产生副作用的药理基础是药物作用选择性低，作用范围广。当某一效应被用为治疗目的时，其他效应就成了副作用，副作用可随治疗目的的不同而改变。如应用阿托品解除肠道平滑肌痉挛时，对腺体分泌抑制引起口干为副作用；当利用它抑制腺体分泌的作用，作为麻醉前给药时，使平滑肌松弛而引起肠臌气，就成为副作用。药物的副作用对机体的损害一般比较轻微，并可事先预知。

（2）毒性反应。毒性反应是由于药物用量过大、时间过长或机体对某一类药物特别敏感，以致造成机体有明显损害的作用。有些药物有一定的毒性，通常可以预料，在用药时严格剂量就可以避免。

（3）过敏反应。过敏反应是指少数具有特异体质的病畜，在应用极少量的某种药物时，产生的与药物作用性质完全不同的反应。过敏反应的发生与用药的剂量无关，在兽医临床一般不可预知，对机体的危害也是可轻可重。如青霉素过敏时，可表现为出汗、荨麻疹等过敏症状，严重时也可因过敏性休克而致死。

（4）继发性反应。是药物治疗作用引起的不良后果。如成年草食动物胃肠道有许多微生物寄生，正常情况下菌群之间维持平衡的共生状态，如果长期应用四环素类广谱抗生素，对药物敏感的菌株受到抑制，菌群间相对平衡受到破坏，以致一些不敏感的细菌或抗药的细菌如真菌、葡萄球菌、大肠杆菌等大量繁殖，可引起中毒性肠炎或全身感染。这种继发性感染也称为“二重感染”。

（5）后遗效应。指停药后血药浓度已降至阈值以下时的残存药理效应。后遗效应可能对机体产生不良反应。如长期应用皮质激素可导致药源性疾病；有些药物也能对机体产生有利的后遗效应，如抗生素可提高吞噬细胞的吞噬能力。

此外，某些药物可能有致畸、致癌或致突变等严重不良反应。

二、药物的构效关系

药物的构效关系指特异性药物的化学结构与药物效应之间的密切关系。因为药理作用的特异性取决于特定的化学结构，这就是构效关系。化学结构类似的药物一般能与同一受体或酶结合，产生相似（拟似药）或相反的作用（颉颃药）。例如，去甲肾上腺素、肾上腺素、异丙肾上腺素为拟肾上腺素药，普奈洛尔为抗肾上腺素药。它们的结构如下：

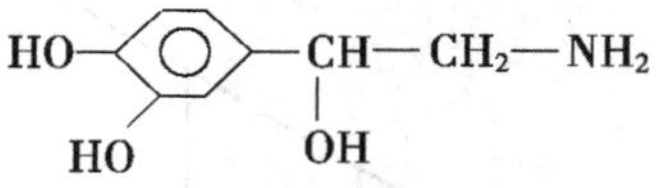

去甲肾上腺素 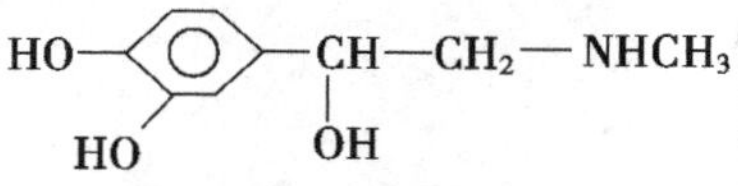　　肾上腺素

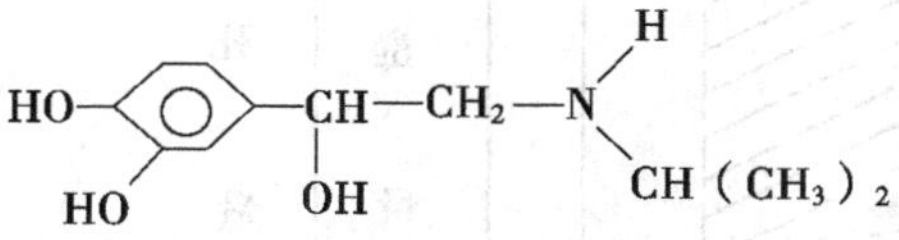

异丙肾上腺素 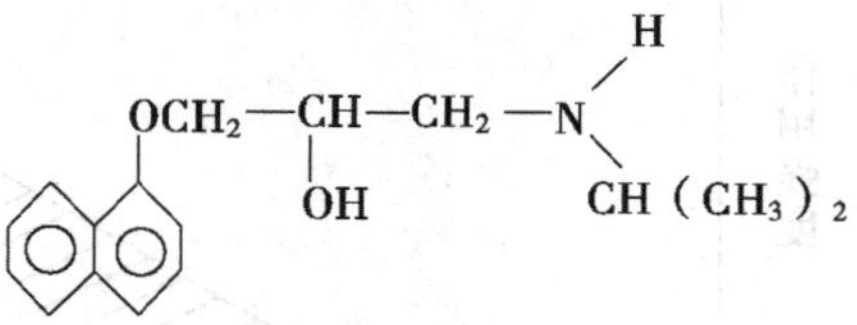　　普奈洛尔

此外，许多化学结构完全相同的药物存在光学异构体，具有不同的药理作用，多数药物是左旋体有效，右旋体无药理作用。

三、药物的量效关系

1. 量效关系定义及相关概念

在一定的范围内，药物的效应与靶部位的浓度成正相关，而后者决定于用药剂量或血中药物浓度，定量地分析与阐明两者间的变化规律称为量效关系。它有助于了解药物作用的性质，也可为临床用药提供参考资料。

（1）无效量。药物剂量从小到大的增加可引起机体药物效应强度或性质的变化。药物剂量过小，不产生任何效应，称无效量。

（2）最小有效量或最小有效浓度。系指能引起效应的最小药量或最小药物浓度，亦称最小剂量、阈剂量或阈浓度。

（3）最大效应（极量）。在反应系统中，随着剂量或浓度的增加，效应强度也随之增加，当效应增强到最大程度后虽再增加剂量或浓度，效应不再继续增强，这一药理效应的极限称为最大效应（效能）或极量。

（4）最小中毒量。在极量基础上若再增加剂量，就会出现毒性反应，出现中毒的最低剂量称为最小中毒量。

（5）半数有效量（ED_{50}）。在量反应中指能引起50%最大反应强度的药量，在质反应中指引起50%实验对象出现阳性反应时的药量。

（6）致死量和半数致死量（LD_{50}）。比中毒量大并能引起死亡的剂量，称为致死量。能引起半数动物死亡的量称半数致死量（LD_{50}）。药物的ED_{50}越小、LD_{50}越大，说明药物越安全。

（7）安全范围。药物的最小有效量到最小中毒量之间的范围称为安全范围。

（8）治疗指数。一般常以药物的LD_{50}与ED_{50}的比值称为治疗指数（TI），用以表示药物的安全性。

（9）药物的常用量（治疗量）。指在安全范围内，大于最小有效量，小于最小中毒量，能对机体产生明显效应，但不引起毒性反应的剂量（图1－1）。

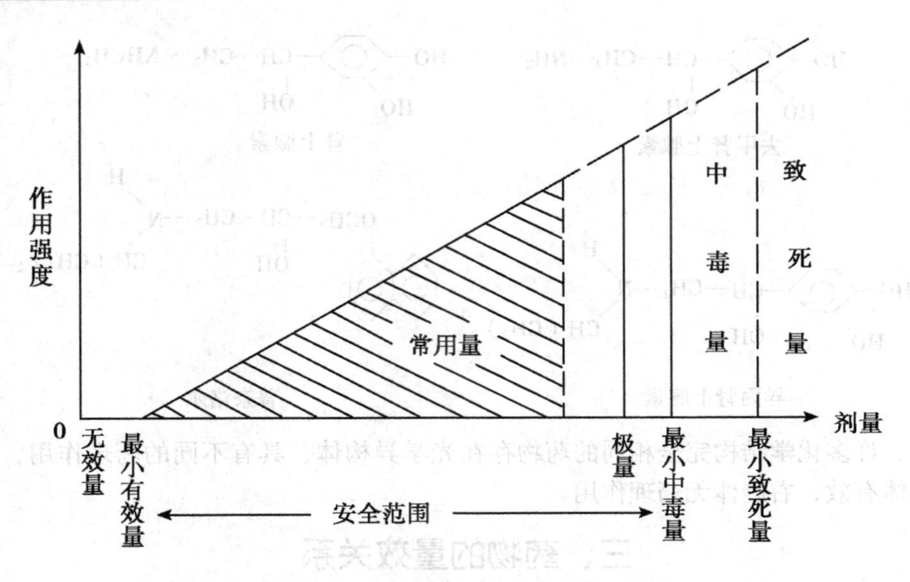

图1－1　药物作用与剂量的关系示意图

2. 量效曲线

上述量效关系可用量效曲线表示，纵坐标表示效应强度，横坐标表示剂量，可得到一直方双曲线（图1－2）；若以对数标尺作横坐标，效应强度作纵坐标，可得到一条对称的S型曲线，就是典型的量效关系曲线图（图1－3）。

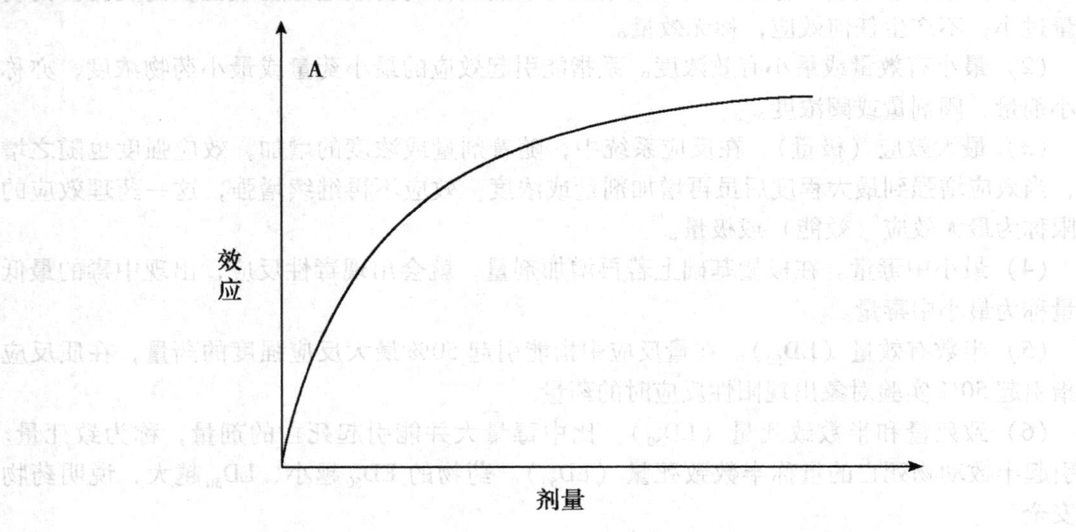

图1－2　量效曲线图

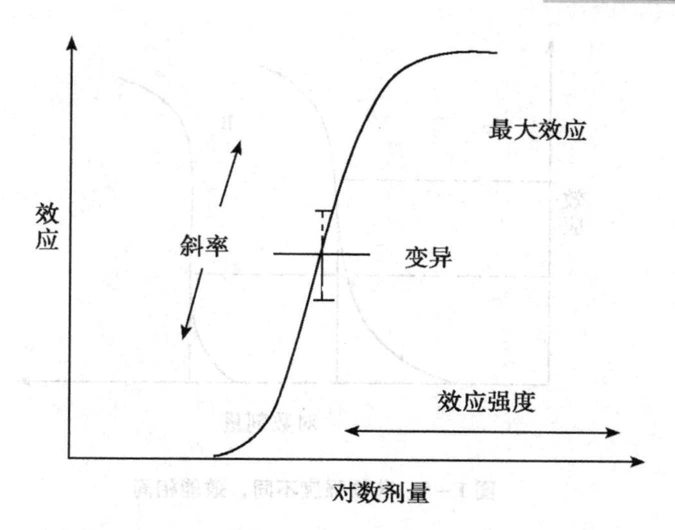

图 1-3　量效半对数曲线图

图 1-3 的 S 型量效曲线近似直线部分的坡度用斜率表示，中段斜率变化较小，并近似线性关系，显示剂量稍有增减，效应便会明显加强或减弱。多数剧毒药物的量效曲线的斜率比较陡。量效曲线在横轴上的位置，能说明药物作用的强度，它表示该药达到一定效应时所需的剂量。

图 1-4 所示药物 A、B 的效能不同、强度也不同；图 1-5 所示药物的效能相同，但强度却不同。虽然作用强度能明显地影响药物的剂量，但在一般临床应用时能方便地给予所需的剂量，强度并不十分重要。如果通过透皮吸收，高强度的药物是需要的，因为皮肤吸收药物的能力是有限的。

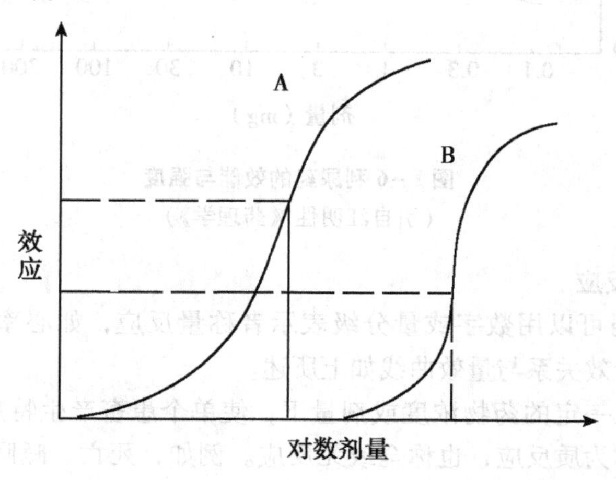

图 1-4　药物效能、强度均不同

药物的最大效应（或效能）与强度是两个不同的概念，不能混淆，在临床用药时，由于药物具有不良反应，其剂量是有限度的，可能达不到真正的最大效能，所以在临床上药物的效能比强度重要得多。如噻嗪类利尿药比呋噻米有较强的强度，但后者有较高的效能，是高效利尿药（图 1-6）。

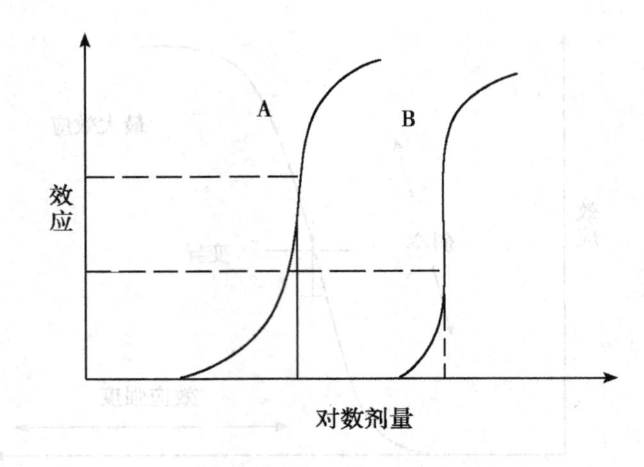

图 1－5　药物强度不同，效能相同

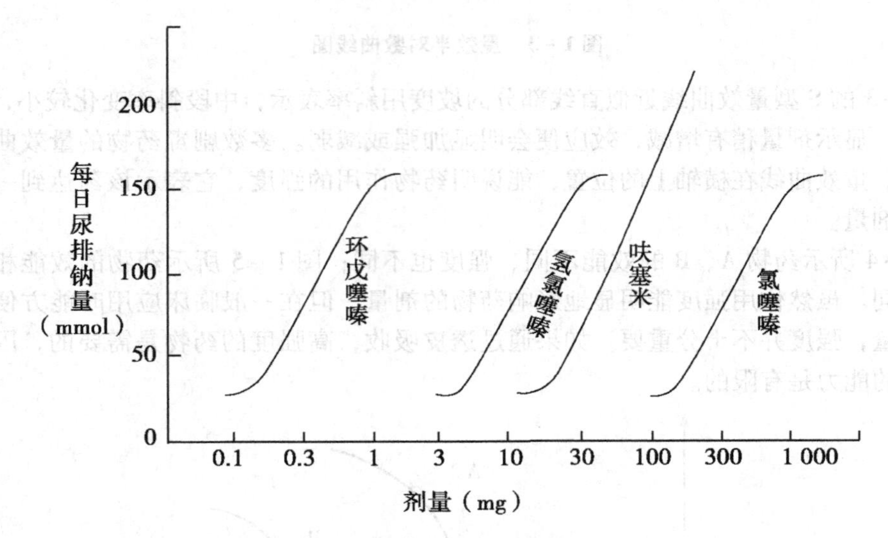

图 1－6 利尿药的效能与强度
（引自江明性《药理学》）

3. 效反应和质反应

药理效应的强弱可以用数字或量分级表示者称量反应，如心率、血压、血细胞、体温、血糖浓度等。量效关系与量效曲线如上所述。

另一种情况是在一定的药物浓度或剂量下，使单个患畜产生特殊的效应，以有或无、阴性或阳性表示，称为质反应，也称全或无反应。例如，死亡、睡眠、惊厥等。质反应量效曲线的横坐标用对数剂量（或浓度）纵坐标用阳性反应频数时，一般为常态分布曲线；如改用累积频数为纵坐标，可以得到 S 型曲线，成为质反应量效曲线。这个曲线与量反应的量效曲线（图 1－3）相似，但质反应的量效曲线的斜率是表示群体中药效学差异，并不表示个体患畜从阈值到最大效应的剂量范围（图 1－7）。

4. 疗指数与安全范围

药物的 LD_{50} 与 ED_{50} 的比值称为治疗指数（TI），此数值越大，药物越安全。但是仅靠

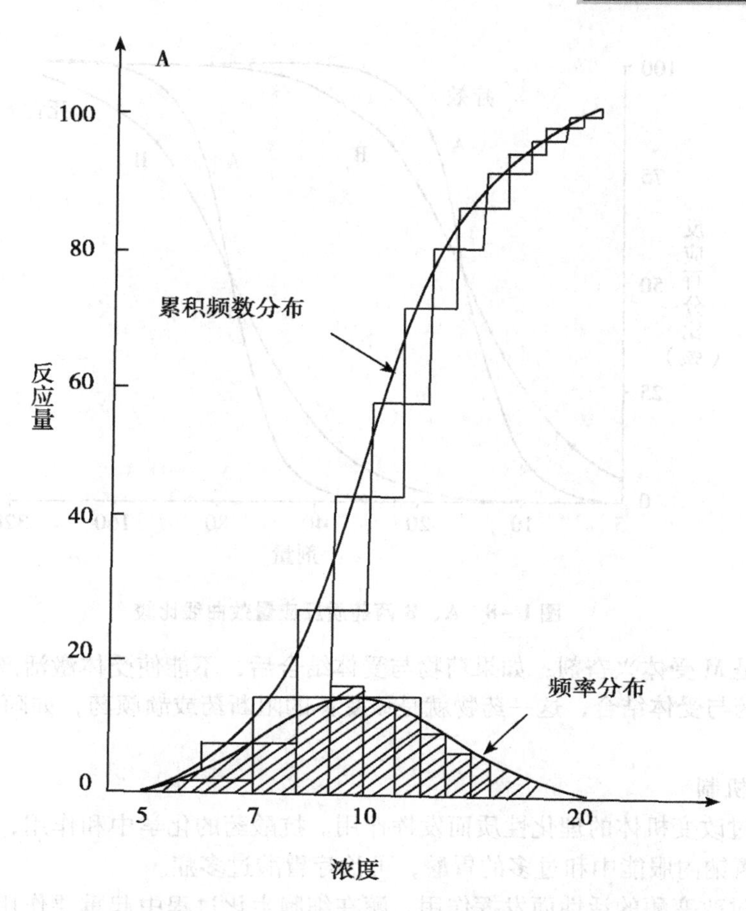

图 1－7　频数分布曲线与质反应量效曲线

治疗指数来评价药物的安全性是不够的，因为在高剂量的时候，可能出现严重的毒性反应甚至死亡。从图 1－8 的例子中可看出，两药（A 和 B）的量效反应曲线有相同的 LD_{50} 与 ED_{50}，但两药的累积频数分布曲线的斜率不同，药 A 有较陡的斜率，在整个群体没有死亡的情况下可有效地应用；而药 B 量效曲线的斜率较平坦，在 ED_{50} 时可引起最敏感的动物的死亡。显然药 B 是极不安全的。因此，有人提出以 LD_5 和 ED_{95} 的比值作为安全范围来评价药物的安全性比治疗指数更好。

四、药物的作用机理

药物作用机理是研究药物为什么起作用、如何起作用和在哪个部位起作用的问题。了解药物作用机理对加深理解药物作用和不良反应，指导临床实践有重要意义。由于药物的种类繁多、性质各异，且机体的生化过程和生理机能十分复杂，虽然人们的认识已从细胞水平、亚细胞水平深入到分子水平，但其学说也不完全相同。目前，公认的药物作用机理有以下几种。

1. 受体机制

药物通过与机体细胞的细胞膜或细胞内的受体相结合而产生药效效应。当某一药物与受体结合后，能使受体激活，产生强大效应，这一药物就是该受体的激动药或兴奋药，如

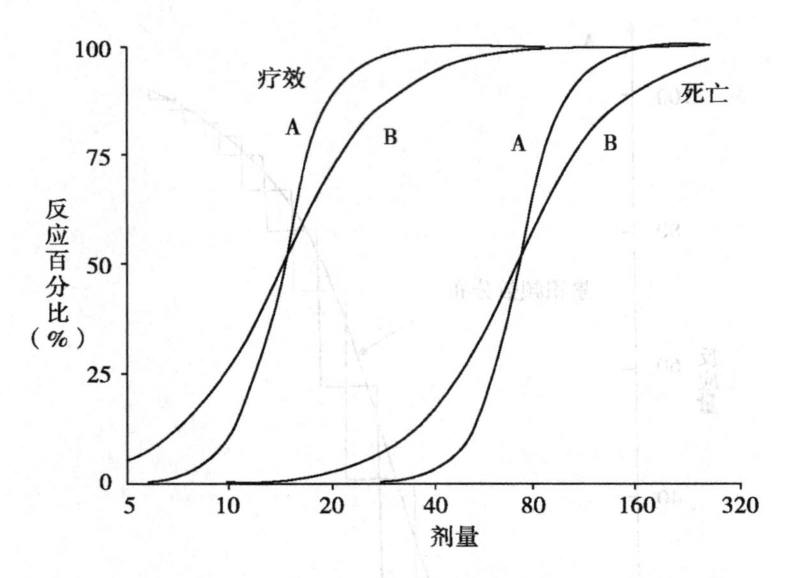

图1-8 A、B两药质反应量效曲线比较

毛果芸香碱是M受体兴奋剂；如果药物与受体结合后，不能使受体激活产生效应，反而阻断受体激动药与受体结合，这一药物就是该受体的阻断药或颉颃药，如阿托品是M受体的阻断剂。

2. 受体机制

（1）通过改变机体的理化性质而发挥作用。抗酸药的化学中和作用，使胃液的酸度降低。如碳酸氢钠内服能中和过多的胃酸，可治疗胃酸过多症。

（2）通过改变酶的活性而发挥作用。酶在细胞生化过程中起重要作用，如喹诺酮类药物，可通过抑制细菌DNA复制过程中所需回旋酶的活性而产生抗菌作用。

（3）通过参与或影响细胞的物质代谢过程而发挥作用。如磺胺药通过干扰细菌的叶酸合成代谢过程而发挥抑菌作用。

（4）通过改变细胞膜的通透性而发挥作用。如表面活性剂苯扎溴铵可改变细菌细胞膜的通透性而发挥抗菌作用。

（5）通过影响体内活性物质的合成和释放而发挥作用。如大量碘能抑制甲状腺素的释放，阿司匹林能抑制生物活性物质前列腺素的合成而发挥解热作用。

第三节　机体对药物的作用——药动学

一、生物膜的结构与药物的转运

（一）生物膜的结构

生物膜是细胞膜和细胞器膜的统称，包括核膜、线粒体膜和溶酶体膜等。细胞膜大部分是由不连续的、具有液态特性的双分子脂层组成，厚度约为8nm，少部分由蛋白质或脂蛋白组成，并镶嵌在脂质的基架中。膜成分中的蛋白质有重要的生物学意义，一种为表在性蛋白，有的具吞噬、胞饮作用；另一种为内在性蛋白，贯穿整个脂膜，组成生物膜的受体、酶、载体和离子通道等。生物膜能迅速地作局部移动，是一种可塑性的液态结构，它可以改变相邻蛋白质的相对几何形状，并形成通道内转运的屏障，不同组织的生物膜具有不同的特征，如血脑屏障，也决定了药物的转运方式。

（二）药物转运的方式

药物从给药部位进入全身血液循环，分布到各种器官、组织，经过生物转化最后由体内排出要经过一系列的细胞膜或生物膜，这一过程称为跨膜转运。

1. 被动转运

指药物通过生物膜由高浓度向低浓度转运的过程。一般包括简单扩散和滤过。

（1）简单扩散。又称被动扩散，大部分药物均通过这种方式转运，其特点是顺浓度梯度，扩散过程与细胞代谢无关，故不消耗能量，没有饱和现象。扩散速率主要决定于膜两侧的浓度梯度和药物的脂溶性，浓度越高、脂溶性越大，扩散越快。

（2）滤过。通过水通道滤过是许多小分子（分子量150～200）、水溶性、极性和非极性物质转运的常见方式。各种生物膜水通道的直径有所不同。毛细血管内皮细胞的膜孔比较大，约为4～8nm，而肠道上皮和大多数细胞膜仅为0.4nm。

2. 主动转运

这是一种载体介导的逆浓度或逆电化学梯度的转运过程。载体与被转运物质发生迅速、可逆的相互作用，所以对转运物质的化学性质有相当的选择性。由于载体的参与，转运过程有饱和性，相似化学性质的物质还有竞争性，竞争性抑制是载体转运的特征。

3. 易化扩散

又称促进扩散，也是载体介导的转运，故也具有饱和性和竞争性的特征。但是易化扩散是顺浓度梯度转运，不需要消耗能量，这是它和主动转运的区别。

4. 胞饮/吞噬作用

由于生物膜具有一定的流动性和可塑性，因此细胞膜可以主动变形而将某些物质摄入细胞内或从细胞内释放到细胞外，这种过程称为胞饮或胞吐作用。

二、药物的体内过程

从药物进入机体至排出体外的过程称为药物的体内过程，包括药物的吸收、分布、转化和排泄，这个过程几乎是相继发生、同时进行的（图1－9）。药物在体内的吸收、分布和排泄统称为药物在体内的转运，药物的转化和排泄，又称为药物的消除。了解药物的体内过程，对临床优选给药方案和提高疗效具有重要意义。

（一）药物的吸收

药物自用药部位进入血液循环的过程称为吸收。药物的吸收速度和吸收量可影响药物的作用。给药途径、药物的理化性质等可影响药物的吸收，除静脉注射以外，其他给药方法均有吸收过程。

1. 内服给药

内服药物多以被动转运的方式经消化道黏膜吸收，主要吸收部位在小肠，吸收后的药物经门静脉进入肝脏，在肝脏中有一部分药物被代谢灭活，使进入血液循环的有效药量减少，药效下降，这种现象称为第一关卡效应（亦称首过效应）。如利多卡因经首过效应后，血中几乎测不到原型药。影响药物吸收的因素有药物的溶解度、pH值、浓度、肠内容物的

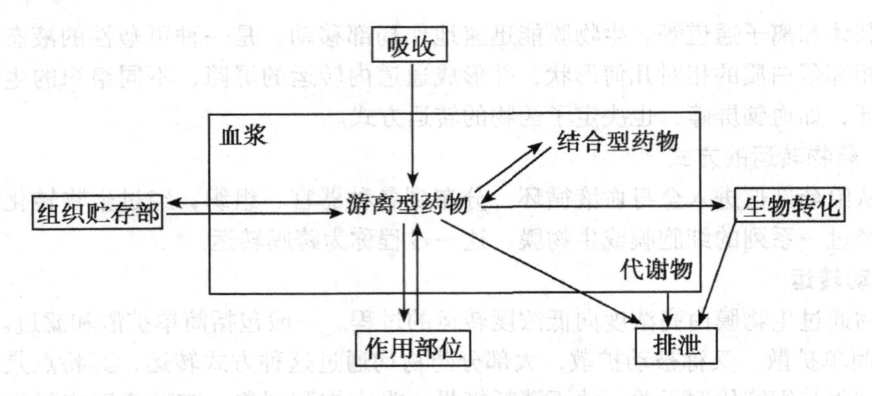

图 1-9　药物体内过程示意图

多少以及胃肠蠕动快慢等。一般来说，溶解度大的水溶性小分子和脂溶性药物易于吸收；弱酸性药物在胃内酸性环境下不易解离而易于吸收，弱碱性药物在小肠内碱性环境下易于吸收；胃肠内容物过多时，吸收减慢。据报道，猪饲喂后对土霉素的吸收少而且慢，饥饿猪的生物利用度可达23%，饲喂后猪的血药峰浓度仅为后者的10%；药物浓度高则吸收较快；胃肠蠕动快时，有的药物来不及吸收就被排出体外；胃肠道内的阳离子如 Mg^{2+}、Fe^{2+}、Fe^{3+}、Ca^{2+}、Al^{3+} 等能与四环素发生螯合作用而减少药物的吸收。

2. 注射给药

主要有静脉注射、肌肉注射和皮下注射，其他还包括腹腔注射、关节腔内注射、硬膜下腔和硬膜外腔注射等。静脉注射药物直接入血，无吸收过程。皮下注射或肌肉注射，药物主要经毛细血管壁吸收，吸收速率与药物的水溶性、注射部位的血管分布状态有关。水溶性药物吸收迅速，油制剂、混悬剂、胶体制剂或其他缓释剂可在局部滞留，吸收较慢。肌肉组织的毛细血管丰富，故肌肉注射药物比皮下注射吸收快。试验还证明，将肌肉注射量分点注射比一次注入的吸收为快。

3. 呼吸道给药

气体或挥发性液体麻醉药和其他气雾剂型药物可通过呼吸道吸收。肺有很大的表面积（如马为500m^2、猪为50～80m^2），血流量大，经肺的血流量为全身10%～12%，肺泡细胞结构较薄，故药物极易吸收。

4. 皮肤黏膜给药

完整的皮肤吸收能力差，多发挥局部作用，可通过透皮吸收剂的作用促进药物的吸收，个别脂溶性高的药物（如有机磷类）可通过皮肤吸收而引起中毒。黏膜的吸收能力较皮肤强，但治疗意义不大。

（二）药物的分布

吸收后的药物随血液循环转运到机体各组织器官的过程称为分布。药物在体内的分布多呈不均匀性。通常，药物在组织器官内的浓度越大，对该组织器官的作用就越强。但也有例外，如强心苷主要分布于肝和骨骼肌组织，却选择性地作用于心脏。影响药物分布的因素主要有以下几种。

1. 药物与血浆蛋白的结合力

药物在血浆中能不同程度地与血浆蛋白呈可逆性结合，游离型与结合型药物经常处于动态平衡（图 1－10）。药物与血浆蛋白结合后分子增大，不易透过细胞膜屏障而失去药理作用，也不易经肾脏排泄而使作用时间延长。若同时使用两种都对血浆蛋白有较高亲和力的药物，则将发生竞争性抑制现象。如动物使用抗凝血药双香豆素后，几乎全部与血浆蛋白结合（结合率99%），若同时合用保泰松，则可竞争性地与血浆蛋白结合，把双香豆素置换出来，使游离药物浓度急剧增加，以致可能导致出血不止。

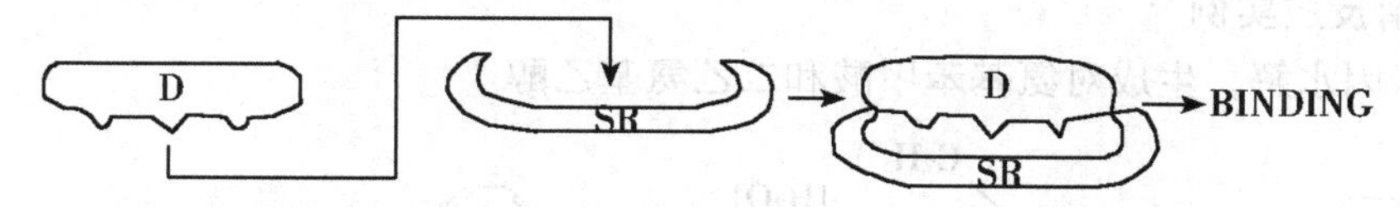

（D=药物；SR=血浆蛋白；BINDING=结合）

图 1－10　药物与血浆蛋白结合示意图

2. 药物与组织的亲和力

有些药物对某些组织细胞有特殊的亲和力，而使药物在该组织的浓度高于血浆游离药物的浓度。如碘在甲状腺的浓度比在血浆和其他组织约高 1 万倍，硫喷妥钠在给药 3h 后约有 70% 分布于脂肪组织，四环素可与 Ca^{2+} 螯合贮存于骨组织中。

3. 药物理化特性和局部组织血流量

脂溶性高的药物易为富含类脂质的神经组织所摄取，如硫喷妥钠等。血管丰富、血流量大的器官药物分布较多、浓度较高，如肝、肾、肺等。

4. 体内屏障

血脑屏障包括由毛细血管壁与神经胶质细胞形成的血浆与脑细胞之间的屏障和由脉络丛形成的血浆与脑脊液之间的屏障。这些血管由于比一般的毛细血管壁多一层神经胶质细胞，通透性较差，能阻止许多大分子的水溶性或解离型药物，与血浆蛋白结合的药物也不能通过。血脑屏障发育不全的初生幼畜或脑膜炎患畜，血脑屏障的通透性大，药物进入脑脊液增多。

胎盘屏障是指胎盘绒毛血流与子宫血窦间的屏障，其通透性与一般毛细血管没有明显差别。大多母体所用药物均可进入胎儿，但因胎盘和母体交换的血液量少，进入胎儿的药物需要较长时间才能和母体达到平衡，即使脂溶性很大的硫喷妥钠也需要 15min。

（三）药物的转化

药物在机体内发生的化学结构的变化称为药物的转化，也称为药物的生物转化或药物的代谢。吸收后的药物主要在肝脏中经药物酶系统进行转化。其转化的方式主要有氧化、还原、水解、结合四种。其中氧化、还原和水解反应为第一步，结合反应为第二步。

1. 氧化反应实例

苯巴比妥的侧链被氧化而成为对羟基苯巴比妥。

NH—CO　C_2H_5　　　　　　NH—CO　C_2H_5

O═C　　C—(苯基)　—[O]→　O═C　　C—(对羟基苯基)

NH—CO　　　　　　　　　NH—CO　　　OH

苯巴比妥　　　　　　　　对羟基苯巴比妥

2. 还原反应实例

$$O_2N-C_6H_4-CH(OH)-CH(CH_2OH)-NHOOCHCl_2 \xrightarrow{[H]} H_2N-C_6H_4-CH(OH)-CH(CH_2OH)-NHOOCHCl_2$$

氯霉素　　　　还原型氯霉素

3. 水解反应实例

普鲁卡因水解，生成对氨基苯甲酸和二乙氨基乙醇

$$H_2N-C_6H_4-COOCH_2CH_2N(C_2H_5)_2 \xrightarrow{[H_2O]} H_2N-C_6H_4-COOH + HOCH_2CH_2N(C_2H_5)_2$$

普鲁卡因　　　　对氨基苯甲酸　　　　二乙氨基乙醇

药物经第一步转化后，大部分药物药理作用减弱或消失，这种过程称灭活；但也有部分药物经第一步转化后的产物才具有活性（如百浪多息），或者作用加强，这种现象称为活化。另外还有少数药物经第一步转化后，能生成有高度反应性的中间体，使毒性增强，甚至产生“三致”（致癌、致畸、致突变）和细胞坏死等作用，称为生物毒性作用。

第二步是原型药物或其代谢物与体内某些物质（如葡萄糖醛酸、硫酸、乙酸、甲基等）结合，形成极性增大、水溶性增加、药理活性减弱或消失、易于排泄的代谢物。各种药物转化的方式不同，有的只需经第一步或第二步，但多数药物要经两步反应。

4. 结合步骤实例

苯酚与葡萄醛酸结合，生成苯酚葡萄醛酸，水溶性提高，药理活性减弱，便于排出体外。

$$C_6H_5-OH + \overline{CHOH(CHOH)_3CH}COOH \longrightarrow C_6H_5-O\overline{CHOH(CHOH)_3CH}COOH + H_2O$$

苯酚　　葡萄醛酸　　　　苯酚葡萄醛酸

药物转化的主要场所在肝脏。此外，血浆、肾、肺、脑、皮肤、胃肠黏膜等也能进行部分药物的生物转化。肝脏中存在着许多与药物代谢有关的微粒体酶系，简称药酶。肝脏的机能状态会影响到药物的转化速度，肝功能不全时，药酶的活性降低，而使药物在体内转化速度减慢而产生毒性反应。有些药物可增强肝药酶活性或加速其合成，使其他一些药物的转化加快，这些药物称为药酶诱导剂。如苯巴比妥、水合氯醛等；相反，有些药物能降低药酶的活性或减少其合成，而使其他一些药物的转化减慢，称为药酶抑制剂。如阿司匹林、异烟肼等。药酶诱导剂和抑制剂均可影响药物代谢的速率，使药物的效应减弱或增强，因此，在临床同时使用两种以上的药物时，应该注意药物对药酶的影响。

（四）药物的排泄

1. 肾排泄

肾排泄是原型药和代谢产物的主要排泄途径，是通过肾小球滤过、肾小管重吸收及肾小管分泌来完成的（图 1－11）。一般肾小球滤过率降低或药物的血浆蛋白结合程度高可使滤过药量减少，经肾小球滤过后，有的可被肾小管重吸收，剩余部分则随尿液排出。其重

吸收的多少与药物的脂溶性和肾小管液的 pH 值有关，一般脂溶性大的药物易被肾小管重吸收，排泄慢；水溶性药物重吸收少，排泄快；弱酸性药物在碱性尿液中，解离多，重吸收少，排泄快；相反，弱碱性药物在酸性尿液中排泄加快。

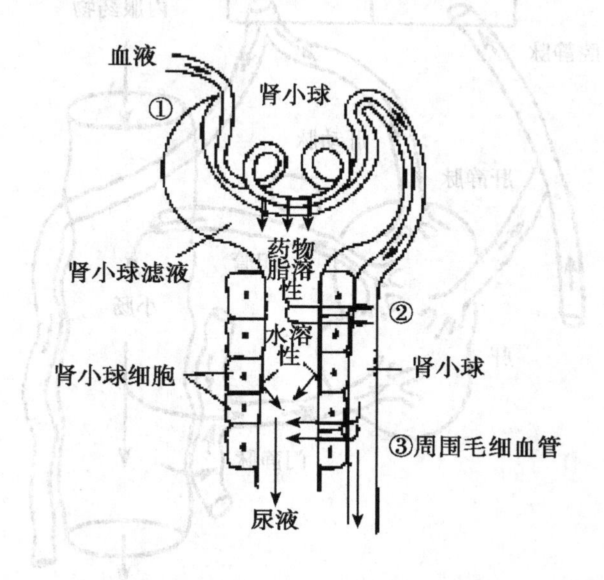

图 1－11　药物的肾脏排泄示意图

①滤过　②重吸收　③分泌

肾小管也能主动地分泌（转运）药物。如果同时给予两种利用同一载体转运的药物时，则出现竞争性抑制，亲和力较强的药物就会抑制另一药物的排泄。如青霉素和丙磺舒合用时，丙磺舒可抑制青霉素的排泄，使其半衰期延长约 1 倍。

2. 胆汁排泄

某些药物可经肝实质细胞主动分泌而进入胆汁，先储存于胆囊中，然后释放进入十二指肠。不同种属动物从胆汁排泄药物的能力存在差异，较强的是犬、鸡，中等的是猫、绵羊，较差的是兔和恒河猴。药物进入肠腔后，某些具有脂溶性的药物可被重吸收再次进入肝脏，形成“肝肠循环”，使药物作用时间延长（图 1－12）。

3. 乳腺排泄

大部分药物均可从乳汁排泄，一般为被动扩散机制。由于乳汁的 pH 值（6.5～6.8）较血浆低，故碱性药物在乳中的浓度高于血浆，酸性药物则相反。对犬和羊的研究发现，静脉注射碱性药物易从乳汁排泄，如红霉素、TMP 的乳汁浓度高于血浆浓度；酸性药物如青霉素、SM_2 等则较难从乳汁排泄，乳汁中浓度均低于血浆。

三、药动学的基本概念

药动学是研究药物在体内的浓度随时间发生变化的规律的一门学科。血药浓度一般指血浆中的药物浓度，是体内药物浓度的重要指标，虽然它不等于作用部位的浓度，但作用部位的浓度与血药浓度以及药理效应一般呈正相关。血药浓度随时间发生的变化，不仅能反映作用部位的浓度变化，而且也能反映药物在体内过程总的变化规律。测定体内药物浓

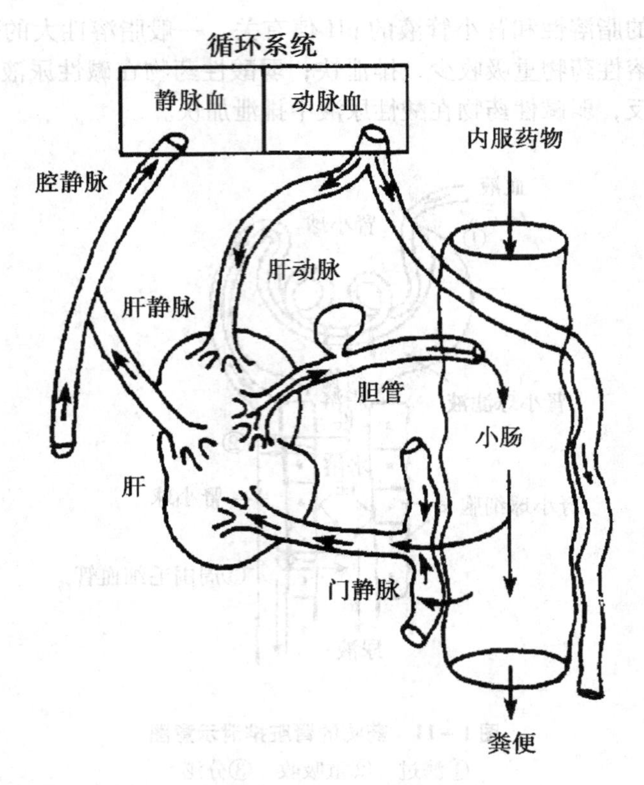

图1－12 药物"肠肝循环"示意图

度主要是借助血、尿等易得的样品进行分析。常用的血药浓度是按用药后不同时间采血测定获得的，常以时间作横坐标，以血药浓度作纵坐标，绘出曲线称"药—时曲线"，再借助特定的房室模型及数学表达式，计算出一系列动力学参数，从速度与量两个方面进行描述、概括并推论药物在体内的动态过程规律，从而为制订给药方案提供合适剂量和间隔时间，以达到预期的治疗效果。下面介绍几个药动学的基本参数及其意义。

1. 消除半衰期是指体内药物浓度或药量下降一半所需的时间，又称生物半衰期，简称半衰期，常用 $t_{1/2\beta}$ 或 $t_{1/2ke}$ 表示。多数药物在体内的消除遵循一级速率过程（指体内药物的消除速率与体内药物浓度成正比消除，即体内药物浓度高，消除速率也相应加快），半衰期与剂量无关，当药物从胃肠道或注射部位迅速吸收时，也与给药途径无关。少数药物在剂量过大时可能以零级速率过程消除（指体内药物的消除速率与原来的药物浓度无关，而是在一定时间内药物的浓度按恒定的数量降低），此时剂量越大，半衰期越长。同一药物对不同动物种类、不同品种、不同个体，其半衰期都有差异。如磺胺间甲氧嘧啶在黄牛、水牛和奶山羊体内的半衰期分别为 1.49h、1.43h 及 1.45h，而马的为 4.45h，猪的为 8.75h，是反刍兽的近 6 倍。为保持血中的有效浓度，半衰期是制定给药间隔时间的重要依据，也是预测连续多次给药时体内药物达到稳态浓度和停药后从体内消除时间的主要参数。如按半衰期间隔给药 4～5 次即可达稳态浓度；停药后经 5 个半衰期的时间，则体内药物消除约达 95%。

2. 药—时曲线下面积（AUC）给药后，以血药浓度为纵坐标，时间为横坐标，绘出的曲线为血药浓度—时间曲线（简称药—时曲线）。坐标轴和药—时曲线之间所围成的面积称为药—时曲线下面积（简称曲线下面积）。其反映到达全身循环的药物总量，曲线下面积大，则利用程度高，常用作计算生物利用度。

3. 表观分布容积（V_d）药物进入机体后，设想是均匀地分布于各种组织与体液，且其浓度与血液中相同，在这种假设条件下药物分布所需的容积称为表观分布容积。V_d是体内药物总量与血浆药物浓度相互关系的一个比例常数。即：

表观分布容积（L）＝体内药物总量（mg）/血浆药物浓度（mg/ml）×100%

表观分布容积并不代表药物在体内真正的生理容积，V_d 可能比实际容积大或小，但一般其值越大，药物进入组织越多，分布越广泛，血中药物浓度越低；反之，则血中浓度越高。

4. 体清除率（CLB）又称消除率。是指在单位时间内机体通过各种消除过程消除药物的血浆容积。消除率是体内各种消除率的总和，包括肾消除率、肝消除率和肺、乳汁消除率等。

5. 峰浓度（C_{max}）与峰时间（T_{max}）峰浓度指给药后达到的最高血药浓度，峰浓度高提示药物吸收比较完全。峰时间指达到峰浓度的时间，简称峰时，峰时短提示药物吸收较快。峰浓度、峰时与药—时曲线下面积是决定生物利用度和生物等效性的重要参数。

6. 生物利用度（F）指药物以一定的剂型从给药部位吸收进入全身血液循环的程度和速度。在非静脉途径给药时，是反映药物被利用程度的重要参数。一般用吸收百分率（%）表示，即：

F＝实际吸收量/给药量×100%

在药物动力学研究中，也可通过比较静脉给药与内服给药的 AUC 来测定，即：

F＝AUC 内服/AUC 静脉注射×100%

影响生物利用度的因素很多，同一种药物，因剂型、原料晶形、赋形剂甚至批号的不同，都可能使生物利用度有很大差别。内服剂型的生物利用度存在相当大的种属差异，尤其单胃动物与反刍动物之间。

第四节　影响药物作用的因素

药物的作用是药物与机体相互作用过程的综合表现，许多因素都可能干扰或影响这个过程，使药物的效应发生变化。主要包括药物、动物和环境生态 3 个方面的因素。

一、药物因素

1. 药物的理化性质与化学结构　药物的脂溶性、pH 值、溶解度、旋光性及化学结构均能影响药物作用。

2. 剂量　在一定剂量范围内，药物的作用随着剂量的增加而增强。但也有少数药物，随着剂量或浓度的增加，会发生作用性质的变化，如人工盐小剂量表现为健胃作用，大剂量则表现为泻下作用。

3. 剂型　药物的剂型对药物作用的影响主要表现为吸收的速度和程度不同，从而影响药物的生物利用度。如注射剂的水溶液比油剂和混悬剂吸收快、见效快，但疗效维持时间较短；片剂在胃肠液中有一个崩解过程，内服片剂比溶液剂吸收的速率慢。

4. 给药方案 给药方案包括给药剂量、途径、时间间隔和疗程。不同的给药途径可影响药效出现的快慢和强度，有的甚至产生质的差异，如硫酸镁内服时可致泻，肌肉注射或静脉注射时则产生中枢抑制作用。各种给药途径产生药物作用快慢依次为：静脉注射、肌肉注射、皮下注射、直肠给药和内服。选择给药途径时，除根据疾病治疗需要外，还应考虑药物的性质，如肾上腺素内服无效，必须注射给药；氨基糖苷类抗生素内服很难吸收，作全身治疗时必须注射给药。有的药物内服时有很强的首过效应，生物利用度很低，全身用药时应选择肠外给药。

多数药物治疗疾病时必须按一定的剂量和时间间隔重复给药，才能达到治疗效果，称为疗程。重复用药必须达到一定的疗程方可停药，但重复用药时间过长，可使机体产生耐受性和蓄积中毒，也可使病原体产生耐药性而使疗效减弱。重复给药的时间间隔主要依据药物的半衰期和最低有效浓度，一般情况下，在下次给药前要维持血中的最低有效浓度，尤其抗菌药物要求血中浓度高于最小抑菌浓度（MIC）。近年来，对抗菌药后效应的研究结果，认为不一定要维持MIC以上的浓度，当使用大剂量时，峰浓度比MIC高得多，可产生较长时间的抗菌后效应，给药间隔可大大延长。如庆大霉素1d给药1次，疗效优于同剂量分3次给药。

5. 联合用药 同时使用两种或两种以上的药物治疗疾病，称为联合用药。其目的是提高疗效，消除或减轻不良反应，适当联合应用抗菌药还可减少耐药性的产生。

联合用药时，药物间常互相影响，产生相互作用。联合用药后，能使药效增加的称协同作用，药效减弱的称为颉颃作用。协同作用可分为相加作用和增强作用，各药合用时总药效大于各药单用药效的总和时，称为增强作用，如磺胺药与增效剂合用；各药合用时，总药效等于各药单用时药效的总和，称为相加作用，如溴化钠、溴化钾、溴化钙的合用。两种或两种以上的药物互相混合，如出现分离、潮解、沉淀、变色等物理性、化学性或药物性质的变化而不宜使用时，称为配伍禁忌。如葡萄糖注射液与磺胺嘧啶钠注射液混合后可见微细的SD结晶析出。另外，药物制成某种制剂时也可发生配伍禁忌，曾发现生产四环素片时，若将其赋形剂乳糖改用为碳酸钙时，可使四环素片的实际含量减少而失效。

二、动物因素

1. 动物的种类 不同种类的动物，其解剖结构、生理机能和生化反应不同，对药物的敏感性存在差异。如牛支气管腺发达，应用水合氯醛易引起过多的液体分泌。

2. 体重 同种动物、体重不同的个体，对同一药物的敏感性可能表现出量的差异。

3. 性别 相对而言，雌性动物对药物的敏感性高于雄性动物，且雌性动物妊娠后对药物的敏感性仍会增高。

4. 年龄 幼龄和老龄的动物，对药物的敏感性比成年动物高，故用量应适当减少。

5. 病理因素 各种病理因素都能改变药物在动物机体内的正常转运与转化，影响血药浓度，从而影响药效。

6. 个体差异 在年龄、性别、体重、营养、生活条件等条件相同的情况下，同种动物中不同个体仍可出现对药物反应的量与质的差异，这种差异称为个体差异。

（1）量的差异。同种动物不同个体对同一药物的敏感性也往往存在着差别。有的个体对药物敏感性特别高，称为高敏性；有的则对药物敏感性特别低，称为耐受性。用药过程中如发现这种情况，须适当减少或增加剂量，或者改用其他药物。

（2）质的差异。特异体质的动物对某些药物有着特别的敏感性，如，某些动物在服用磺胺时，可引起急性溶血性贫血；某些动物在使用青霉素时，出现荨麻疹、关节肿痛等过敏反应等。

三、饲养管理与环境因素

动物疾病的恢复不能单纯依靠药物，良好的饲养管理和环境条件可以提高机体的抵抗力，促使药物的作用更充分的发挥。

1. 饲养管理　由于机体的机能状态对药物的效应可产生直接或间接的影响，因此，患病畜禽在用药治疗时，应配合良好的饲养管理，加强病畜的护理，提高机体的抵抗力，使药物的作用得到更好的发挥。如用水合氯醛麻醉后的病畜，苏醒期长、体温下降，应注意保温，给予易消化的饲料，使患畜尽快恢复健康。

2. 环境因素　环境生态条件对药物作用也能产生直接或间接的影响，如动物饲养密度、通风情况、厩舍的温度和湿度、光照等均可导致环境应激反应，影响药物的效应。

四、合理用药原则

兽医药理学为临床合理用药提供了理论基础，但要做到合理用药却很难，必须理论联系实际，不断总结临床用药的实际经验，在充分考虑上述各种因素的基础上，正确选择药物，制定对动物和病情都合适的给药方案。

1. 正确诊断　任何药物合理应用的先决条件是正确的诊断，没有对动物发病过程的认识，药物治疗便是无的放矢，不但没有好处，反而可能延误诊断，耽误了疾病的治疗。

2. 用药要有明确的指征　要针对患畜的具体病情，选用药效可靠、安全、方便、价廉易得的药物制剂。反对滥用药物，尤其不能滥用抗菌药物。

3. 了解所用药物对靶动物的药动学知识　根据药物的作用和在动物的药动学特点，制定科学的给药方案。药物治疗的错误包括用错药物，但更多的是剂量的错误。

4. 预期药物的疗效和不良反应　根据疾病的病理生理学过程和药物的药理作用特点以及它们之间的相互关系，药物的效应是可以预期的。几乎所有的药物不仅有治疗作用，也存在不良反应，临床用药必须记住疾病的复杂性和治疗的复杂性，对治疗过程做好详细的用药计划，认真观察将出现的药效和毒副作用，随时调整用药方案。

5. 避免使用多种药物或固定剂量的联合用药　在确定诊断以后，兽医师的任务就是选择最有效、安全的药物进行治疗，一般情况下不应同时使用多种药物（尤其抗菌药物），因为多种药物治疗极大地增加了药物相互作用的概率，也给患畜增加了危险。除了具有确实的协同作用的联合用药外，要慎重使用固定剂量的联合用药（如某些复方制剂），因为它使兽医师失去了根据动物病情需要去调整药物剂量的机会。

6. 正确处理对因治疗与对症治疗的关系　对因治疗与对症治疗的关系前已述及，一般用药首先要考虑对因治疗，但也要重视对症治疗，两者巧妙地结合将能取得更好的疗效。中国传统中医理论对此有精辟的论述："治病必求其本，急则治其标，缓则治其本"。

复习思考题

1. 药物的制剂分哪几类？哪些剂型适合群体给药？
2. 怎样正确开写处方？
3. 药物的作用方式有哪些方面？请举例说明。
4. 怎样认识药物作用的两重性？如何才能更好地发挥药物的作用，避免不良反应？
5. 什么是药物的半衰期？分析药物半衰期的实际意义。
6. 剂量对药物作用有何影响？在临床用药中，是否剂量越大，疗效越好？
7. 了解药物的体内过程，有何实用价值？

第二章

消毒防腐药

第一节 概述

一、消毒防腐药的概念

消毒防腐药是具有杀灭病原微生物或抑制其生长繁殖的一类药物。与抗生素和其他抗菌药物不同，这类药物没有明显的抗菌谱。它们对病原体及机体组织并无明显的选择性，在防腐消毒的浓度下，往往也能损害动物机体。故通常不作全身用药，主用于环境、厩舍、动物排泄物、分泌物、用具和器械等非生物表面的消毒，亦用于饮用水消毒。消毒药是指能够杀灭病原微生物的一类药物；防腐药是指能抑制病原微生物生长繁殖的药物，主要用于抑制局部皮肤、黏膜和创伤等生物体表的微生物感染，也用于食品及生物制品等的防腐。防腐药和消毒药是根据用途和特性分类的，两者之间并无严格的界限，低浓度的消毒药仅能抑菌，而高浓度的防腐药也能杀菌。由于有些防腐药用于非生物体表时不起作用，而有些消毒药会损伤活组织，因而两者有时不能替换使用。绝大部分的消毒防腐药只能使病原微生物的数量减少到公共卫生标准所允许的限量范围内，而不能达到完全灭菌。当发生传染病时，对环境进行随时消毒和终末消毒；无疫病时对环境进行预防性消毒，都可选用消毒药。因此，消毒药在防治动物疫病和保障畜牧业生产上具有重要的现实意义，在医学临床和公共卫生方面也具有重要价值。

随着大规模畜禽养殖业的发展，不断出现一些高效、广谱、低毒、刺激性和腐蚀性较小的新型消毒防腐药。近年来消毒防腐药的正确使用已成为世界各国普遍关注的问题。过去曾被视为低毒或无毒的某些消毒药，近年来却发现在一定条件下（例如长期使用等）仍然具有相当强的毒、副作用，因此有必要更新一些认识。从安全角度考虑，消毒防腐药的刺激性、腐蚀性、对环境的污染等危害性，不亚于其急性毒性。由于频繁使用消毒防腐药，对直接接触这类药物的人员的健康以及在动物性食品中残留对人类的安全问题，已逐渐成为公众关心的问题。

二、作用机理

1. 使菌体蛋白变性、沉淀 大部分的消毒防腐药是通过这一机理发挥作用的，其作用不具选择性，可损害一切生命活性物质，故称为“一般原浆毒”。由于不仅能杀菌，也能破坏动物组织，因此只适用于环境消毒。酚类、醛类、醇类、重金属盐类等是通过这一机理而产生作用的。然而一种消毒药不只是通过一种途径而起杀菌作用的，例如，苯酚在高浓度时是蛋白变性剂，但在低于沉淀蛋白的浓度时，可通过抑制酶或损害细胞膜而呈现杀菌作用。

2. 改变菌体细胞膜的通透性 表面活性剂等药物的杀菌作用是通过降低菌体的表面张力，增加菌体细胞膜的通透性，从而引起重要的酶和营养物质漏失，水则向菌体内渗入，使菌体溶解和破裂。

3. 干扰或损害细菌生命必需的酶系统 当消毒防腐药的化学结构与菌体内的代谢物相似时，可竞争性地或非竞争性地与酶结合，从而抑制酶的活性，导致菌体的抑制或死亡；也可通过氧化、还原等反应损害酶的活性基团，如氧化剂的氧化、卤化物的卤化等。

三、影响消毒防腐药作用的因素

1. 病原微生物类型 不同的菌种和处于不同状态的微生物，对同一种消毒药的敏感性不同，例如革兰氏阳性菌对消毒药一般比革兰氏阴性菌敏感；病毒对碱类很敏感，对酚类的抵抗力很强；适当浓度的酚类化合物几乎对所有不产生芽孢的繁殖型细菌均有杀灭作用，但对休眠期的芽孢作用不强。

2. 消毒药溶液的浓度和作用时间 当其他条件一致时，消毒药物的杀菌效力一般随其溶液浓度的增加而增强，或者说，呈现相同杀菌效力所需的时间一般随消毒药浓度的增加而缩短。为取得良好的消毒效果，应选择有效寿命长的消毒药，并应选取合适浓度，按消毒药的理化特性，达到规定的消毒时间。

3. 温度 消毒药的抗菌效果与环境温度呈正相关，即温度越高，杀菌力越强，一般规律是温度每升高10℃时消毒效果增强1～1.5倍。消毒防腐药抗菌效力的测定，通常都在15～20℃气温下进行。对热稳定的药物，常用其热溶液消毒。

4. pH值 环境或组织的pH值对有些消毒防腐药作用的影响较大。如戊二醛在酸性环境中较稳定，但杀菌能力较弱，当加入0.3%碳酸氢钠，使其溶液pH值达7.5～8.5时，杀菌活性显著增强，不仅能杀死多种繁殖型细菌，还能杀死芽孢，因在碱性环境中形成的碱性戊二醛，易与菌体蛋白的氨基结合使之变性。含氯消毒剂作用的最佳pH值为5～6。以分子形式起作用的酚、苯甲酸等，当环境pH值升高时，其分子的解离程度相应增加，杀菌效力随之减弱或消失。环境pH值升高时可使菌体表面负电基团相应地增多，从而导致其与带正电荷的消毒药分子结合数量的增多，这是季铵盐类、氯己定、染料等作用增强的原因。

5. 有机物 消毒环境中的粪、尿等或创伤上的脓血、体液等有机物的存在，必然会影响抗菌效力，它们与消毒防腐药结合形成不溶性化合物，或者将其吸附、发生化学反应或对微生物起机械性保护作用。有机物越多，对消毒防腐药抗菌效力影响越大。这是消毒前务必清扫消毒场所或清理创伤的原因。

6. 水质硬度 硬水中的Ca^{2+}和Mg^{2+}能与季铵盐类、氯己定或碘伏等结合形成不溶性盐类，从而降低其抗菌效力。

7. 配伍禁忌 实践中常见到两种消毒药合用，或者消毒药与清洁剂或除臭剂合用时，消毒效果降低，这是由于物理性或化学性配伍禁忌造成的。例如，阴离子清洁剂与阳离子清洁剂合用时，发生置换反应，使消毒效果减弱，甚至完全消失。又如，高锰酸钾、过氧乙酸等氧化剂与碘酊等还原剂之间可发生氧化还原反应，不但减弱消毒作用，更主要是会加重对皮肤的刺激性和毒性。

8. 其他因素　环境湿度，消毒物的表面形状、结构和化学活性，消毒液的表面张力，消毒药的剂型以及在溶液中的解离度等，都会影响抗菌作用。

四、理想消毒防腐药的条件

理想消毒防腐药应具备以下条件：①抗微生物范围广、活性强、穿透力强，在有体液、脓液、坏死组织和其他有机物质存在时，仍能保持抗菌活性，能与去污剂配伍应用；②作用产生迅速，其溶液的有效寿命长；③具有较高的脂溶性和分布均匀的特点；④对人和动物安全，防腐药不应对组织有毒，也不妨碍伤口愈合，消毒药应不具残留表面活性；⑤药物本身应无臭、无色、无着色性，性质稳定，可溶于水；⑥无易燃性和易爆性；⑦对金属、橡胶、塑料、衣物等无腐蚀作用；⑧价廉易得。

五、杀菌效力的鉴定

消毒防腐药的杀菌效力曾经用酚系数来表示。酚系数是指消毒防腐药在10min内杀死某标准数量的细菌所需的稀释倍数与具有相等杀菌效力的苯酚的稀释倍数之比。

目前，对于消毒防腐药的效力主要从其对革兰氏阳性菌、革兰氏阴性菌、芽孢、结核分枝杆菌、无囊膜病毒和囊膜病毒的杀灭作用来测定。与此同时，从其作用时间的长短、是否具有局部毒性或全身毒性、是否易被有机物灭活、是否污染环境和价格等几方面来判断其实用性。

第二节　消毒防腐药的分类及应用

一、主要用于环境、器械和用具的消毒药

（一）酚类

酚类是一种表面活性物质，可损害菌体细胞膜，较高浓度时也是蛋白变性剂，故有杀菌作用。此外，酚类还通过抑制细菌脱氢酶和氧化酶等活性，而产生抑菌作用。

在适当浓度下，对大多数不产生芽孢的繁殖型细菌和真菌均有杀灭作用，但对芽孢和病毒作用不强。酚类的抗菌活性不易受环境中有机物和细菌数目的影响，故可用于消毒排泄物等。化学性质稳定，因而贮存或遇热等不会改变药效。目前，销售的酚类消毒药大多含两种或两种以上具有协同作用的化合物，以扩大其抗菌作用范围。

苯酚（酚，石炭酸）

最早由煤焦油中发现，其羟基带有极性，氢离子易解离，呈弱酸性，因此又叫石炭酸。

【理化特性】无色至微红色针状结晶或结晶性块；有特臭；有引湿性；溶于水和有机溶剂；水溶液显弱酸性反应；遇光或在空气中色渐变深。

【作用应用】苯酚为原浆毒。0.1%～1.0%的溶液有抑菌作用；1%～2%的溶液有杀灭细菌和真菌作用；5%溶液可在48h内杀死炭疽芽孢。碱性环境、脂类、皂类等能减弱其杀菌作用。

临床上一般配成2%～5%的苯酚溶液，用于器具、厩舍消毒，排泄物和污物处理等。

兽医临床常用的制剂为复合酚，含苯酚41% ~49%和醋酸22% ~26%。为深红褐色黏稠液，有特臭。可杀灭细菌、霉菌和病毒，也可杀灭动物寄生虫卵。主要用于厩舍、器具、排泄物和车辆等的消毒。喷洒：配成0.3% ~1.0%的水溶液。浸涤：配成1.6%的水溶液。亦可用于喷雾消毒。

【不良反应】当苯酚浓度大于0.5%时，具有局部麻醉作用；5%溶液对组织产生强烈的刺激和腐蚀作用。动物意外吞服或皮肤、黏膜大面积接触会引起全身性中毒，表现为中枢神经先兴奋后抑制，心血管系统受抑制，严重者可因呼吸麻痹致死。苯酚有致癌作用。

【注意事项】本品对皮肤、黏膜有刺激性和腐蚀性。

【制剂】复合酚。

甲酚（煤酚）

为从煤焦油中分馏得到的邻位、间位和对位3种甲酚异构体的混合物。

【理化特性】几乎无色、淡紫色或淡棕黄色的澄清液体；有类似苯酚的特臭，并微带焦臭；久贮或在日光下，色渐变深；饱和水溶液显中性或弱酸性反应；与乙醇、乙醚、三氯甲烷、甘油、脂肪油或挥发油能任意混合，在水中略溶而生成浑浊的溶液。

【作用应用】为原浆毒，使菌体蛋白凝固变性而呈杀菌作用。抗菌作用比苯酚强3~10倍，毒性大致相等，但消毒用药液浓度较低，故较苯酚相对安全。可杀灭一般繁殖型病原菌，对芽孢无效，对病毒作用较弱。是酚类中最常用的消毒药。

由于甲酚的水溶性较低，通常都用钾肥皂乳化成50%的甲酚皂溶液。5% ~10%甲酚皂溶液用于厩舍、器械、排泄物和染菌材料等消毒。1% ~2%的溶液用于皮肤及手的消毒。

【注意事项】甲酚有特臭，不宜在食品加工厂、肉联厂、牛乳加工车间、挤奶大厅等应用；可引起色泽污染，不宜用于棉、毛纤织品的消毒；对皮肤有刺激性。

【制剂】甲酚皂溶液（又名来苏尔）。

（二）醛类

醛类消毒药的化学活性很强，在常温常压下很易挥发，又称挥发性烷化剂。杀菌机制主要是通过烷基化反应，使菌体蛋白变性，酶和核酸等的功能发生改变，而呈现强大的杀菌作用。常用的有甲醛、聚甲醛、戊二醛等。

甲醛溶液

本品含甲醛不得少于36%，40%的甲醛溶液又称福尔马林。

【理化特性】甲醛本身为无色气体，具有特殊刺激性气味，能刺激鼻喉黏膜。易溶于水和乙醇。常用其40%甲醛溶液，即福尔马林，为无色液体，在冷处（9℃以下）久贮，可生成多聚甲醛而发生混浊。常加入10% ~15%甲醇，以防止聚合。

【作用应用】甲醛不仅能杀死细菌的繁殖型，也能杀死芽孢（如炭疽芽孢）以及抵抗力强的结核杆菌、病毒及真菌等。甲醛对皮肤和黏膜的刺激性很强，但不损坏金属、皮毛、纺织物和橡胶等。甲醛的穿透力差，不易透入物品深部发挥作用。具滞留性，消毒结束后即应通风或用水冲洗，甲醛的刺激性气味不易散失，故消毒后要有足够的时间通风散气。

主用于厩舍、仓库、孵化室、皮毛、衣物、器具等的熏蒸消毒和标本、尸体防腐，也可内服用于胃肠道制止发酵。

【用法用量】

(1) 熏蒸消毒，每立方米15ml。要求必须有较高的温度、相对湿度和足够的作用时间。一般室温应不低于15℃，相对湿度60%～80%，时间不少于8h。

（2）标本、尸体防腐，5%～10%溶液。

（3）胃肠道制酵，内服：一次量，牛8～25ml；羊1～3ml。服时用水稀释20～30倍。

（4）器械消毒用2%的溶液浸泡1～2h。

（5）10%～20%的溶液可治疗蹄叉腐烂。

【不良反应】对动物的皮肤、黏膜有强刺激性；甲醛气体有强致癌作用尤易引发肺癌。

【注意事项】

（1）消毒后在物体表面形成一层具腐蚀作用的薄膜。

（2）动物误服甲醛溶液，应立即灌服稀氨水解毒。

（3）药物沾染皮肤，应立即用肥皂和水清洗。

聚甲醛

为甲醛的聚合物，具甲醛特臭的白色疏松粉末。在冷水中溶解缓慢，热水中很快溶解。溶于稀碱和稀酸溶液。聚甲醛本身无消毒作用，常温下缓慢解聚，释放出甲醛。加热（低于100℃）熔融时很快产生大量甲醛气体，呈现强大的杀菌作用。主要用于环境熏蒸消毒，每立方米3～5g。

戊二醛

【理化特性】为无色油状液体，味苦。有微弱的甲醛臭，但挥发性较低。可与水或醇作任何比例的混溶，溶液呈弱酸性。pH值高于9时，可迅速聚合。

【作用应用】戊二醛原为病理标本固定剂，近几年来发现它的碱性水溶液具有较好的杀菌作用。当pH值为7.5～8.5时，作用最强，对细菌繁殖体、芽孢、真菌、结核杆菌和病毒等均有很好的杀灭作用，其作用较甲醛强2～10倍。有机物对其作用的影响不大。对组织的刺激性弱，碱性溶液可腐蚀铝制品。

用于不宜加热处理的医疗器械、塑料及橡胶制品等的消毒，一般配制2%溶液（以戊二醛计）应用。也可用于疫苗制备时的鸡胚消毒，配成0.78%溶液，喷洒使浸透，保持5min或放置至干。

【制剂用法用量】浓戊二醛溶液（1）20%（g/g）（2）25%（g/g）；戊二醛溶液12.8%（g/g）；稀戊二醛溶液2%（g/g）。

复方戊二醛溶液，含戊二醛14.0%～14.6%，含烃铵盐9.0%～10.0%，1∶150倍稀释，用于厩舍消毒和器具消毒，喷洒：9ml/m^2。涂刷：无孔材料表面100ml/m^2，有孔材料表面300ml/m^2。使用时禁止与皮肤和黏膜接触，不能与肥皂和盐类消毒药合用。

稳定化浓戊二醛溶液20%（g/g），喷洒、擦洗或浸泡：环境或器具消毒，口蹄疫1∶200倍稀释，猪水泡病1∶100倍稀释，猪瘟1∶10倍稀释，鸡新城疫和法氏囊病1∶40倍稀释，细菌性疾病1∶500～1 000倍稀释。

（三）碱类

碱类杀菌作用的强度取决于其解离的OH$^-$浓度，解离度越大，杀菌作用越强。碱对病毒和细菌的杀灭作用均较强，高浓度溶液可杀灭芽孢。高浓度的OH$^-$能水解菌体蛋白和核酸，使酶系和细胞结构受损，并能抑制代谢机能，分解菌体中的糖类，使细菌死亡。遇有机物可使碱类消毒药的杀菌力稍微降低。碱类无臭无味，除可消毒厩舍外，可用于肉联厂、食品厂、牛奶场的地面以及饲槽、车船等用具的消毒。碱溶液能损坏铝制品、油漆漆面和纤维织物等。

氢氧化钠（苛性钠）

氢氧化钠的粗制品称烧碱或火碱，含96%以上的氢氧化钠和少量的氯化钠、碳酸钠。

【理化特性】为熔制白色干燥颗粒、块、棒或薄片，质坚脆。引湿性强，露置空气中会逐渐溶解而成溶液状态。易从空气中吸收CO_2，渐变成碳酸钠。应密闭保存。

【作用应用】烧碱属原浆毒，杀菌力强。能杀死细菌繁殖型、芽孢和病毒，还能皂化脂肪和清洁皮肤。一般以1%～2%溶液喷洒厩舍地面、饲槽、车船、木器等；5%溶液用于炭疽芽孢污染的消毒；50%的溶液用于牛、羊新生角的腐蚀。习惯上应用其加热溶液，在消毒厩舍前应驱出家畜。氢氧化钠对组织有腐蚀性，能损坏织物和铝制品等，消毒时应注意防护，消毒后适时用清水冲洗。

氧化钙（生石灰）

氧化钙本身并无杀菌作用，其与水形成熟石灰（即氢氧化钙）才起作用，是一种价廉易得的消毒药。对繁殖型细菌有良好的消毒作用，而对芽孢和结核杆菌无效。临用前加水配成10%～20%石灰乳涂刷厩舍墙壁、畜栏、地面等，也可直接将石灰撒于潮湿地面、粪池周围和污水沟等处。防疫期间，畜牧场门口可放置浸透20%石灰乳的垫草进行鞋底消毒。由于生石灰可从空气中吸收二氧化碳，形成碳酸钙而失效，故宜现用现配。

碳酸钠（苏达）

为白色粉状结晶，无臭，水溶液呈弱碱性，在水中易溶，在乙醇中不溶。本品在水中可解离出OH^-起抗菌作用，但杀菌效力较弱，很少单用于环境消毒。主要用作去污性消毒剂，也可用作清洁皮肤、去除痂皮等。

器械煮沸消毒用1%溶液；清洁皮肤、去除痂皮用0.5%～2%溶液。

（四）酸类

酸类包括无机酸和有机酸，后者将在皮肤黏膜防腐药中叙述。无机酸类为原浆毒，具有强烈的刺激和腐蚀作用，故应用受限制。盐酸和硫酸具有强大的杀菌和杀芽孢作用。2mol/L硫酸可用于消毒排泄物等。2%盐酸中加食盐15%，并加温至30℃，常用于污染炭疽芽孢皮张的浸泡消毒（6h）。食盐可增强杀菌作用，并可减少皮革因受酸而膨胀。

（五）卤素类

卤素和易放出卤素的化合物，具有强大的杀菌作用，其中氯的杀菌力最强，碘较弱，主要用于皮肤消毒。卤素对菌体细胞原浆有高度亲和力，易渗入细胞，使原浆蛋白的氨基或其他基团卤化，或氧化活性基团而呈现杀菌作用。氯和含氯化合物的强大杀菌作用，是由于氯化作用破坏菌体或改变细胞膜的通透性，或者由于氧化作用抑制各种巯基酶或其他对氧化作用敏感的酶类，从而引起细菌死亡。

含氯石灰（漂白粉）

由氯通入消石灰制得。为次氯酸钙、氯化钙和氢氧化钙的混合物。本品含有效氯不得少于25%。

【理化特性】灰白色颗粒性粉末。有氯臭。在水中部分溶解。在空气中吸收水分和二氧化碳而缓缓分解，丧失有效氯。不可与易燃易爆物放在一起。

【作用应用】含氯石灰加入水中生成次氯酸，后者释放活性氯和初生氧而呈现杀菌作用，其杀菌作用快而强，但不持久。

漂白粉对细菌繁殖体、细菌芽孢、病毒及真菌都有杀灭作用，并可破坏肉毒梭菌毒素。

1%澄清液作用0.5～1min即可抑制炭疽杆菌、沙门氏菌、猪丹毒杆菌和巴氏杆菌等多数繁殖细菌的生长；1～5min抑制葡萄球菌和链球菌。对结核杆菌和鼻疽杆菌效果较差。30%漂白粉混悬液作用7min后，炭疽芽孢即停止生长。实际消毒时，漂白粉与被消毒物应接触15～20min。漂白粉的杀菌作用受有机物的影响；漂白粉中所含的氯可与氨和硫化氢发生反应，故有除臭作用。

漂白粉为价廉有效的消毒药，广泛用于饮水消毒和厩舍、场地、车辆、排泄物等的消毒。漂白粉对皮肤和黏膜有刺激作用，不能用于金属制品和有色棉织物消毒。

【用法用量】饮水消毒：每50L水1g；厩舍等消毒，临用前配成5%～20%混悬液。

【不良反应】含氯石灰使用时可释放出氯气，引起流泪、咳嗽，并可刺激皮肤和黏膜。严重时可产生氯气急性中毒，表现为躁动、呕吐、呼吸困难。

【注意事项】

（1）对皮肤和黏膜有刺激性，消毒人员应注意保护。

（2）对金属有腐蚀作用，不能用于金属制品。

（3）可使有色棉织物褪色，不可用于有色衣物的消毒。

二氯异氰尿酸钠（优氯净）

含有效氯60%～64.5%。属氯胺类化合物，在水溶液中水解为次氯酸而发挥作用。

【理化特性】白色粉末。有浓厚的氯臭。易溶于水，溶液呈弱碱性，稳定性较差，在20℃左右时，1周内有效氯约丧失20%。

【作用应用】为新型高效消毒药，杀菌谱广，杀菌力强。对繁殖型细菌和芽孢、病毒、真菌孢子均有较强的杀灭作用。溶液的pH值越低，杀菌作用越强。加热可增强杀菌效力。有机物对杀菌作用影响较小。有腐蚀和漂白作用。

主要用于厩舍、排泄物和水的消毒。0.5%～1.0%水溶液用于杀灭细菌和病毒，5%～10%的水溶液用于杀灭芽孢，临用前现配。可采用喷洒、浸泡和擦拭方法消毒，也可用其干粉直接处理排泄物和其他污染物品。

【用法用量】厩舍等消毒：每1平方米，常温下10～20mg，气温低于0℃时50mg；饮水消毒：每1L水4mg。

三氯异氰尿酸钠

【理化特性】本品为白色结晶性粉末或粒状固体，具有强烈的氯气刺激味，含有效氯在85%以上，水中的溶解度为1.2%，遇酸碱易分解。

【作用应用】本品是一种极强的氧化剂和氯化剂，具有高效、广谱、较为安全的消毒作用，对繁殖型细菌和芽孢、病毒、真菌孢子均有较强的杀灭作用，对球虫卵囊也有一定的杀灭作用。可用于环境、器具、饮水、鱼塘等的消毒。

【用法用量】粉剂：用0.000 4%～0.000 6%对饮水消毒；用0.02%～0.04%溶液进行环境、用具消毒；0.000 5%～0.001%带水清塘，10d后可放鱼苗。按0.000 03%～0.000 04%全池泼洒，防治鱼病。

氯溴异氰酸（氯溴三聚异氰酸、防消散）

【理化特性】本品为白色结晶性粉末，易溶于水，溶液呈酸性。

【作用应用】本品具有含氯量高、杀菌力强、杀菌谱较广的特点。对繁殖型细菌和芽孢、病毒、真菌孢子均有较强的杀灭作用。目前广泛用于桑蚕消毒、饮水消毒和其他卫生消毒。还可用于配制去垢消毒剂、去污粉和用具洗涤液等。

【用法用量】

（1）喷洒消毒。用于墙壁、地面以及用具、器械等的消毒，浓度为0.5%～1%（地面消毒，每 $100m^2$ 用药液25L，喷洒后，保持湿润半小时）。

（2）烟熏消毒。对于不宜采用喷洒消毒的，可用烟熏法消毒，每立方米空间用本品5g，与1/2量的助燃剂（如焦康）混合后点燃于室内，密闭门窗2～12h或更长时间后，敞开门窗通风即可。

（3）干粉消毒。用于含水量较多的排泄物或潮湿地面的消毒。用量可按排泄物量的1/15～1/10计算，处理时应略加搅拌，待作用2～4h或更长时间后再清除掉。

【应用注意】

（1）本品有腐蚀作用和漂白作用，使用时应戴口罩、手套等防护用品。

（2）不可消毒纺织物或金属用具。

（3）烟熏消毒时应先将表面清除干净，晾干后方可消毒。

（4）用助燃剂熏烟时，应临用时现配。

洗消净

本品是由次氯酸钠溶液（含氯量不得低于5%）和40%十二烷基磺酸钠溶液等量混合配制而成，它是一种新型的含氯消毒洗涤剂。

【作用应用】 本品对细菌、芽孢、病毒有杀灭作用，为广谱、高效、速效杀菌消毒剂。使用范围广泛，可用于医疗器械、各种用具、动物食具及排泄物的消毒等。还可用于蔬菜、水果、生鱼及生肉等的洗涤消毒。

【用法用量】 用法：取本品25mg，用10L水稀释，将被洗涤物品放在此溶液中刷洗即可。油污较多的物品，需在溶液中浸泡3～5min，然后再刷洗，刷洗后用自来水冲洗干净即可。

【应用注意】 配制本品可用自来水。冬季油垢易凝固，故水温应保持在40℃左右。不宜在高温和强光下存放。未经稀释的原液，有较强的漂白及腐蚀作用，故不能用于有色物品的消毒，也不要滴在带色的衣物上。

复合亚氯酸钠

【理化特性】 本品含二氧化氯为22.5%～27.5%（g/g），含活化剂以盐酸计不得少于17%（g/ml）。呈白色粉末或颗粒，有弱漂白粉气味。

【作用应用】 本品以二氧化氯为主要药物，加活化剂和赋形剂制成，具有较强的杀灭细菌及病毒的作用，为一种较好的新型广谱消毒防腐药物，并有除臭作用。可用于畜舍、饲喂动物的器具及饮水等的消毒。

【用法用量】 应用时取本品1g，加水10ml溶解，再加活化剂1.5ml活化后，加水至150ml备用。喷洒：将备用液稀释15～20倍喷洒，消毒畜舍、饲喂器具等；按200～1 700倍稀释，用于饮水消毒等。

【应用注意】

（1）避免与强还原剂及酸性物质接触。

（2）现用现配。

（3）本品浓度为0.01%时，对铜、铝有轻度腐蚀，对碳钢有中度腐蚀作用。

溴氯海因

【理化特性】本品为类白色或淡黄色结晶性粉末；有次氯酸的刺激性气味；有引湿性；在水中微溶，在二氯甲烷或三氯甲烷中溶解。

【作用应用】溴氯海因为有机溴氯复合型消毒剂。有广谱杀菌作用，药效持久。其杀菌消毒机理为次氯酸的氧化作用、新生氧作用和卤化作用。由于本品中的溴氯海因能同时解离出溴和氯，分别形成次氯酸和次溴酸，二者对杀灭细菌起到了协同增效作用。主要用于动物厩舍、运输工具等消毒。

【制剂】溴氯海因粉（1）100g：30g（2）200g：60g（3）250g：75g（4）500g：150g。

【用法用量】喷洒、擦洗或浸泡，环境或运载工具消毒。口蹄疫按1：400倍稀释，猪水泡病按1：200倍稀释，猪瘟按1：600倍稀释，猪细小病毒感染按1：60倍稀释，鸡新城疫、鸡传染性法氏囊炎按1：1 000倍稀释，细菌繁殖体按1：4 000倍稀释。

【注意事项】

（1）本品对炭疽芽孢无效。

（2）禁用金属容器盛装。

氯胺T

本品含有效氯大于11%。

【理化特性】本品为白色结晶性粉末，微有氯的特殊臭味；置空气中易分解，变为黄色并释放出氯气。在水中易溶；在乙醇中能溶，放置后渐分解；在三氯甲烷或醚中不溶。

【作用应用】氯胺T具有广谱杀菌能力，对细菌繁殖体、病毒、真菌及细菌芽孢体均有杀灭作用。因其水解常数较低，故产生广谱杀菌作用较次氯酸盐类消毒剂慢，作用较弱。主要用于皮肤、黏膜消毒，也用于饮水等消毒。

【用法用量】外用0.5%～2%溶液用于皮肤和伤口消毒；0.2%～0.3%溶液用于眼、鼻、阴道黏膜等消毒；10%溶液用于毛、鬃消毒；1：250 000倍稀释用于饮水消毒。

【注意事项】应现用现配。

（六）过氧化物类

又称氧化剂。是一些含不稳定的结合态氧的化合物，一遇有机物或酶即放出初生氧，损伤细胞结构或抑制其代谢机能，导致微生物死亡；或者通过氧化还原反应，加速微生物代谢而致死。此类消毒药杀菌能力强，但易分解、不稳定，具有漂白和腐蚀作用。

过氧乙酸（过醋酸）

为过氧乙酸和乙酸的混合物，市售为20%的过氧乙酸溶液。

【理化特性】为无色透明液体，呈弱酸性，有刺激性酸味，易挥发，易溶于水。性质不稳定，遇热或有机物、重金属离子、强碱等易分解。浓度在45%以上时易爆炸，在低温下分解缓慢，应密闭、避光、低温保存。

【作用应用】本品兼具酸和氧化剂特性，是一种高效、速效、广谱杀菌剂，其气体和溶液均具有较强的杀菌作用，并较一般的酸或氧化剂作用强。作用产生快，能杀死细菌、真菌、病毒和芽孢，在低温下仍有杀菌和抗芽孢能力。

主要用于厩舍、器具等消毒，腐蚀性强，有漂白作用。稀溶液对呼吸道和眼结膜有刺激性；浓度较高的溶液对皮肤有强烈刺激性。有机物可降低其杀菌效力。

【用法用量】厩舍、饲槽和车船等喷雾消毒，0.5%溶液；空间加热熏蒸消毒，一般每立方米5~15ml（20%浓度），稀释成3%~5%溶液，密闭熏蒸1~2h；耐酸器具等浸泡消毒用0.04%~0.2%溶液；0.3%的溶液每立方米30ml，用于鸡舍带鸡消毒。

（七）季铵盐类

季铵盐类为最常用的阳离子表面活性剂，可杀灭大多数种类的繁殖型细菌、真菌以及部分病毒，不能杀死芽孢、结核杆菌和绿脓杆菌。季铵盐类处于溶液状态时，可解离出季铵盐阳离子，可与细菌的膜磷脂中带负电荷的磷酸基结合，低浓度呈抑菌作用，高浓度呈杀菌作用。对革兰氏阳性菌的作用比对革兰氏阴性菌的作用强。杀菌作用迅速、刺激性很弱、毒性低，不腐蚀金属和橡胶，但杀菌效果受有机物影响较大。阳离子表面活性剂不能与阴离子表面活性剂同时使用。

癸甲溴胺溶液（百毒杀）

本品为无色或微黄色黏稠性液体，振摇时有泡沫产生。

【作用应用】癸甲溴铵是双链季铵盐消毒剂，对多数细菌、真菌和藻类有杀灭作用，对亲脂性病毒也有一定作用。其在溶液状态时，可解离出季铵阳离子，与细菌胞浆膜磷脂中带负电荷的磷酸基结合，低浓度呈抑菌作用，高浓度呈杀菌作用。溴离子使分子的亲水性和亲脂性增强，能迅速渗透到胞浆膜脂质层和蛋白质层，改变膜的通透性，起到杀菌作用。癸甲溴铵残留药效强，对光和热稳定，对金属、塑料、橡胶和其他物质均无腐蚀性。主要用于厩舍、饲喂器具、饮水等的消毒。

【用法用量】厩舍、饲喂器具0.015%~0.05%溶液，饮水消毒0.002 5%~0.005%溶液（以癸甲溴铵计）。

辛氨乙甘酸溶液

本品为黄色澄明液体，有微腥味，味微苦，振摇时有泡沫产生。

辛氨乙甘酸为双离子表面活性剂。对化脓球菌、肠道杆菌及真菌等有良好的杀灭作用，对结核杆菌用1%溶液需作用12h。杀菌作用不受血清、牛奶等有机物的影响。

用途：1：（100~200）倍稀释，用于畜舍、场地、器械消毒，1：500倍稀释用于种蛋消毒，1：1 000倍稀释用于手消毒。

二、皮肤和黏膜用消毒防腐药

这类药物主要用于局部皮肤、黏膜、创面感染的预防或治疗，实践中皮肤黏膜防腐药，常被称为皮肤黏膜消毒药。目前防腐药在外科上大量用来清创和减少微生物污染（包括术者手及手臂），畜牧兽医工作者进行常规或疫病流行时手的消毒。在选择皮肤黏膜消毒防腐药时，注意药物应无刺激性和毒性，也不引起过敏反应。

（一）醇类

醇类为使用较早的一类消毒防腐药。各种脂族醇类都有不同程度的杀菌作用，常用的是乙醇。醇类消毒防腐药的优点是性质稳定、作用迅速、无腐蚀性、无残留作用，可与其他药物配成酊剂而起增效作用。缺点是不能杀灭细菌芽胞，受有机物影响大，抗菌有效浓度较高。

乙醇（酒精）

市售医用乙醇的浓度应不低于95%，临床上常用的是70%～75%的酒精溶液。

【理化特性】为无色澄明液体，易挥发，易燃烧。与水能以任意比例混合。变性酒精为在乙醇中添加有毒物质，如甲醇、甲醛等，不可饮用，但可用于消毒，效果与乙醇相同。

【作用应用】乙醇是临床上使用最广泛，也是较好的一种皮肤消毒药。能杀死繁殖型细菌，对结核分枝杆菌、有脂囊膜病毒也有杀灭作用，但对细菌芽孢无效。乙醇可使细菌胞浆脱水，并进入蛋白肽链的空隙破坏构型，使菌体蛋白变性和沉淀。乙醇可溶解类脂质，不仅易渗入菌体破坏其胞膜，而且能溶解动物的皮脂分泌物，从而发挥机械性除菌作用。

常用75%（此浓度杀菌力最强）的乙醇消毒皮肤以及器械浸泡消毒，亦可用作溶媒。无水乙醇的杀菌作用微弱，因它使组织表面形成一层蛋白凝固膜，妨碍渗透，而影响杀菌作用，另一方面蛋白变性需有水的存在。浓度低于20%时，乙醇的杀菌作用微弱，高于95%则作用不可靠。乙醇对黏膜的刺激性大，不能用于黏膜和创面抗感染。

乙醇能扩张局部血管，改善局部血液循环，用较低浓度乙醇涂擦久卧病畜的局部皮肤，可预防褥疮的形成；浓乙醇涂擦可促进炎性产物吸收，减轻疼痛，用于治疗急性关节炎、腱鞘炎和肌炎等。无水乙醇纱布压迫手术出血创面5min可止血。

（二）碘与碘化物

碘

【理化特性】为灰色或蓝灰色、有金属光泽的片状结晶或块状物，有特臭，具挥发性。在水中几乎不溶，溶于碘化钾或碘化钠水溶液中；在乙醇中易溶。

【药理作用】碘具有强大的杀菌作用，也可杀灭细菌芽孢、真菌、病毒、原虫。碘主要以分子形式发挥杀菌作用，其原理可能是碘化和氧化菌体蛋白的活性基团，并与蛋白的氨基结合而导致蛋白变性和抑制菌体的代谢酶系统。

碘在水中的溶解度很小，且有挥发性，但当有碘化物存在时，因形成可溶性的三碘化合物，碘的溶解度增加数百倍，又能降低其挥发性，在配制碘溶液时，常加适量的碘化钾，以促进碘在水中的溶解。碘水溶液中有杀菌作用的成分为元素碘、三碘化物的离子和次碘酸。次碘酸的量较少，但杀菌作用最强，碘次之。

【制剂】

（1）碘酊。含碘2%、碘化钾1.5%，以70%的乙醇配制。

（2）浓碘酊。含碘10%、碘化钾6%，以95%的乙醇配制。再与等量50%的乙醇混合即成5%的碘酊。

（3）碘甘油。含碘和碘化钾均为1%的甘油溶液。

（4）碘溶液。含碘2%、碘化钾2.5%。

【应用】碘酊是最有效的常用皮肤消毒药。一般皮肤消毒用2%的碘酊，大家畜皮肤和术野的消毒用5%的碘酊，10%的浓碘酊外用作刺激药，涂擦于患部皮肤，治疗腱鞘炎、滑膜炎等慢性炎症。由于碘对组织有较强的刺激性，且其强度与浓度成正比，故碘酊涂抹皮肤待稍干后，宜用75%的乙醇擦去，以免引起发泡、脱皮、皮炎。碘甘油刺激性较小，用于黏膜表面消毒，治疗口腔、舌、齿龈、阴道等黏膜炎症与溃疡。2%碘溶液适用于皮肤浅表破损和创面，以防止细菌感染。

【注意事项】碘酊应涂于干的皮肤上，如涂于湿的皮肤上不仅杀菌效力降低，而且易引起发泡和皮炎。配制的碘液应存放在密闭容器内。

碘伏（敌菌碘）

为碘、碘化钾、硫酸、磷酸等配成的水溶液。含有效碘2.7%～3.3%。主要用于手术部位和手术器械消毒。配成0.5%～1%的溶液。

聚维酮碘

【理化特性】聚维酮碘为1-乙烯基-2-吡咯烷酮均聚物与碘的复合物，黄棕至红棕色无定形粉末，能溶于水和乙醇。

【应用】本品杀菌力比碘强，兼有清洁剂作用，毒性低，对组织刺激性小，贮存稳定。常用于手术部位、皮肤和黏膜消毒。皮肤消毒配成5%溶液，奶牛乳头浸泡用0.5%～1%溶液，黏膜及创面冲洗用0.1%的溶液。

【制剂】聚维酮碘溶液（1）1%（2）5%（3）7.5%（4）10%。

【注意】当溶液变成白色或淡黄色即失去杀菌活性。

碘仿

碘仿为黄色有光泽的晶粉。有异臭，易挥发。稍溶于水，可任意溶于苯和丙酮中，1g碘仿溶于7.5ml乙醚中。碘仿本身无防腐作用，与组织液接触时，能缓慢地分解出游离碘而呈现防腐作用，作用持续约1～3d，对组织刺激性小，能促进肉芽形成。具有防腐、除臭和防蝇作用。用于创伤、瘘管的防腐。常制成10%碘仿醚溶液治疗深部瘘管、蜂窝织炎和关节炎等；4%～6%碘仿纱布用于充填会阴等深而易污染的部位及伤口。一般创伤，用撒布剂或5%～15%软膏涂敷患处。

复合碘溶液

本品为碘与磷酸等配制而成的水溶液。含活性碘1.8%～2%（g/g），磷酸16%～18%（g/g）。主要用于畜禽舍消毒、器械消毒和处理污物等。消毒畜禽舍、屠宰场地用1%～3%溶液；器械消毒用0.5%～1%的溶液。

碘酸混合溶液

本品为碘、硫酸、磷酸制成的水溶液，含活性碘2.75%～2.80%（g/g），含酸量28.0%～29.5%（g/g）。为深棕色液体，有碘的特臭，易挥发。

【用途】用于外科手术部位、畜禽房舍、畜产品加工场所及用具的消毒。

【用法用量】手术室及伤口消毒用0.33%溶液，畜禽房舍及用具消毒用0.17%～0.25%溶液，病毒污染消毒用0.33%～1%溶液，牧草消毒用0.067%溶液，畜禽饮水消毒用0.04%溶液。

（三）表面活性剂

表面活性剂是一类能降低水溶液表面张力的物质，由于促进水的扩展，使表面润湿（用作润湿剂），又可浸透进入微细孔道，使两种不相混合的液体如油和水发生乳化（用作乳化剂），润湿和乳化均有利于油污的去除，表面活性剂兼有这两种作用者，就是清洁剂。主要通过改变界面的能量分布，从而改变细菌细胞膜通透性，影响细菌新陈代谢；还可使蛋白变性，灭活菌体内多种酶系统，而具有抗菌活性。

表面活性剂包含疏水基和亲水基。疏水基一般是烃链，亲水基有离子型和非离子型两类，后者对细菌没有抑制作用。离子型表面活性剂根据其在水中溶解后在活性基团上电荷的性质，分为阴离子表面活性剂（如肥皂）、阳离子表面活性剂（如苯扎溴铵、醋酸氯己定、癸甲溴铵和度米芬等）、非离子表面活性剂（如吐温类化合物）和两性离子表面活性剂（如汰垢类消毒剂）。表面活性剂的杀菌作用与其去污力不是平行的，如阴离子表面活性剂去污力强，但抗菌作用很弱；而阳离子表面活性剂的去污力较差，但抗菌作用强。

苯扎溴铵（新洁尔灭）

为溴化二甲基苄基烃铵的混合物，属季铵盐类阳离子表面活性剂。

【理化特性】常温下为黄色胶状体，低温时可逐渐形成蜡状固体，性质稳定，水溶液呈碱性反应。市售5%苯扎溴铵水溶液，强力振摇产生大量泡沫，遇低温可发生混浊或沉淀。

【作用应用】具有杀菌和去污作用，用于创面、皮肤和手术器械的消毒。

用时禁与肥皂及其他阴离子活性剂、盐类消毒药、碘化物和过氧化物等配伍使用；不宜用于眼科器械和合成橡胶制品的消毒；器械消毒时，需加0.5%亚硝酸钠；其水溶液不得贮存于由聚乙烯制作的瓶内，以避免与增塑剂起反应而失效。

【用法用量】创面消毒用0.01%溶液；皮肤、器械消毒用0.1%溶液。

【制剂】苯扎溴铵溶液。

醋酸氯己定（洗必泰）

【理化特性】为阳离子型的双胍化合物。白色晶粉。无臭，味苦。在乙醇中溶解，在水中微溶，在酸性溶液中解离。

【作用应用】为阳离子表面活性剂，抗菌作用强于苯扎溴铵，其作用迅速且持久，毒性低。与苯扎溴铵联用对大肠杆菌有协同杀菌作用，两药混合液呈相加消毒效力。醋酸洗必泰溶液常用于皮肤、术野、创面、器械、用具等的消毒，消毒效力与碘酊相当，但对皮肤无刺激性，也不染色，注意事项同苯扎溴铵。

【用法用量】皮肤消毒，0.5%水溶液或醇（以70%乙醇配制）溶液；黏膜及创面消毒，0.05%溶液；手消毒，0.02%溶液；器械消毒，0.1%溶液。

【制剂】醋酸洗必泰外用片。

消毒净

【理化特性】本品为白色结晶性粉末，无臭，味苦，微有刺激性。易受潮，易溶于水、酒精，水溶液容易起泡沫，对热稳定。

【作用应用】本品为阳离子表面活性剂，为广谱消毒药，对革兰氏阳性菌及阴性菌，均有较强的杀菌作用。常用于手、皮肤、黏膜、器械等的消毒。

【用法用量】0.05%水溶液可用于冲洗黏膜；0.1%水溶液用于手指和皮肤消毒；0.05%水溶液（加入0.5%亚硝酸钠）用于浸泡金属器械。

【注意事项】不可与合成洗涤剂或阴离子表面活性剂接触，以免失效。在水质硬度过高的地区应用时，药物浓度应适当提高。

（四）有机酸类

有机酸类主要用作防腐药。醋酸、苯甲酸、山梨酸、戊酮酸、甲酸、丙酸和丁酸等许多有机酸广泛用作药品、粮食和饲料的防腐。水杨酸、苯甲酸等具有良好的抗真菌作用。向饲料中加入一定量的甲酸、乙酸、丙酸和戊酮酸等，可使沙门氏菌及其他肠道菌对胴体的污染明显下降。丙酸等尚用于防止饲料霉败。

醋酸

本品为含醋酸36% ~37%的水溶液。

【理化特性】本品为无色澄明液体；有强烈的特臭，味极酸。

【作用应用】醋酸溶液对细菌、真菌、芽孢和病毒均有较强的杀灭作用，但对各种微生物作用的强弱不尽相同。一般来说，对细菌繁殖体最强，依次为真菌、病毒、结核杆菌及细菌芽孢。抵抗力最强的微生物，用1%的醋酸，最多也只需10min就可杀灭，对真菌、肠病毒及芽孢均能杀灭。但芽孢被有机物保护时，用1%的醋酸，则须将作用时间延长至30min才能杀灭。

醋酸可把反刍动物瘤胃内的氨转化为铵离子，从而降低反刍动物瘤胃内的pH值，以此用来消除瘤胃内非蛋白氮产生的氨毒性。使用醋酸还可避免马的肠结石的形成。

【用法用量】阴道冲洗，配成0.1% ~0.5%溶液；感染创面冲洗，配成0.5% ~2%溶液；口腔冲洗，配成2% ~3%溶液；降低瘤胃pH值，牛4 ~10L；预防结石，马每100kg体重500ml。

临床上常用的稀醋酸含纯醋酸5.7% ~6.3%（食用醋含纯醋酸2% ~10%）。稀醋酸加热蒸发进行空气消毒时每100立方米空间可用300 ~1 000ml。

【不良反应】醋酸有刺激性，高浓度时对皮肤、黏膜有腐蚀性。

【注意事项】

（1）避免与眼睛接触，若与高浓度醋酸接触，立即用清水冲洗。

（2）应避免接触金属器械产生腐蚀作用。

（3）用于降低瘤胃pH值和预防马肠结石时，为减少醋酸对黏膜的刺激作用，通常需用胃管给药。

（4）与碱性药物配伍可发生中和作用而失效。

硼酸

【理化特性】本品为无色微带珍珠光泽的结晶或白色疏松的粉末，有滑腻感；无臭；水溶液显弱酸性反应。在沸水、沸乙醇或甘油中易溶，在水或乙醇中溶解。

【作用应用】对细菌和真菌有微弱的抑制作用，本品是通过释放氢离子而发挥抑菌作用。刺激性极小，外用配成2% ~4%溶液，用作洗眼或冲洗黏膜。

【不良反应】外用一般毒性不大，但不适用于大面积创伤和新生肉芽组织，以避免吸收后蓄积中毒。

硼砂

【理化特性】本品为无色半透明的结晶或白色结晶性粉末；无臭；有风化性；水溶液显碱性反应。在沸水或甘油中易溶，在水中溶解，在乙醇中不溶。

【作用应用】本品在水中解离生成硼酸，从而起到抑菌作用。硼酸抗菌作用微弱，2% ~5%溶液仅抑制细菌生长，对许多类型的细菌无杀灭作用。刺激性很小，毒性较低。本品作为消毒药无实用价值，只能作防腐药用。用作黏膜、腔道炎症等的冲洗剂。

【用法用量】外用：冲洗眼结膜、口腔及阴道黏膜，2% ~4%的溶液。

（五）过氧化物类

本类药品与有机物相遇时，可释放出新生态氧，使菌体内活性基团氧化而起杀菌作用。

过氧化氢溶液（双氧水）

含过氧化氢应为2.5%～3.5%。市售的尚有浓过氧化氢溶液含 H_2O_2 应为26%～28%。

【理化特性】过氧化氢溶液为无色澄清液体，无臭或有类似臭氧的臭气。遇氧化物或还原物即迅速分解并产生泡沫，遇光、热易变质。应在遮光、密闭、阴凉处保存。

【作用应用】过氧化氢有较强的氧化性，在与组织或血液中的过氧化氢酶接触时，迅速分解，释放出新生态氧，对细菌产生氧化作用，干扰其酶系统的功能而发挥抗菌作用。由于作用时间短，且有机物能大大减弱其作用，因此杀菌力较弱。在接触创面时，由于分解迅速，会产生大量气泡，机械地松动脓块、血块、坏死组织及与组织粘连的敷料，有利于清洁创面。3%的过氧化氢溶液用于清洗创伤，去除痂皮，尤其对厌氧性感染更有效。过氧化氢尚有除臭和止血作用。主要用于清洗化脓性创口及具有坏死组织的深创。

【注意事项】避免用手直接接触高浓度过氧化氢溶液，防止灼伤。禁与强氧化剂配伍。

高锰酸钾

【理化特性】黑紫色、细长的棱形结晶或颗粒，带蓝色的金属光泽，无臭。与某些有机物或易氧化的化合物研磨或混合时，易引起爆炸或燃烧。在水中溶解，在沸水中易溶，水溶液呈深紫色。

【作用应用】为强氧化剂，遇有机物、加热、加酸、加碱等均即释放出新生态氧（非游离态氧，不产生气泡）呈现杀菌、除臭、解毒作用。在发生氧化反应时，其本身还原为棕色的二氧化锰，后者可与蛋白结合成蛋白盐类复合物，因此高锰酸钾在低浓度时对组织有收敛作用；高浓度时有刺激和腐蚀作用。高锰酸钾的抗菌作用较过氧化氢强，但它极易被有机物分解而作用减弱。在酸性环境中杀菌作用增强，如2%～5%溶液能在24h内杀死芽孢；在1%溶液中加入1.1%盐酸，则能在30s内杀死炭疽芽孢。用于冲洗皮肤创伤及腔道炎症。

吗啡、士的宁等生物碱，苯酚、水合氯醛、氯丙嗪、磷和氰化物等均可被高锰酸钾氧化而失去毒性，临床上用于洗胃解毒。

【用法用量】

（1）腔道冲洗及洗胃配成0.05%～0.1%溶液。

（2）创伤冲洗配成0.1%～0.2%溶液。

（3）1%的溶液用于毒蛇咬伤。

（4）0.001%的溶液用于雏鸡饮水，肠道消毒。

（5）与福尔马林合用进行熏蒸消毒。

【注意事项】

（1）严格掌握不同适应症采用不同浓度的溶液。

（2）药液需新鲜配制，避光保存。

（3）高浓度的高锰酸钾对组织有刺激和腐蚀作用。

（4）不应反复用高锰酸钾溶液洗胃。

（5）误服可引起一系列消化系统刺激症状，严重时出现呼吸和吞咽困难、蛋白尿等。

（六）染料类

染料分为两类，即碱性（阳离子）染料和酸性（阴离子）染料，前者抗菌作用强于后者。两者抑制细菌繁殖，抗菌谱窄，作用缓慢。下面仅介绍兽医临床上应用的两种碱性染料，它们对革兰氏阳性菌有选择作用，在碱性环境中有杀菌作用，碱度越高杀菌越强。碱性染料的阳离子可与细菌蛋白的羟基结合，造成不正常的离子交换机能，抑制巯基酶反应和破坏细胞膜的机能等。

乳酸依沙吖啶（雷佛奴尔，利凡诺）

【理化特性】为2-乙氧基-6，9-二氨基吖啶的乳酸盐。黄色结晶性粉末。无臭，味苦。在水中略溶，热水中易溶，水溶液不稳定，遇光渐变色。在乙醇中微溶，在沸腾无水乙醇中溶解。置褐色玻璃瓶，密闭，在凉暗处保存。

【作用应用】属吖啶类（黄色素类）染料，此类为染料中最有效的防腐药。碱基在未解离成阳离子前，不具抗菌活性，即当乳酸依沙吖啶解离出依沙吖啶，在其碱性氮上带正电荷时，才对革兰氏阳性菌呈现最大的抑菌作用。对各种化脓菌均有较强的作用，最敏感的细菌为魏氏梭状芽孢杆菌和酿脓链球菌。抗菌活性与溶液的 pH 值和药物解离常数有关。常以 0.1% ~0.3% 水溶液冲洗或以浸泡纱布湿敷，治疗皮肤和黏膜的创面感染。在治疗浓度时对组织无损害。抗菌作用产生较慢，但药物可牢固地吸附在黏膜和创面上，作用可维持 1d 之久。当有机物存在时活性增强。

【应用注意】

（1）溶液在保存过程中，尤其曝光下，可分解生成毒性很强的产物。

（2）与碱类和碘液混合易析出沉淀。

（3）长期使用可能延缓伤口愈合。

（4）当有高于 0.5% 浓度的氯化钠存在时，本品可从溶液中沉淀析出，故不能用氯化钠溶液配制。

甲紫

【理化特性】为深绿紫色的颗粒性粉末或绿紫色有金属光泽的碎片。几乎无臭。在乙醇中溶解，在水中略溶。

【作用应用】甲紫、龙胆紫和结晶紫是一类性质相同的碱性染料，对革兰氏阳性菌有强大的选择作用，也有抗真菌作用。对组织无刺激性。

临床上常用其 1% ~2% 水溶液或醇溶液治疗皮肤、黏膜的创面感染和溃疡。0.1% ~1% 水溶液用于烧伤，因有收敛作用，能使创面干燥，也用于皮肤表面真菌感染。

当前，在畜牧业生产实践中消毒防腐药在预防和控制传染病方面起着非常重要的作用。一定要引起高度重视，首先要搞好平时的预防消毒工作，要按拟订的消毒制度如期进行，不得马虎，流于形式。当发生传染病或邻近养殖场已发生传染病时，要根据传染源性质，进行临时消毒，消毒要全面、彻底。当扑灭和控制传染病后，为了彻底消灭病原体需认真做好终末消毒。要严格执行平时的卫生防疫制度，对出入人员和车辆要严格消毒，对动物的排泄物、分泌物及时收集并进行无害化处理。对饲养器具要定期消毒，饮用水要达到饮用水标准。在消毒药的选择方面，要具体问题具体分析，要根据消毒目的、消毒对象和病原体的特性决定。

在平时的预防消毒工作中，为防止微生物产生抗药性，可采用轮换用药的原则。

在消毒方法上，根据药品的性质、消毒对象，可采用喷雾、熏蒸、浸泡、喷洒、冲洗、涂擦、撒布、拌和等方法。

复习思考题

1. 何谓防腐消毒药？影响防腐消毒药作用的因素有哪些？如何提高消毒防腐药的消毒防腐效果？

2. 带禽消毒时应注意什么问题？

3. 欲在养殖场门口设一消毒池，供来人鞋履及车辆消毒，请选择五种可采用的消毒剂，并说明应用的方法和注意事项。

4. 某一规模化鸡场日常消毒可能用到的防腐消毒药有哪些？并说明其浓度及用法。

5. 某兽医院门诊室，日常对环境、器具及医疗处置中可能应用到的防腐消毒药有哪些？并说明其浓度及用法。

6. 简述应用福尔马林和高锰酸钾对畜（鸡）舍进行消毒的全过程，并说明注意事项。

第三章

抗微生物药——抗生素

第一节　概述

抗生素是由某些微生物在其代谢过程中产生的，并能抑制或杀灭其他病原微生物的化学物质。抗生素主要从微生物的培养液中提取，现已有不少品种能人工合成或半合成。

一、抗菌谱与抗菌活性

1. 抗菌谱　是指药物抑制或杀灭病原微生物的种类范围。凡仅作用于单一菌种或某属细菌的药物称窄谱抗菌药，例如青霉素、链霉素等。凡能抑制或杀灭多种不同种类的细菌，抗菌作用范围广泛的药物，称广谱抗菌药，如四环素类等。半合成的抗生素和人工合成的抗菌药多具有广谱抗菌作用。

2. 抗菌活性　是指抗菌药抑制或杀灭病原微生物的能力。可用体外抑菌试验和体内试验治疗方法测定。体外抑菌试验对临床用药具有重要参考意义。能够抑制培养基内细菌生长的最低浓度称为最小抑菌浓度（MIC）。能够杀灭培养基内细菌生长的最低浓度（以杀灭细菌为评定标准时，使活菌总数减少99%或99.5%以上），称为最小杀菌浓度（MBC）。抗菌药的抑菌作用和杀菌作用是相对的，有些抗菌药在低浓度时呈抑菌作用，而高浓度呈杀菌作用。临床上所指的抑菌药是指仅能抑制病原菌的生长繁殖，而无杀灭作用的药物，如磺胺类、四环素类等。杀菌药是指具有杀灭病原菌作用的药物，如青霉素类、氨基糖苷类和氟喹诺酮类等。

二、耐药性

耐药性又名抗药性，分为天然耐药性和获得耐药性两种。前者属细菌的遗传特征，是不可改变的，例如抗生素对病毒无效。后者即一般所指的耐药性，是指病原菌在多次接触化疗药后，产生了结构、生理及生化功能的改变，而形成具有抗药性的变异菌株，它们对药物的敏感性下降甚至消失。某种病原菌对一种药物产生耐药性后，往往对同一类的药物也具有耐药性，这种现象称为交叉耐药性。交叉耐药性有完全交叉耐药性和部分交叉耐药性两种。完全交叉耐药性（亦称双向交叉耐药性），细菌对某药耐药后，对另一药物也耐药，反之亦然。如对土霉素产生耐药性的细菌，对四环素和金霉素均产生耐药性，反之亦如此。部分交叉耐药性（单向交叉耐药性）是指细菌先对A药产生耐药后，对B药仍敏感；如先对B药产生耐药，对A药也同样耐药。如氨基糖苷类抗生素之间，对链霉素耐药的细菌，对庆大霉素和卡那霉素等仍然敏感，而对庆大霉素和卡那霉素耐药的细菌，对链霉素也耐药。

耐药性的产生是抗菌药物在兽医临床应用中的一个严重问题。临床上最为常见的耐药性是平行地从另一种耐药菌转移而来，即通过质粒介导的耐药性。耐药质粒在微生物间可通过下列方式转移。①转化：即通过耐药菌溶解后 DNA 的释出，耐药基因被敏感菌获取，耐药基因与敏感菌中的同种基因重新组合，使敏感菌成为耐药菌。此方式主要见于革兰氏阳性菌及嗜血杆菌；②转导：即通过嗜菌体将耐药基因转移给敏感菌；是金黄色葡萄球菌耐药性转移的唯一方式；③接合：即通过耐药菌和敏感菌菌体的直接接触，由耐药菌将耐药因子转移给敏感菌。此方式主要见于革兰氏阴性菌，特别是肠道菌。值得注意的是，在人和动物的肠道内，这种耐药性的接合转移现象已被证实。动物的肠道细菌有广泛的耐药质粒转移现象，这种耐药菌又可传递给人；④易位或转座：即耐药基因可自一个质粒转座至另一个质粒，从质粒到染色体或从染色体到噬菌体等。此方式可在不同属和种的细菌中进行，甚至从革兰氏阳性菌转座至革兰氏阴性菌，扩大了耐药性传播的宿主范围；还可使耐药因子增多，是造成多重耐药性的重要原因。

三、抗菌机理

1. 影响细菌细胞壁的合成　细菌细胞壁有维持细菌的形状、保护细菌不受周围环境渗透压的影响和机械损伤的作用。青霉素类、头孢菌素类、杆菌肽、黄霉素等可阻碍其合成，影响细菌生长。它们主要影响正在繁殖的细菌细胞，故这类抗生素称为繁殖期杀菌剂。

2. 改变细菌细胞膜的通透性　细胞膜是渗透压的屏障，当其损伤时，通透性将增加，导致菌体内胞浆中的重要营养物质（如核酸、氨基酸、酶、磷酸、电解质等）外漏而死亡，产生杀菌作用。属于这种作用方式而呈现抗菌作用的抗生素有多肽类（如多黏菌素 B 和硫黏菌素）及多烯类（如两性霉素 B、制霉菌素等）。

3. 影响细菌细胞的蛋白质合成　细菌蛋白质合成场所在胞浆的核糖体上，蛋白质的合成过程分三个阶段，即起始阶段、延长阶段和终止阶段。不同抗生素对三个阶段的作用不完全相同，有的可作用于三个阶段，如氨基糖苷类；有的仅作用于延长阶段，如林可胺类。

细菌细胞与哺乳动物细胞合成蛋白质的过程基本相同，两者最大的区别在于核糖体的结构及蛋白质、RNA 的组成不同。因为细菌核糖体的沉降系数为 70S，并可解离为 50S 及 30S 亚基；而哺乳动物细胞核糖体的沉降系数为 80S，并可解离为 60S 及 40S 亚基，这就是为什么抗生素对动物机体毒性小的主要原因。许多抗生素均可影响细菌蛋白质的合成，但作用部位及作用阶段不完全相同。氨基糖苷类及四环素类主要作用于 30S 亚基，氯霉素类、大环内酯类、林可胺类则主要作用于 50S 亚基。

4. 抑制细菌核酸的合成　核酸具有调控蛋白质合成的功能。如灰黄霉素、利福平等可抑制或阻碍细菌细胞 DNA 或 RNA 的合成，从而引起细菌死亡。

四、抗生素的效价

抗生素的效价通常以重量或国际单位（IU）来表示。效价是评价抗生素效能的指标，也是衡量抗生素活性成分含量的尺度。每种抗生素的效价与重量之间有特定转换关系。青霉素钠，1mg 等于 1 667IU，或 1IU 等于 0.6μg。青霉素钾，1mg 等于 1 559IU，或 1IU 等于 0.625μg，制霉菌素 1mg 为 3 700IU。其他抗生素多以重量为单位或 1mg 为 1 000IU。兽医临床上使用的抗生素制品，为了考虑开处方的习惯，在其标签上除以单位表示外，还注明了毫克（mg）或克（g）。

五、抗生素的分类

（一）根据化学结构进行分类

1. β-内酰胺类 包括青霉素类、头孢菌素类等。前者有青霉素、氨苄西林、阿莫西林、苯唑西林等；后者有头孢唑啉、头孢氨苄、头孢西丁、头孢噻呋等。

2. 氨基糖苷类 包括链霉素、卡那霉素、庆大霉素、阿米卡星、新霉素、大观霉素、安普霉素等。

3. 四环素类 包括土霉素、四环素、金霉素、多西环素、美他环素和米诺环素等。

4. 酰胺醇类 包括甲砜霉素、氟苯尼考。

5. 大环内酯类 包括红霉素、泰乐菌素、替米考星、吉他霉素、螺旋霉素、竹桃霉素等。

6. 林可胺类 包括林可霉素、克林霉素。

7. 多肽类 包括杆菌肽、多黏菌素 B、黏菌素、维吉尼霉素等。

8. 多烯类 包括制霉菌素、两性霉素 B 等。

9. 含磷多糖类 包括黄霉素、大碳霉素、喹北霉素等，主要用作饲料添加剂。

此外，还有大环内酯类的阿维菌素类抗生素和聚醚类（离子载体类）抗生素如莫能菌素等，均属抗寄生虫药。

（二）根据抗生素的抗菌谱和应用分类

1. 主要抗革兰氏阳性菌的抗生素 包括青霉素类、头孢菌素类、大环内酯类、林可胺类、杆菌肽类等。

2. 主要抗革兰氏阴性菌的抗生素 包括氨基糖苷类和多黏菌素类等。

3. 广谱抗生素 包括四环素类和酰胺醇类等。

4. 抗真菌抗生素包括 二性霉素 B、制霉菌素、克霉唑等。

5. 抗寄生虫抗生素 包括伊维菌素、阿维菌素、莫能菌素、盐霉素、马杜霉素等。

第二节 常用抗生素

一、β-内酰胺类抗生素

β-内酰胺类抗生素，系指化学结构中含有β-内酰胺环的一类抗生素，兽医常用药物主要包括青霉素类和头孢菌素类。它们的抗菌机理均系抑制细菌细胞壁的合成。

（一）青霉素类

青霉素类包括天然青霉素和半合成青霉素。前者的优点是杀菌力强、毒性低、价廉，但存在抗菌谱较窄，易被胃酸和β-内酰胺酶（青霉素酶）水解破坏，金黄色葡萄球菌易产生耐药性等缺点。后者具有耐酸、耐酶、广谱等优点。在兽医临床上最常用的是青霉素。

1. 天然青霉素

系从青霉菌的培养液中提取获得，青霉菌的代谢产物主要含有青霉素 F、G、X、K 和双氢 F 五种。其中以青霉素 G 的作用最强，性质较稳定，产量亦较高。故临床上用青霉素 G。

青霉素 G（苄青霉素）

【理化特性】 青霉素是一种弱的有机酸，性质稳定，难溶于水。其钾盐或钠盐为白色结晶性粉末；有引湿性；遇酸、碱或氧化剂等迅速失效，水溶液在室温放置易失效；在水中极易溶解，乙醇中溶解，在脂肪油或液状石蜡中不溶。20 万 U/ml 青霉素溶液于 30℃放置 24h，效价下降 56%，临床应用时要新鲜配制。

【药动学】 内服易被胃酸和消化酶破坏，仅少量吸收，空腹时的生物利用度仅为 15% ~30%，饱食吸收更少。但新生仔猪和鸡大剂量（8 万 ~10 万 U/kg）内服吸收较多，能达到有效血药浓度。肌肉注射或皮下注射后吸收较快，一般 15 ~30min 达到血药峰浓度，并迅速下降。常用剂量维持有效血药浓度仅 3 ~8h。吸收后在体内分布广泛，能分布到全身各组织，以肾、肝、肺、肌肉、小肠和脾脏等的浓度较高，骨骼、唾液和乳汁含量较低。当中枢神经系统或其他组织有炎症时，青霉素则较易透入。例如脑膜炎时，血脑屏障的通透性增加，青霉素进入量增加，可达到有效血药浓度。

青霉素在动物体内的半衰期较短，种属间的差异较小。肌肉注射给药在马、水牛、犊牛、猪、兔的半衰期分别是 2.6h、1.02h、1.63h、2.56h 及 0.52h，而静脉注射给药后，马、牛、骆驼、猪、羊、犬及火鸡的半衰期分别是 0.9h、0.7 ~1.2h、0.8h、0.3 ~0.7h、0.7h、0.5h 和 0.5h。青霉素吸收进入血液循环后，在体内不易破坏，主要以原型从尿中排出，肌肉注射治疗剂量的青霉素钠或钾的水溶液后通常在尿中可回收到剂量的 60% ~90%，给药后 1h 内在尿中排出绝大部分药物。丙磺舒可促进肾小管对青霉素的重吸收，增强青霉素的药效。此外，青霉素可在乳中排泄，因此，给药奶牛的乳汁应禁止给人食用，因为在易感人中可能引起过敏反应。

【药理作用】 青霉素属窄谱的杀菌性抗生素。抗菌作用很强，低浓度抑菌，高浓度杀菌。青霉素对革兰氏阳性和阴性球菌、革兰氏阳性杆菌、放线菌和螺旋体等高度敏感，常作为首选药。对青霉素敏感的病原菌主要有链球菌、葡萄球菌、肺炎球菌、脑膜炎球菌、丹毒杆菌、化脓棒状杆菌、炭疽杆菌、破伤风梭菌、李氏杆菌、产气荚膜梭菌、魏氏梭菌、牛放线杆菌和钩端螺旋体等。大多数革兰氏阴性杆菌对青霉素不敏感。青霉素对处于繁殖期正在合成细胞壁的细菌作用强，而对已合成细胞壁，处于静止期者作用弱，故称繁殖期杀菌剂。哺乳动物的细胞无细胞壁结构，故对动物毒性小。

【耐药性】 除金黄色葡萄球菌外，一般细菌不易产生耐药性。由于青霉素广泛用于兽医临床，杀灭了金葡菌中的大部分敏感菌株，使原来的极少数耐药菌株得以大量生长繁殖和传播；同时通过噬菌体能把耐药菌株产生 β-内酰胺酶的能力转移到敏感菌上，使敏感菌株变成了耐药菌株。因此，耐药的金葡菌菌株的比例逐年增加。耐药金葡菌能产生大量的 β-内酰胺酶，使青霉素的 β-内酰胺环水解而成为青霉噻唑酸，失去抗菌活性。目前，对耐药金葡菌感染的治疗，可采用半合成青霉素类、头孢菌素类、红霉素及氟喹诺酮类药物等进行治疗。

【应用】 本品用于革兰氏阳性球菌所致的马腺疫、链球菌病、猪淋巴结脓肿、葡萄球菌病，以及乳腺炎、子宫内膜炎、化脓性腹膜炎和创伤感染等；革兰氏阳性杆菌所致的炭疽、恶性水肿、气肿疽、气性坏疽、猪丹毒、放线菌病，以及肾盂肾炎、膀胱炎等尿路感染；钩端螺旋体病。此外，对鸡球虫病并发的肠道梭菌感染，可内服大剂量的青霉素；治疗破伤风时，应与抗破伤风血清合用。

在兽医临床，青霉素的给药途径常采用肌肉注射、皮下注射和局部应用。局部应用是指乳管内、子宫内及关节腔内注入等。青霉素在动物体内的消除很快，血中有效浓度维持时间较短。但在体内的药效试验证实，间歇应用青霉素水溶液时，青霉素消失后仍继续发挥其抑菌作用（抗生素后效应），细菌受青霉素杀伤后，恢复繁殖力一般要 6～12h，故在一般情况下，每日 2 次肌肉注射能达到有效治疗浓度。但严重感染时仍应每隔 4～6h 给药一次。为了减少给药次数，保持较长的有效血药浓度维持时间，可采取下列方法：一是采取肌肉注射长效青霉素，例如普鲁卡因青霉素，由于产生的血药浓度不高，仅用于轻度感染或维持疗效；二是在应用长效制剂的同时，加用青霉素钠或钾，或先肌肉注射青霉素钠或钾，再用长效制剂以维持有效血药浓度。

【不良反应】青霉素的毒性很小。其不良反应主要是过敏反应。在兽医临床，马、骡、牛、猪、犬中已有报道，但症状较轻。主要临床表现为出汗、兴奋不安、肌肉震颤、呼吸困难、心率加快、站立不稳，有时见荨麻疹、眼睑、头面部水肿、阴门、直肠肿胀和无菌性蜂窝织炎等，严重时休克，抢救不及时可导致迅速死亡。因此，在用药后应注意观察，若出现过敏反应，要立即进行对症治疗，严重者可静脉或肌肉注射肾上腺素（马、牛 2～5mg/次；羊、猪 0.2～1mg/次；犬 0.1～0.5mg/次；猫 0.1～0.2mg/次），必要时可加用糖皮质激素和抗组织胺药，增强或稳定疗效。

局部反应表现为注射部位疼痛、水肿；全身反应为荨麻疹、皮疹、虚脱，严重者可引起死亡。

【用法用量】肌肉注射：一次量，每 1kg 体重，马、牛 1 万～2 万 U；羊、猪、驹、犊 2 万～3 万 U；犬、猫 3 万～4 万 U；禽 5 万 U。2～3 次/d。乳管内注入：每一乳室一次量，牛 10 万 U，1～2 次/d，弃乳期 3d。

【制剂规格】注射用青霉素钠（1）0.24g（40 万 U）（2）0.48g（80 万 U）（3）0.6g（100 万 U）（4）0.96g（160 万 U）；注射用青霉素钾：（1）0.25g（40 万 U）（2）0.5g（80 万 U）（3）0.625g（100 万 U）（4）1.0g（160 万 U）（5）2.5g（400 万 U）。

长效青霉素

为了克服青霉素钠或钾在动物体内有效血药浓度维持时间短的缺点，制成了一些难溶于水的青霉素铵盐，肌肉注射后缓慢吸收，维持时间较长，称为青霉素长效制剂，如普鲁卡因青霉素、苄星青霉素（青霉素的二苄基乙二铵盐）。普鲁卡因青霉素用于非急性、非重症感染，或作维持剂量用。苄星青霉素因其吸收慢，血药浓度较低，维持时间较长，主要用于预防或需长期用药的家畜，例如长途运输家畜时用于预防呼吸道感染等。

【用法用量】肌肉或皮下注射（普鲁卡因青霉素）：一次量，每 1kg 体重，马、牛 1 万～2 万 U；羊、猪、驹、犊 2 万～3 万 U；犬、猫 3 万～4 万 U，1 次/d，连用 2～3d。肌肉或皮下注射（苄星青霉素）：一次量，每 1kg 体重，马、牛 2 万～3 万 U；羊、猪 3 万～4 万 U；犬、猫 4 万～5 万 IU；必要时 3～4d 重复 1 次。

【制剂规格】注射用普鲁卡因青霉素：

（1）40 万 U（普鲁卡因青霉素 30 万 U 与青霉素钠（钾）10 万 U）。

（2）80 万 U（普鲁卡因青霉素 60 万 U 与青霉素钠（钾）20 万 U）。

（3）160万U（普鲁卡因青霉素120万U与青霉素钠（钾）40万U）。
（4）400万U（普鲁卡因青霉素300万U与青霉素钠（钾）100万U）。

普鲁卡因青霉素注射液（1）10ml：300万U（2）10ml：450万U。注射用苄星青霉素（1）30万U（2）60万U（3）120万U。

2. 半合成青霉素

以青霉素结构中的母核6-氨基青霉素烷酸（6-APA）为基本结构，导入不同结构的侧链，从而合成了一系列衍生物。它们具有耐酸、耐酶（β-内酰胺酶不能破坏）、广谱、抗绿脓杆菌等特点。

氨苄西林（氨苄青霉素、安比西林）

【理化特性】其游离酸含3分子结晶水（供内服）；为白色结晶性粉末。味微苦。在水中微溶，在乙醇中不溶，在稀酸溶液或稀碱溶液中溶解。

注射用其钠盐，为白色或类白色粉末或结晶。无臭或微臭，味微苦。有引湿性。在水中易溶，乙醇中略溶。10%水溶液的pH值为8～10。

【药动学】本品耐酸、不耐酶，内服或肌肉注射均易吸收。单胃动物吸收的生物利用度为30%～55%，反刍兽吸收差，绵羊内服的生物利用度仅为2.1%，肌肉注射吸收接近完全（>80%）。吸收后分布到各组织，其中以胆汁、肾、子宫等的浓度较高。相同剂量给药时，肌肉注射较内服血液和尿中的浓度高，常用肌肉注射。主要由尿和胆汁排泄，给药后24h大部分从尿中排出。本品的血清蛋白结合率较青霉素低，与马血清蛋白结合的能力，氨苄西林约为青霉素的1/10。肌肉注射，在马、水牛、黄牛、猪、奶山羊体内的半衰期分别为1.21～2.23h、1.26h、0.98h、0.57～1.06h及0.92h。静脉注射，在马、牛、羊、犬的半衰期分别为0.62h、1.20h、1.58h及1.25h。

【药理作用】本品对大多数革兰氏阳性菌的效力不及青霉素。对革兰氏阴性菌，如大肠杆菌、变形杆菌、沙门氏菌、嗜血杆菌、布鲁氏菌和巴氏杆菌等均有较强的作用，与氯霉素、四环素相似或略强，但不如卡那霉素、庆大霉素和多黏菌素。本品对耐药金葡菌、绿脓杆菌无效。

【应用】本品用于敏感菌所致的肺部感染、尿道感染和革兰氏阴性杆菌引起的某些感染等，例如驹、犊肺炎，牛巴氏杆菌病、肺炎、乳腺炎、猪传染性胸膜肺炎，鸡白痢、禽伤寒等。严重感染时，可与氨基糖苷类抗生素合用以增强疗效。不良反应同青霉素。

【用法用量】内服：一次量，每1kg体重，家畜、禽20～40mg，2～3次/d；肌肉注射或静脉注射：一次量，每1kg体重，家畜、禽10～20mg，2～3次/d（高剂量用于幼畜、禽和急性感染），连用2～3d。乳管内注入：一次量，每一乳室，奶牛200mg，1次/d。

【制剂规格】注射用氨苄西林钠（1）0.5g（2）1.0g（3）2.0g；氨苄西林可溶性粉100g：5g；氨苄西林混悬注射液100ml：15g；复方氨苄西林片（氨苄西林40mg海他西林10mg）；复方氨苄西林粉（每100g：氨苄西林80g海他西林20g）

阿莫西林（羟氨苄青霉素）

【理化特性】为白色或类白色结晶性粉末。味微苦。在水中微溶，在乙醇中几乎不溶。0.5%水溶液的pH值为3.5～5.5。本品的耐酸性较氨苄西林强。

【药动学】本品在胃酸中较稳定，单胃动物内服后有74%～92%被吸收，食物会影响吸收速率，但不影响吸收量。内服相同的剂量后，阿莫西林的血清浓度一般比氨苄西林高

1.5～3倍。在马、驹、山羊、绵羊、犬，本品的半衰期分别为0.66h、0.74h、1.12h、0.77h及1.25h。本品可进入脑脊液，脑膜炎时的浓度为血清浓度的10%～60%。犬的血浆蛋白结合率约13%，乳中的药物浓度很低。

【作用应用】本品的作用、应用、抗菌谱与氨苄西林基本相似，对肠球菌属和沙门氏菌的作用较氨苄西林强2倍。细菌对本品和氨苄西林有完全交叉耐药性。

【用法用量】内服：一次量，每1kg体重，家畜、禽10～15mg，2次/d；肌肉注射：一次量，每1kg体重，家畜4～7mg，2次/d；乳管内注入：一次量，每一乳室，奶牛200mg，1次/d。

【制剂规格】阿莫西林可溶性粉50g：5g；复方阿莫西林粉50g含阿莫西林5g，克拉维酸1.25g；阿莫西林、克拉维酸钾注射液（1）50ml：阿莫西林7g，克拉维酸1.75g，（2）100ml：阿莫西林14g，克拉维酸3.5g。

苯唑西林（苯唑青霉素、新青霉素Ⅱ）

【理化特性】为白色或类白色粉末或结晶性粉末，无臭或微臭。在水中易溶，在丙酮或丁醇中微溶。

【作用应用】本品为半合成的耐酸、耐酶青霉素。对青霉素耐药的金葡菌有效，但对青霉素敏感菌株的杀菌作用不如青霉素。在马、犬的半衰期分别是0.6及0.5h。主要用于对青霉素耐药的金葡菌感染，如败血症、肺炎、乳腺炎、烧伤创面感染等。

【用法用量】内服或肌肉注射，一次量，每1kg体重，马、牛、羊、猪10～15mg；犬、猫15～20mg，2～3次/d。连用2～3d。

【制剂规格】注射用苯唑西林钠（以苯唑西林计）（1）0.5g（2）1g。

氯唑西林（邻氯青霉素）

【作用应用】本品为半合成耐酸、耐酶青霉素。对青霉素耐药的菌株有效，尤其对耐药金葡菌有很强的杀菌作用，故被称为“抗葡萄球菌青霉素”。本品内服可以抗酸，但生物利用度仅有37%～60%，受食物影响还会降低。犬的半衰期为0.5h。常用于治疗动物的骨骼、皮肤和软组织的葡萄球菌感染。

【用法用量】内服：一次量，每1kg体重，马、牛、羊、猪10～20mg；犬、猫20～40mg，3次/d。肌肉注射：一次量，每1kg体重，马、牛、羊、猪5～10mg；犬、猫20～40mg，3次/d。乳管内注入：一次量，每一乳室，奶牛200mg，1次/d，弃乳2d。

【制剂】注射用氯唑西林钠0.5g（以氯唑西林计）。

（二）头孢菌素类

头孢菌素类又名先锋霉素类，是一类广谱半合成抗生素，与青霉素类一样，都具有β-内酰胺环，不同的是前者系7-氨基头孢烷酸的衍生物，而后者为6-氨基青霉素烷酸（6-APA）衍生物。从冠头孢菌的培养液中提取获得的头孢菌素C，其抗菌活性低，毒性大，不能用于临床。以头孢菌素C为原料，经催化水解后可获得母核7-ACA，并引入不同的基团，形成一系列的半合成头孢菌素。根据发现时间的先后，可分为一、二、三、四代头孢菌素。头孢菌素类具有杀菌力强、抗菌谱广（尤其是第三、第四代产品）、毒性小、过敏反应较少，对酸和β-内酰胺酶比青霉素类稳定等优点。

【药动学】头孢噻呋是专门用于动物的第三代头孢菌素，其在马、牛、羊、猪、犬、鸡体内的半衰期分别是3.2h、7.1h、2.2～3.9h、14.5h、4.1h、6.8h。

头孢菌素能广泛地分布于大多数的体液和组织中，包括肾脏、肺、关节、骨骼、软组织和胆囊。第三代头孢菌素具有较好的穿透脑脊液的能力。头孢菌素主要经肾小球过滤和肾小管分泌排泄，丙磺舒可与头孢菌素产生竞争性颉颃作用，延缓头孢菌素的排出。肾功能障碍时，半衰期显著延长。

【药理作用】 头孢菌素的抗菌谱与广谱青霉素相似，对革兰氏阳性菌、阴性菌及螺旋体有效。第一代头孢菌素对革兰氏阳性菌（包括耐药金葡菌）的作用强于第二、第三、第四代，对革兰氏阴性菌的作用较差，对绿脓杆菌无效。第一代对β-内酰胺酶比较敏感，并且不能像青霉素那样有效地对抗厌氧菌。第二代头孢菌素对革兰氏阳性菌的作用与第一代相似或有所减弱，但对革兰氏阴性菌的作用则比第一代增强；部分药物对厌氧菌有效，但对绿脓杆菌无效。第二代较能耐受β-内酰胺酶。第三代头孢菌素的特点是对革兰氏阴性菌的作用比第二代更强，尤其对绿脓杆菌、肠杆菌属、厌氧菌有很好的作用，但对革兰氏阳性菌的作用比第一、第二代弱。第三代对β-内酰胺酶有很高的耐受力。第四代头孢菌素除具有第三代对革兰氏阴性菌有较强的抗菌作用外，抗菌谱更广，对β-内酰胺酶高度稳定，血浆半衰期较长，无肾毒性。

【应用】 头孢菌素的价格较贵，特别是第三、第四代，在兽医临床极少应用，多用于宠物、种畜禽及贵重动物等，且很少作为首选药物应用。主要用于耐药金葡菌及某些革兰氏阴性杆菌如大肠杆菌、沙门氏菌、伤寒杆菌、痢疾杆菌、巴氏杆菌等引起的消化道、呼吸道、泌尿生殖道感染，牛乳腺炎和预防术后败血症等。例如，头孢噻呋特别适合于牛的支气管肺炎，尤其是溶血性巴氏杆菌或出血败血性巴氏杆菌引起的支气管肺炎，以及猪的放线杆菌性胸膜肺炎。

【不良反应】 过敏反应主要是皮疹。与青霉素偶尔有交叉过敏反应。肌肉注射给药时，对局部有刺激作用，导致注射部位疼痛。由于头孢菌素主要经过肾脏排泄，因此对肾功能不良的动物用药剂量应注意调整。

【制剂用法与用量】 注射用头孢噻呋钠，肌肉注射：一次量，每1kg体重，牛1.1mg；猪3～5mg；犬2.2mg，1次/d，连用3d。1日龄雏鸡，每只0.1mg。

（三）β-内酰胺酶抑制剂

克拉维酸（棒酸）

【理化特性】 系由棒状链霉菌产生的抗生素。本品的钾盐为五色针状结晶。易溶于水，水溶液极不稳定。

【作用应用】 克拉维酸仅有微弱的抗菌活性，是一种革兰氏阳性和阴性细菌所产生的β-内酰胺酶的“自杀”抑制剂（不可逆结合者），故称之为β-内酰胺酶抑制剂。内服吸收好，也可注射。本品不单独用于抗菌，通常与其他β-内酰胺抗生素合用以克服细菌的耐药性。如将克拉维酸与氨苄西林合用，使后者对产生β-内酰胺酶的金葡菌的最小抑菌浓度，由大于1 000μg/ml减小至0.1μg/ml。现已有氨苄西林或阿莫西林与克拉维酸钾组成的复方制剂用于兽医临床，如阿莫西林＋克拉维酸钾（2～4）：1。

【用法用量】 内服：一次量，每1kg体重，家畜10～15mg（以阿莫西林计），2次/d。

【制剂】 阿莫西林-克拉维酸钾注射液。

舒巴坦（青霉烷砜）

【理化特性】 本品的钠盐为白色或类白色结晶性粉末。溶于水，在水溶液中有一定的稳定性。

【作用应用】为不可逆性竞争型β-内酰胺酶抑制剂。可抑制β-内酰胺酶对青霉素、头孢菌素类的破坏。与氨苄西林联合应用可使葡萄球菌、嗜血杆菌、巴氏杆菌、大肠杆菌、克雷伯杆菌等对氨苄西林的最低抑菌浓度下降而增效，并可使产酶菌株对氨苄西林恢复敏感。本品与氨苄西林联合，在兽医临床用于上述菌株所致的呼吸道、消化道及泌尿道感染。氨苄西林钠-舒巴坦钠（舒他西林）混合物的水溶液不稳定，仅供注射，不能内服；而氨苄西林-舒巴坦甲苯磺酸盐是双酯结构化合物，供内服吸收后经体内酯酶水解为氨苄西林和舒巴坦而起作用。

【用法用量】内服：一次量，每1kg体重，家畜20～40mg（以氨苄西林计），2次/d。肌肉注射：一次量，每1kg体重，家畜10～20mg（以氨苄西林计），2次/d。

【制剂】氨苄西林钠-舒巴坦钠（效价比2：1，仅供注射用）；氨苄西林-舒巴坦甲苯磺酸盐（分子比1：1，仅供内服用）。

二、氨基糖苷类抗生素

本类抗生素的化学结构含有氨基糖分子和非糖部分的糖元结合而成的苷，故称为氨基糖苷类抗生素。曾称氨基糖甙类。是由链霉菌和小单孢菌产生或经半合成制得的一类水溶性的碱性抗生素。常用的有链霉素、卡那霉素、庆大霉素、新霉素、阿米卡星、大观霉素及安普霉素等。

本类药物均为有机碱，能与酸形成盐。常用制剂为硫酸盐，易溶于水，性质稳定。在碱性环境中抗菌作用增强；内服吸收很少，几乎完全从粪便排出，可作为肠道感染用药，注射给药后吸收迅速，大部分以原型从尿中排出，适用于泌尿道感染；属杀菌性抗生素，抗菌谱较广，对需氧革兰氏阴性杆菌的作用强，对厌氧菌无效，对革兰氏阳性菌的作用较弱，但对金葡菌包括耐药菌株较敏感；对革兰氏阴性菌和革兰氏阳性菌存在明显的抗菌后效应；不良反应主要是损害第八对脑神经（出现听觉障碍）、肾脏毒性（损害近曲小管上皮细胞，出现蛋白尿、血尿等）及对神经-肌肉的阻断作用（出现重症肌无力）。

链霉素

【理化特性】从灰链霉菌培养液中提取获得。药用其硫酸盐，为白色或类白色粉末。有吸湿性，在水中易溶，在乙醇或三氯甲烷中不溶。

【药动学】内服难吸收，大部分以原型由粪便中排出。肌肉注射吸收迅速而完全，约1h血药浓度达高峰，有效药物浓度可维持6～12h，在各种动物体内的半衰期是：马3.1h，水牛3.9h，黄牛4.1h，奶山羊4.7h，猪3.8h。主要分布于细胞外液，易透入胸腔、腹腔中，有炎症时渗入增多。亦可透入胎盘进入胎儿循环，胎血浓度约为母畜血浓度的一半，因此孕畜注射链霉素，应警惕对胎儿的毒性。本品不易进入脑脊液。主要通过肾小球滤过而排出，24h内约排出给药剂量的50%～60%。由于在尿中浓度很高，可用于治疗泌尿道感染。在碱性环境中抗菌作用增强，如在pH值为8的抗菌作用比在pH值为5.8时强20～80倍，故可加服碳酸氢钠，碱化尿液，增强治疗效果。这在杂食及肉食动物用药时尤其重要。当动物出现肾功能障碍时半衰期显著延长，排泄减慢，宜减少用量或延长给药间隔时间。

【药理作用】抗菌谱较广。抗结核杆菌的作用在氨基糖苷类中最强，对大多数革兰氏阴性杆菌和革兰氏阳性球菌有效。对大肠杆菌、沙门氏菌、布鲁氏菌、变形杆菌、痢疾杆菌、鼠疫杆菌、鼻疽杆菌等均有较强的抗菌作用；对绿脓杆菌作用弱；对金葡菌、钩端螺旋体、放线菌也有效。

【应用】主要用于敏感菌所致的急性感染，例如大肠杆菌所引起的各种腹泻、乳腺炎、子宫炎、败血症、膀胱炎等；巴氏杆菌所引起的牛出血性败血症、犊牛肺炎、猪肺疫、禽霍乱等；猪布鲁氏菌病；鸡传染性鼻炎；马志贺氏菌引起的脓毒败血症（化脓性肾炎和关节炎）；马棒状杆菌引起的幼驹肺炎。

链霉素的反复使用，细菌极易产生耐药性，并远比青霉素为快，且一旦产生后，停药后不易恢复。因此，临床上常采用联合用药，以减少或延缓耐药性的产生。与青霉素合用治疗各种细菌性感染。链霉素耐药菌株对其他氨基糖苷类仍敏感。

【不良反应】①过敏反应：发生率比青霉素低，但亦可出现皮疹、发热、血管神经性水肿、嗜酸性白细胞增多等；②第八对脑神经损害：造成前庭功能和听觉的损害。家畜中少见；③神经肌肉的阻断作用：为类似箭毒样的作用，出现呼吸抑制、肢体瘫痪和骨骼肌松弛等症状。严重者肌肉注射新斯的明或静脉注射氯化钙即可缓解。只有在用量过大、并同时使用肌松药或麻醉剂时，才可能出现。

【用法用量】肌肉注射：一次量，每1kg体重，家畜10～15mg；家禽20～30mg。2～3次/d。

【制剂规格】注射用硫酸链霉素（1）0.75g（75万U）（2）1g（100万U）（3）2g（200万U）（4）5g（500万U）。

庆大霉素

【理化特性】系自小单孢子菌培养液中提取获得的 C_1、C_{1a} 和 C_2 3种成分的复合物。3种成分的抗菌活性和毒性基本一致。其硫酸盐为白色或类白色结晶性粉末。无臭。有引湿性，在水中易溶，在乙醇、丙酮、乙醚、三氯甲烷中不溶。

【药动学】本品内服难吸收，肠内浓度较高。肌肉注射后吸收快而完全，约0.5～1h血药浓度达高峰。吸收后主要分布于细胞外液，可渗入胸腹腔、心包、胆汁及滑膜液中，亦可进入淋巴结及肌肉组织。其70%～80%以原型通过肾小球滤过从尿中排出。本品在新生仔畜排泄显著减慢，而肾功能障碍时半衰期亦明显延长，在此情况下给药方案应适当调整。

【药理作用】本品在氨基糖苷类中抗菌谱较广，抗菌活性最强。对革兰氏阴性菌和阳性菌均有作用。在阴性菌中，对大肠杆菌、变形杆菌、巴氏杆菌、嗜血杆菌、绿脓杆菌、沙门氏菌和布鲁氏菌等均有较强的作用，特别是对肠道菌及绿脓杆菌有高效。在阳性菌中，对耐药金葡菌的作用最强，对溶血性链球菌、炭疽杆菌等亦有效。此外，对支原体亦有一定作用。

【应用】主要用于耐药金葡菌、绿脓杆菌、变形杆菌和大肠杆菌等所引起的各种疾病，如呼吸道、肠道、泌尿道感染和败血症等；鸡传染性鼻炎；内服还可用于肠炎和细菌性腹泻。

由于本品已广泛应用于兽医临床，耐药菌株逐渐增加，但耐药性维持时间较短，停药一段时间后易恢复其敏感性。

【不良反应】与链霉素相似。对肾脏有较严重的损害作用，临床应用不要随意加大剂量及延长疗程。

【用法用量】肌肉注射：一次量，每1kg体重，马、牛、羊、猪2～4mg；犬、猫3～5mg；家禽5～7.5mg，2次/d，连用2～3d。猪休药期40d。

静脉滴注：用量同肌肉注射。内服：一次量，每1kg体重，驹、犊、羔羊、仔猪5～10mg，2次/d。

【制剂】硫酸庆大霉素注射液（1）2ml：0.08g（8万U）（2）5ml：0.2g（20万U）（3）10ml：0.2g（20万U）（4）10ml：0.4g（40万U）。

卡那霉素

【理化特性】由卡那链霉菌的培养液中提取获得，有A、B、C三种成分。临床常用的以卡那霉素A为主，约占95%，亦含少量的卡那霉素B，小于5%。常用其硫酸盐，为白色或类白色结晶性粉末。无臭。有引湿性，在水中易溶，在乙醇、丙酮、氯仿或乙醚中几乎不溶。水溶液稳定，于100℃，30min处理不降低活性。

【药动学】内服吸收不良，大部分以原型经粪便排出。肌肉注射吸收迅速且完全，马、犬的生物利用度分别为100%及89%。约0.5～1h血药浓度达峰值。在体内主要分布于各组织和体液中，以胸、腹腔中的药物浓度较高，胆汁、唾液、支气管分泌物及脑脊液中含量很低。本品主要通过肾脏排泄，约有40%～80%以原型从尿中排出。尿中浓度很高，可用于治疗尿道感染。乳汁中可排出少量。

【药理作用】抗菌谱与链霉素相似，但抗菌活性稍强。对多数革兰氏阴性菌如大肠杆菌、变形杆菌、沙门氏菌和巴氏杆菌等有效；对结核杆菌和耐青霉素的金葡菌亦有效。对绿脓杆菌、革兰氏阳性菌（金黄色葡萄球菌除外）、立克次氏体、厌氧菌、真菌等无效。

【应用】主要用于治疗多数革兰氏阴性杆菌和部分耐青霉素金葡菌所引起的感染，如败血症，呼吸道、肠道和泌尿道感染，乳腺炎，禽霍乱和雏鸡白痢等。此外，亦可用于治疗猪萎缩性鼻炎，也可用于缓解猪气喘病症状。不良反应与链霉素相似。

【用法用量】肌肉注射，一次量，每1kg体重，家畜、家禽10～15mg，2次/d，连用2～3d。

【制剂规格】注射用硫酸卡那霉素：（1）0.5g（50万U）（2）1g（100万U）（3）2g（200万U）；硫酸卡那霉素注射液：（1）2ml：0.5g（50万U）（2）5ml：0.5g（50万U）（3）10ml：1.0g（100万U）（4）100ml：10g（1 000万U）。

丁胺卡那霉素（阿米卡星）

【理化特性】为半合成氨基糖苷类抗生素，将氨基羟丁酰链引入卡那霉素A分子的链霉胺部分而得。其硫酸盐为白色或类白色结晶性粉末。几乎无臭，无味。有引湿性，在水中极易溶解，且水溶液稳定。

【药动学】内服吸收不良。肌肉注射吸收迅速且完全，血药浓度约0.5～1h达峰值。在动物体内的半衰期是：马1.14～1.57h，犬0.98～1.07h。本品主要通过肾脏排泄，尿中浓度很高。可用于泌尿道感染。

【药理作用】作用、抗菌谱与庆大霉素相似。其特点是对庆大霉素、卡那霉素耐药的绿脓杆菌、大肠杆菌、变形杆菌、克雷白杆菌、肺炎杆菌等有效；对金葡菌亦有较好作用。

【应用】用于治疗敏感菌引起的菌血症、败血症、呼吸道感染、消化道感染、腹膜炎、关节炎、脑膜炎等。不良反应与链霉素相似。

【用法用量】肌肉注射：一次量，每1kg体重，马、牛、羊、猪、犬、猫、家禽5～7.5mg，2次/d。

【制剂规格】注射用硫酸阿米卡星（以阿米卡星计）0.2g；硫酸阿米卡星注射液（1）1ml：0.1g（2）2ml：0.2g。

新霉素

【理化特性】由链丝菌的培养液中提取获得。为白色或类白色粉末，无臭，极易引湿，在水中极易溶，在乙醇、丙酮、氯仿或乙醚中几乎不溶。

【作用应用】抗菌谱与卡那霉素相似。在氨基糖苷类中，本品毒性最大，易引起肾毒性及耳毒性，一般禁用于注射给药。内服给药后很少吸收，在肠道内呈现抗菌作用。用于治疗畜禽的肠道菌感染；子宫或乳管内注人，治疗奶牛、母猪的子宫内膜炎和乳腺炎；局部外用（0.5%溶液或软膏），治疗皮肤、黏膜化脓性感染。

【用法用量】内服：一次量，每1kg体重，家畜10～15mg；犬、猫10～20mg，2次/d，连用2～3d；混饮：每1L水，禽50～75mg，连用3～5d，休药期鸡5d。混饲：每1 000kg饲料，禽77～154g（效价），连用3～5d。肉鸡宰前5d、火鸡宰前14d停止给药。蛋鸡产蛋期禁用。

【制剂规格】硫酸新霉素片（1）0.1g（10万U）（2）0.25g（25万U）。硫酸新霉素可溶性粉（1）100g：3.25g（325万U）（2）100g：6.5g（650万U）（3）100g：32.5g（3 250万U）；硫酸新霉素预混剂20kg：3 080g（308 000万U）；硫酸新霉素甲溴东莨菪碱溶液100ml含硫酸新霉素4.5～6.0g与甲溴东莨菪碱22.5～28.8mg。

大观霉素（壮观霉素）

【理化特性】其盐酸盐或硫酸盐为白色或类白色结晶性粉末。在水中易溶，在乙醇、氯仿或乙醚中几乎不溶。

【药动学】内服吸收不良，仅吸收7%，但在肠道内保持抗菌活性。皮下注射、肌肉注射吸收迅速且完全，约1h血药浓度达峰值。药物组织浓度低于血清浓度，不易进入脑脊液。药物大多以原型经肾脏排出。

【药理作用】对革兰氏阴性菌（如大肠杆菌、沙门氏菌、巴氏杆菌、志贺杆菌、变形杆菌等）有较强作用，对革兰氏阳性菌（链球菌、葡萄球菌）作用较弱。对支原体亦有一定作用。绿脓杆菌和密螺旋体通常对本品耐药。

【应用】在兽医临床上，本品多用于防治大肠杆菌病、禽霍乱、禽沙门氏菌病。本品常与林可霉素联合用于防治仔猪腹泻、猪支原体性肺炎和败血支原体引起的鸡慢性呼吸道病。也用于促进鸡的生长和改善饲料效率。

与林可霉素合用可显著提高抗菌活性。

【用法用量】混饮：每1L水，禽500～1 000mg（效价）。连用3～5d，肉鸡宰前5d停止给药。蛋鸡产蛋期禁用。内服：一次量，每1kg体重，猪20～40mg，2次/d。

【制剂规格】盐酸大观霉素可溶性粉（1）5g：2.5g（250万U）（2）50g：25g（2 500万U）（3）100g：50g（5 000万U）。

盐酸林可霉素、盐酸大观霉素可溶性粉（1）5g：盐酸大观霉素2g（200万U），盐酸林可霉素1g（2）50g：盐酸大观霉素20g（2 000万U），盐酸林可霉素10g（3）100g：盐酸大观霉素40g（4 000万U），盐酸林可霉素20g。盐酸林可霉素、硫酸大观霉素可溶性粉。盐酸林可霉素、硫酸大观霉素预混剂。

安普霉素（普拉霉素）

【理化特性】其硫酸盐为微黄色至黄褐色粉末。有引湿性，易溶于水。在甲醇、丙酮、氯仿或乙醚中几乎不溶。

【药动学】内服给药可部分吸收（尤其是新生仔畜），吸收量同用量有关，并随动物年龄增长而减少。肌肉注射后吸收迅速，约 1~2h 可达血药峰浓度，生物利用度 50% ~ 100%。它只能分布于细胞外液。大部分以原型从尿中排出，4d 内约排泄 95%。

【药理作用】抗菌谱较广，对多数革兰氏阴性菌（大肠杆菌、沙门氏菌、巴氏杆菌、变形杆菌、克雷白杆菌、假单孢菌等）及葡萄球菌、密螺旋体和某些支原体有较好的抗菌作用。盐酸吡哆醛能加强本品的抗菌活性。

【应用】主要用于治疗猪的大肠杆菌和其他敏感菌感染。也用于治疗犊牛肠杆菌和沙门氏菌等引起的腹泻。对鸡的大肠杆菌、沙门氏菌及支原体感染亦有效。猫较敏感，易产生毒性。

【用法用量】内服：一次量，每 1kg 体重，家畜 20 ~ 40mg，1 次/d，连用 5d。混饮：每 1L 水，禽 250 ~ 500mg（效价），连用 5d，宰前 7d 停止给药。混饲：每 1 000kg 饲料，猪 80 ~ 100g（用于促生长），连用 7d，宰前 21d 停止给药。

【制剂规格】硫酸安普霉素可溶性粉（1）100g：40g（4 000万 U）（2）100g：50g（5 000万 U）；硫酸安普霉素预混剂（1）100g：3g（300 万 U）（2）1 000g：165g（16 500万 U）。

三、四环素类抗生素

四环素类是由链霉菌产生或经半合成制得的一类碱性广谱抗生素。为一类具有共同多环并四苯羧基酰胺母核的衍生物。它们对革兰氏阳性菌、阴性菌、螺旋体、立克次氏体、支原体、衣原体、原虫（球虫、阿米巴原虫）等均可产生抑制作用，故称为广谱抗生素。

四环素类可分为天然品和半合成品两类。前者有四环素、土霉素、金霉素和去甲金霉素。后者为半合成衍生物，有多西环素（强力霉素）、美他环素（甲烯土霉素）和米诺环素（二甲胺四环素）等。兽医临床常用的有四环素、土霉素、金霉素和多西环素等。按其抗菌活性大小顺序依次为米诺环素 > 多西环素 > 美他环素 > 金霉素 > 四环素 > 土霉素。

本类药物为快速抑菌药。进入菌体后可逆性地与细菌核糖体 30S 亚基上的受体结合，干扰 tRNA 与 mRNA 核糖体复合体上的受体结合，阻止肽链延长而抑制蛋白质合成，从而使细菌的生长繁殖迅速受到抑制。

土霉素（氧四环素）

【理化特性】由土壤链霉菌的培养液中提取获得。为淡黄色的结晶性或无定形粉末；在日光下颜色变暗，在碱性溶液中易破坏失效。在水中微溶，易溶于稀酸、稀碱。常用其盐酸盐，为黄色结晶性粉末，性状稳定，易溶于水，水溶液不稳定，宜现用现配。

【药动学】内服吸收均不规则且不完全，饥饿动物内服易吸收（主要在小肠的上段被吸收）。胃肠道内的镁、钙、铝、铁、锌、锰等多价金属离子，能与本品形成难溶的螯合物，而使药物吸收减少，因此不宜与含多价金属离子的药品或饲料、乳制品共服。内服后，约 2 ~ 4h 血药浓度达峰值。反刍兽不宜内服给药，原因是吸收差，难于达到治疗浓度，并且能抑制胃内微生物的活性。猪肌肉注射土霉素后，2h 内血药浓度达高峰。吸收后在体内分布广泛，易渗入胸、腹腔和乳汁；亦能通过胎盘屏障进入胎儿循环；但在脑脊液的浓度低。体内储存于胆、脾，尤其易沉积于骨骼和牙齿；可在肝内浓缩，经胆汁分泌，胆汁的药物浓度约为血中的 10～20 倍。有相当一部分可由胆汁排入肠道，并再被吸收利用，形成“肝肠循环”，从而延长药物在体内的持续时间。主要由肾脏排泄，在胆汁和尿中浓度高，有利于胆道及泌尿道感染的治疗。当肾功能障碍时，则减慢排泄，延长半衰期，增强对肝脏的毒性。

【药理作用】为广谱抗生素，起抑菌作用。除对革兰氏阳性菌和阴性菌有作用外，对立克次氏体、衣原体、支原体、螺旋体、放线菌和某些原虫亦有抑制作用。在革兰氏阳性菌中，对葡萄球菌、溶血性链球菌、炭疽杆菌、破伤风梭菌和梭状芽孢杆菌等的作用较强，但其作用不如青霉素类和头孢菌素类；在革兰氏阴性菌中，对大肠杆菌、沙门氏菌、布鲁氏菌和巴氏杆菌等较敏感，而其作用不如氨基糖苷类和氯霉素类。

作用机理是干扰细菌蛋白质的合成。细菌对本品能产生耐药性，但产生较慢。四环素类之间存在交叉耐药性。

【应用】本品可用于治疗大肠杆菌或沙门氏菌引起的下痢，例如犊牛白痢、羔羊痢疾、仔猪黄痢和白痢、雏鸡白痢等；多杀性巴氏杆菌引起的牛出败、猪肺疫、禽霍乱等；支原体引起的牛肺炎、猪气喘病、鸡慢性呼吸道病等；对血孢子虫感染的泰勒焦虫病、放线菌病、钩端螺旋体病等也有一定疗效；局部用于坏死杆菌所致的坏死、子宫蓄脓、子宫内膜炎等。

【不良反应】①局部刺激：本品盐酸盐水溶液属强酸性，刺激性大，最好不采用肌肉注射给药；②二重感染：成年草食动物内服后，剂量过大或疗程过长时，易引起肠道菌群紊乱，导致消化机能失常，造成肠炎和腹泻，并形成二重感染；③牙齿与骨发育影响：四环素进入机体后与钙结合，随钙沉积于牙齿和骨骼中。还易透过胎盘和进入乳汁，孕畜、哺乳畜、幼小动物禁用。

为防止不良反应的产生，应用四环素类应注意：①除土霉素外，其他均不宜肌肉注射。静脉注射时勿漏出血管外，注射速度应缓慢；②成年反刍动物、马属动物和兔不宜内服给药；③避免与乳制品和含钙量较高的饲料同时服用。

【用法用量】内服：一次量，每 1kg 体重，猪、驹、犊牛、羔羊 10～25mg；犬 15～50mg；禽 25～50mg，2～3 次/d，连用 3～5d；混饲：每 1 000kg 饲料，猪 300～500g（治疗用）；混饮：每 1L 水，猪 100～200mg；禽 150～250mg；静脉或肌肉注射：一次量，每 1kg 体重，家畜 5～10mg，1～2 次/d。

【制剂规格】土霉素片（1）0.05g（5 万 U）（2）0.125g（12.5 万 U）（3）0.25g（25 万 U）；土霉素注射液（1）1ml∶0.1g（10 万 U）（2）1ml∶0.2g（20 万 U）（3）注射用盐酸土霉素 0.2g（20 万 U）（4）1g（100 万 U）；长效土霉素注射液：100ml∶20g（2 000万 U）；长效盐酸土霉素注射液 100ml∶10g（1 000 万 U）。

四环素

【理化特性】由链霉菌培养液中提取获得。常用其盐酸盐，为黄色结晶性粉末。有引湿性。遇光色渐变深。在碱性溶液中易破坏失效。在水中溶解，在乙醇中略溶。水溶液放置后不断降解，效价降低，并变为混浊。

【药动学】内服后血药浓度较土霉素或金霉素高。对组织的渗透率较高，易透入胸腹腔、胎畜循环及乳汁中。静脉注射四环素在动物体内的半衰期是马 5.8h，水牛 4.0h，黄牛 5.4h，羊 5.7h，猪 3.6h，犬和猫 5～6h，兔 2h，鸡 2.77h。

【作用应用】与土霉素相似。但对革兰氏阴性杆菌的作用较好，对革兰氏阳性球菌，如葡萄球菌的效力则不如金霉素。

【用法用量】内服：一次量，每 1kg 体重，猪、驹、犊牛、羔羊 10～25mg；犬 15～50mg；禽 25～50mg，2～3 次/d，连用 3～5d。混饲：每 1 000kg 均饲料，猪 300～500g（治疗）。混饮：每 1L 水，猪 100～200mg；禽 150～250mg。静脉注射：一次量，每 1kg 体重，家畜 5～10mg，2 次/d，连用 2～3d。

【制剂规格】盐酸四环素片（1）0.05g（5 万 U）（2）0.125g（12.5 万 U）（3）0.25g（25 万 U）；注射用盐酸四环素（以盐酸四环素计）（1）0.25g（2）0.5g（3）1g。

金霉素

【理化特性】由链霉菌的培养液中所制得。常用其盐酸盐，为金黄色或黄色结晶。遇光色渐变深。在水或乙醇中微溶。其水溶液不稳定，浓度超过 1% 即析出。在 37℃放置 5h，效价降低 50%。

【作用应用】抗菌谱与土霉素相似，但抗菌作用优于土霉素和四环素。低剂量常用作饲料添加剂，用于促进畜禽生长，改善饲料利用率等。中、高剂量可预防或治疗鸡慢性呼吸道病、大肠杆菌病、猪细菌性肠炎、犊牛细菌性痢疾、滑膜炎、巴氏杆菌病等敏感菌感染。

【用法用量】内服：一次量，每 1kg 体重，猪、驹、犊牛、羔羊 10～25mg。2 次/d；混饲，每 1 000kg 饲料，猪 300～500g；家禽 200～600g，一般不超过 5d。

【制剂规格】注射用盐酸金霉素（以盐酸金霉素计）（1）0.25g（25 万 U）（2）1.0g（100 万 U）。

多西环素（脱氧土霉素、强力霉素）

【理化特性】其盐酸盐为淡黄色或黄色结晶性粉末。无臭，味苦，易溶于水，微溶于乙醇。

【药动学】本品内服后吸收迅速，生物利用度高，犊牛用牛奶代替品同时内服的生物利用度为 70%，维持有效血药浓度时间长，对组织渗透力强，分布广泛，易进入细胞内。原型药物大部分经胆汁排入肠道又再吸收而有显著的肝肠循环。本品在肝内大部分以结合或络合方式灭活，再经胆汁分泌入肠道，随粪便排出，因而对胃肠菌群及动物的消化机能无明显影响。在肾脏排出时，由于本品具有较强的脂溶性，易被肾小管重吸收，因而有效药物浓度维持时间较长。在动物体内的半衰期：奶牛 9.2h，犊牛 9.5～14.9h，山羊 16.6h，猪 4.04h，犬 7～10.4h，猫 4.6h。

【作用应用】抗菌谱与其他四环素类相似，体内、外抗菌活性较土霉素、四环素强。细菌对本品与土霉素、四环素等存在交叉耐药性。

主要用于治疗畜禽的支原体病、大肠杆菌病、沙门氏菌病、巴氏杆菌病和鹦鹉热等。本品在四环素类中毒性最小，但有报道给马属动物静脉注射可致心律不齐、虚脱和死亡。

【用法用量】内服：一次量，每 1kg 体重，猪、驹、犊牛、羔羊 3～5mg；犬、猫 5～10mg；禽 15～25mg，1 次/d，连用 3～5d；混饲：每 1 000kg 饲料，猪 150～250g；禽

100～200g；混饮：每1L水，猪100～150mg；禽50～100mg。

【制剂规格】盐酸多西环素片（1）0.05g（2）0.1g。

四、酰胺醇类抗生素

酰胺醇类又称氯霉素类抗生素，包括氯霉素、甲砜霉素、氟苯尼考（氟甲砜霉素）等，属广谱抗生素。氯霉素系从委内瑞拉链球菌培养液中提取获得，是第一次可用人工全合成的抗生素，现已禁止使用。氟苯尼考为动物专用抗生素。

本类药物属广谱抑菌剂，对革兰氏阴性菌的作用较革兰氏阳性菌强，对肠杆菌尤其伤寒、副伤寒杆菌高度敏感。

甲砜霉素（甲砜氯霉素、硫霉素）

【理化特性】为白色结晶性粉末。无臭。微溶于水，溶于甲醇和二甲基甲酰胺，几乎不溶于乙醚或氯仿。

【药动学】猪肌肉注射本品吸收快，达到血药峰值时间（达峰时间）为1h，生物利用度为76%，半衰期为4.2h，体内分布较广；静脉注射给药的半衰期为1h。本品在肝内代谢少，大多数药物（70%～90%）以原型从尿中排出。

【作用应用】属广谱抑菌性抗生素。对革兰氏阳性菌和阴性菌都有作用，但对阴性菌的作用较阳性菌强。对其敏感的革兰氏阴性菌有伤寒杆菌、副伤寒杆菌、大肠杆菌、沙门氏菌、布鲁氏菌及巴氏杆菌等。革兰氏阳性菌有炭疽杆菌、链球菌、棒状杆菌、肺炎球菌、葡萄球菌等。特别是对伤寒杆菌、副伤寒杆菌、沙门氏菌作用最强，是这些细菌引起的各种感染的首选药。对衣原体、立克次氏体、钩端螺旋体敏感，对绿脓杆菌、结核杆菌、真菌、病毒无效。主要用于畜禽的细菌性疾病，尤其是大肠杆菌、沙门氏菌及巴氏杆菌感染。

其作用机理主要表现在与70S核蛋白体的50S亚基上的A位紧密结合，阻碍了肽酰基转移酶的转肽反应，使肽链不能延伸，而抑制细菌蛋白质的合成。细菌对本品可产生耐药性，但发生较缓慢，耐药菌以大肠杆菌为多。

【不良反应】不产生再生障碍性贫血，但可抑制红细胞、白细胞和血小板生成。

【用法用量】内服：一次量，每1kg体重，家畜10～20mg；家禽20～30mg，2次/d。

【制剂规格】甲砜霉素片（1）25mg（2）100mg；甲砜霉素粉（1）10g：0.5g（2）50g：2.5g（3）100g：5g。

氟苯尼考（氟甲砜霉素）

【理化特性】系甲砜霉素的单氟衍生物，为白色或类白色结晶性粉末。无臭。在二甲基甲酰胺中极易溶解，在甲醇中溶解，在冰醋酸中略溶，在水或氯仿中微溶。

【药动学】畜禽内服和肌肉注射本品吸收快，体内分布较广，半衰期长，能维持较长时间的有效血药浓度。猪内服几乎完全吸收；犊牛和肉鸡内服的生物利用度分别为88%和55.3%。牛静脉注射及肌肉注射的半衰期分别为2.6h和18.3h，猪静脉注射及肌肉注射的半衰期分别为6.7h和17.2h；鸡静脉注射的半衰期为5.36h。大多数（50%～65%）药物以原型从尿中排出。

【作用应用】属动物专用的广谱抗生素。抗菌谱与甲砜霉素相似，但抗菌活性优于甲砜霉素。对猪胸膜肺炎放线杆菌的最小抑菌浓度为0.2～1.56μg/ml。对耐甲砜霉素的大肠杆菌、沙门氏菌、克雷白菌亦有效。

主要用于牛、猪、鸡和鱼类的细菌性疾病，如牛的呼吸道感染、乳腺炎；猪传染性胸膜肺炎、黄痢、白痢；鸡大肠杆菌病、霍乱等。

【不良反应】 不引起骨髓抑制或再生障碍性贫血；有胚胎毒性，妊娠动物禁用。

【用法用量】 内服：一次量，每1kg体重，猪、鸡20~30mg，2次/d，连用3~5d。肌肉注射：一次量，每1kg体重，猪、鸡20mg，1次/2d，连用2次。

【制剂规格】 氟苯尼考粉50g：5g；氟苯尼考预混剂100g：2g；氟苯尼考溶液（1）50ml：5g（2）100ml：5g（3）100ml：10g；氟苯尼考注射液：（1）2ml：0.6g（2）100ml：30g。

五、大环内酯类抗生素

大环内酯类是由链霉菌产生或半合成的一类弱碱性抗生素，由14~16个碳骨架的大内酯环及配糖体组成，自1952年发现红霉素以来，已有吉他霉素、螺旋霉素、竹桃霉素、麦迪霉素及它们的衍生物问世。动物专用品种有泰乐菌素、替米考星等。本类药物的抗菌作用、抗菌谱、作用机理、药动学特征等均相似。

大环内酯类抗生素的抗菌谱和抗菌活性基本相似，对多数革兰氏阳性菌、革兰氏阴性球菌、厌氧菌及军团菌、支原体、衣原体有良好作用。本类药物与细菌核糖体的50S亚单位可逆性结合，阻断转肽作用和mRNA位移而抑制细菌蛋白质的合成。属生长期速效抑菌剂。且在较高的pH值（7.8~8.0）范围内，抗菌活性明显增强，在pH值<4时，红霉素几乎无作用。

红霉素

【理化特性】 由红链霉菌的培养液中提取而得。本品为白色或类白色的结晶或粉末。无臭，味苦。微有引湿性。在甲醇、乙醇或丙酮中易溶，在水中极微溶解。其乳糖酸盐供注射用，为红霉素的乳糖醛酸盐，易溶于水。此外，尚有其琥珀酸乙酯（琥乙红霉素）、丙酸酯的十二烷基硫酸盐（依托红霉素，又名无味红霉素）及硫氰酸盐供药用，后者属动物专用药。硫氰酸红霉素为白色或类白色的结晶或粉末。无臭，味苦。微有引湿性。在甲醇、乙醇中易溶，在水、氯仿中微溶。

【药动学】 红霉素碱内服易被胃酸破坏，宜采用耐酸的依托红霉素或琥乙红霉素，内服吸收良好，约1~2h达血药峰值，维持有效浓度时间约8h。吸收后广泛分布于全身各组织和体液中，在胆汁中的浓度最高；可透过胎盘屏障；能进入关节腔。脑膜炎时脑脊液中可达较高浓度。本品大部分在肝内代谢灭活，主要经胆汁排泄，部分经肠重吸收，仅约5%由肾脏排出。肌肉注射后吸收迅速，但注射部位会发生疼痛和肿胀。静脉注射后在马、牛、猪、羊、犬、兔的半衰期分别是2.91h、1.74~3.16h、1.21h、2.78h、1.72h、1.4h。马的血浆蛋白结合率为73%~81%。

【药理作用】 本品一般起抑菌作用，高浓度对敏感菌有杀菌作用。红霉素的抗菌谱与青霉素相似，对革兰氏阳性菌如金葡菌、链球菌、肺炎球菌、猪丹毒杆菌、梭状芽胞杆菌、炭疽杆菌、棒状杆菌等有较强的抗菌作用；对某些革兰氏阴性菌如流感嗜血杆菌、脑膜炎双球菌、布鲁氏菌、巴氏杆菌等较敏感。此外，对某些支原体、立克次氏体和螺旋体亦有效；对青霉素耐药的金葡菌亦敏感。

红霉素等大环内酯类的作用机理均相同，能与敏感菌的核蛋白体50S亚基结合，通过对转肽作用和mRNA位移的阻断，而抑制肽链的合成和延长，影响细菌蛋白质的合成。

细菌对红霉素易产生耐药性，故用药时间不宜超过1周，此种耐药不持久，停药数月后可恢复敏感性。本品与其他类抗生素之间无交叉耐药性，但大环内酯类抗生素之间有部分或完全交叉耐药。

【应用】主要用于对青霉素耐药的金黄色葡萄球菌感染和对青霉素过敏的病例，如肺炎、败血症、子宫内膜炎、乳腺炎和猪丹毒等。对禽的慢性呼吸道病（败血支原体病）、猪支原体性肺炎也有较好的疗效。红霉素虽有强大的抗革兰氏阳性菌的作用，但其疗效不如青霉素。因此，若病原菌对青霉素敏感者，宜首选青霉素。

【不良反应】毒性低，但刺激性强。肌肉注射可发生局部炎症，宜采用深部肌肉注射。静脉注射速度要缓慢，同时应避免漏出血管外。犬、猫内服可引起呕吐、腹痛、腹泻等症状，应慎用。

【用法用量】内服：一次量，每1kg体重，仔猪、犬、猫10～20mg，2次/d，连用3～5d；混饮：每1L水，鸡125mg，连用3～5d；静脉滴注：一次量，每1kg体重，马、牛、羊、猪3～5mg；犬、猫5～10mg，2次/d，连用2～3d。

【制剂规格】红霉素片（1）0.05g（5万U）（2）0.125g（12.5万U）（3）0.25g（25万U）；硫氰酸红霉素可溶性粉100g∶5g（500万U）；注射用乳糖酸红霉素（1）0.25g（25万U）（2）0.3g（30万U）。

泰乐菌素

【理化特性】由弗氏链霉菌的培养液中提取而得。本品微溶于水，与酸制成盐后易溶于水。水溶液在pH值为5.5～7.5时稳定。若水中含铁、铜、铝等金属离子时，可与本品形成络合物而失效。常将泰乐菌素制成酒石酸盐和磷酸盐，为白色至淡黄色粉末。微有引湿性。在水和甲醇中溶解，乙醚中几乎不溶。

【药动学】本品内服可吸收，但血中有效药物浓度维持时间比注射给药短。肌肉注射后，吸收迅速，组织中的药物浓度比内服大2～3倍，有效浓度持续时间亦较长。排泄途径主要为肾脏和胆汁。在奶牛、犊牛、羔羊、犬的半衰期分别为1.62h、0.95～2.32h、3.04h、0.9h。

【药理作用】本品为畜禽专用抗生素。对革兰氏阳性菌、支原体、螺旋体等均有抑制作用；对大多数革兰氏阴性菌作用较差。对革兰氏阳性菌的作用较红霉素弱，其特点是对支原体有较强的抑制作用。此外，本品对牛、猪、鸡有促生长作用。与其他大环内酯类有交叉耐药现象。

【应用】主要用于防治鸡、火鸡和其他动物的支原体感染；猪的弧菌性痢疾、传染性胸膜肺炎；犬的结肠炎等。此外，亦可用于浸泡种蛋以预防鸡支原体传播，以及猪的生长促进剂。

【不良反应】本品毒性小。肌肉注射时可导致局部刺激。注意本品不能与聚醚类抗生素合用，否则，导致后者毒性增强。

【用法用量】混饮：每1L水，禽500mg，连用3～5d。蛋鸡产蛋期禁用，休药期鸡1d；猪200～500mg（治疗弧菌性痢疾）；混饲：每1 000kg饲料，猪10～100g；鸡4～50g。用于促生长，宰前5d停止给药；内服：一次量，每1kg体重，猪7～10mg，3次/d，连用

5～7d；肌肉注射：一次量，每1kg体重，牛10～20mg；猪5～13mg；猫10mg，1～2次/d，连用5～7d。

【制剂规格】酒石酸泰乐菌素可溶性粉（1）5g（500万U）（2）10g（1 000万U）（3）20g（2 000万U）；注射用酒石酸泰乐菌素6.25g；泰乐菌素注射液（1）50ml：2.5g（250万U）（2）50ml：10g（1 000万U）（3）100ml：20g（2 000万U）（4）100ml：5g（500万U）；磷酸泰乐菌素预混剂100g：8.8g（880万U）；磷酸泰乐菌素、磺胺二甲嘧啶预混剂（1）100g：泰乐菌素2.2g（220万U），磺胺二甲嘧啶2.2g（2）100g：泰乐菌素8.8g（880万U），磺胺二甲嘧啶8.8g（3）100g：泰乐菌素10g（1 000万U），磺胺二甲嘧啶10g；酒石酸乙酰异戊酰泰乐菌素粉25g：21.25g（2 125万U）；酒石酸乙酰异戊酰泰乐菌素预混剂（1）1 000g：50g（500万U）（2）20kg：1.0kg（1亿U）。

替米考星

【理化特性】由泰乐菌素的一种水解产物半合成的畜禽专用抗生素，用其磷酸盐。为白色粉末，微有引湿性。在甲醇、丙酮中易溶解，乙醇、丙二醇中溶解，水中不溶。

【药动学】本品内服和皮下注射吸收快，特点是组织穿透力强，分布容积大。肺组织和乳中的药物浓度高。具有良好的组织穿透力，能迅速而较完全地从血液进入乳房，乳中药物浓度高，维持时间长，乳中半衰期长达1～2d。皮下注射后，奶牛、奶山羊的血清半衰期分别为4.2h和29.3h。这种特殊的药动学特征尤其适合家畜肺炎和乳腺炎等感染性疾病的治疗。

【药理作用】本品的抗菌谱与泰乐菌素相似，主要抗革兰氏阳性菌，对某些革兰氏阴性菌、支原体、螺旋体等有效；对胸膜肺炎放线杆菌、巴氏杆菌及畜禽支原体具有比泰乐菌素更强的抗菌活性。

本品禁止静脉注射，牛一次静脉注射5mg/kg即可致死，对猪、灵长类和马也易致死，其毒性作用的靶器官是心脏，可引起负性心力效应。

【应用】主要用于防治家畜肺炎（由胸膜肺炎放线杆菌、巴氏杆菌、支原体等感染引起）、禽支原体病及泌乳动物的乳腺炎。

【用法用量】混饮：每1L水，鸡100～200mg，连用5d。用于鸡（蛋鸡除外）支原体病的治疗。混饲：每1 000kg饲料，猪200～400g，用于防治胸膜肺炎放线杆菌及巴氏杆菌引起的肺炎；皮下注射：一次量，每1kg体重，牛、猪10～20mg，1次/d；乳管内注入：一次量，每一乳室，奶牛300mg，用于治疗急性乳腺炎。

【制剂规格】替米考星预混剂100g：20g；磷酸替米考星预混剂100g：20g；替米考星注射液10ml：3g；替米考星溶液（1）50ml：12.5g（2）100ml：25g。

吉他霉素（北里霉素）

【理化特性】本品为白色或类白色的粉末。无臭，味苦。微有引湿性。在甲醇、乙醇、丙酮中易溶，水中微溶。

【药动学】内服吸收良好，2h达血药峰值。广泛分布于主要脏器，其中以肝、肺、肾、肌肉中浓度较高，常超过血药浓度。主要经肝胆系统排泄，少量经肾排泄。

【药理作用】抗菌谱与红霉素相似。对革兰氏阳性菌有较强的抗菌作用，但较红霉素弱；对耐药金葡菌的效力强于红霉素，对某些革兰氏阴性菌、支原体、立克次氏体亦有抗菌作用。葡萄球菌对本品产生耐药性的速度比红霉素慢。对大多数耐青霉素和红霉素的金葡菌有效是本品的特点。

【应用】主要用于防治猪、鸡的支原体及革兰氏阳性菌（包括耐药金葡菌）的感染，也用于防治猪的弧菌性痢疾。此外，还用作猪、鸡的饲料添加剂，促进生长和提高饲料转化率。

【用法用量】混饮：每1L水，鸡250～500mg；猪100～200mg，连用3～5d；混饲：每1 000kg饲料，猪5.5～50g；鸡5.5～10g（用于促生长）。治疗：猪80～300g，鸡100～300g，连用5～7日，宰前7d停止给药。内服：一次量，每1kg体重，猪20～30mg；鸡20～50mg，2次/d，连用3～5d。

【制剂规格】酒石酸吉他霉素可溶性粉10g：5g（500万U）；吉他霉素预混剂（1）100g：10g（1 000万U）（2）100g：50g（5 000万U）（3）500g：250g（25 000万U）（4）1 000g：500g（50 000万U）；吉他霉素片（1）5mg（0.5万U）（2）50mg（5万U）（3）100mg（10万U）。

泰拉霉素

【理化特性】本品为白色或类白色粉末。

【药动学】泰拉霉素给犊牛颈部皮下注射2.5mg/kg，能迅速几乎完全吸收（生物利用度>97%，15mim内出现峰浓度，血浆消除半衰期2.75d，肺组织的半衰期约8.75d。泰拉霉素主要以原形经胆汁排泄。猪肌肉注射2.5mg/kg，迅速吸收，生物利用度88%，15min达峰浓度，血浆半衰期约75.6 h，肺组织半衰期约142 h，主要以原形经粪和尿排出。

【药理作用】抗菌作用与泰乐菌素相似，主要抗革兰氏阳性菌，对少数革兰氏阴性菌和支原体也有效。对胸膜肺炎放线杆菌、巴氏杆菌及畜禽支原体的活性比泰乐菌素强。95%的溶血性巴氏杆菌菌株对本品敏感。

【应用】主要用于防治家畜肺炎（由胸膜肺炎放线杆菌、巴氏杆菌、支原体等感染引起）、禽支原体病及泌乳动物乳腺炎。

【用法用量】皮下注射：一次量，每1kg体重，牛2.5mg（相当于1ml/40kg体重）。一个注射部位的给药剂量不超过7.5ml。颈部肌肉注射：一次量，每1kg体重，猪2.5mg（相当于1ml/40kg体重）。一个注射部位的给药剂量不超过2ml。

【制剂规格】泰拉霉素注射液（1）20ml：2g（2）50ml：5g（3）100ml：10g（4）250ml：25g。（5）500ml：50g。

六、林可胺类抗生素

林可霉素（洁霉素）

【理化特性】盐酸盐为白色结晶粉末，有微臭或特殊臭，味苦。在水或甲醇中易溶，乙醇中略溶。水溶液性质较稳定。

【药动学】林可霉素内服吸收迅速但不完全，猪内服的生物利用度为20%～50%，约1h血药浓度达峰值。肌肉注射吸收较慢，2～4h达血药峰值。广泛分布于各种体液、组织和骨骼中，可扩散进入胎盘。肝、肾中药物浓度最高，但脑脊液即使在炎症时也达不到有效浓度。内服给药，约50%的林可霉素在肝脏中代谢，代谢产物仍具有活性。原药及代谢物在胆汁、尿与乳汁中排出，在粪中可继续排出数日，以致敏感微生物受到抑制。肌肉注射给药的半衰期是马8.1h，黄牛4.1h，水牛9.3h，猪6.8h。

【药理作用】抗菌谱与大环内酯类相似。对革兰氏阳性菌如葡萄球菌、溶血性链球菌和肺炎球菌等有较强的抗菌作用；对厌氧菌如破伤风梭菌、产气荚膜芽胞杆菌有抑制作用；对支原体有效；对需氧革兰氏阴性菌无效。

【应用】用于敏感的革兰氏阳性菌，尤其是金葡菌（包括耐药金葡菌）、链球菌、厌氧菌的感染，以及猪、鸡的支原体病。本品与大观霉素合用，对鸡支原体病或大肠杆菌病的效力超过单一药物。可作饲料添加剂，促进肉鸡和猪的生长，提高饲料利用率。

【用法用量】内服：一次量，每 1kg 体重，马、牛 6～10mg，羊、猪 10～15mg；犬、猫 15～25mg，1～2 次/d。混饮：每 1L 水，猪 100～200mg（效价）；鸡 200～300mg。连用 3～5d。蛋鸡产蛋期禁用。肌肉注射：一次量，每 1kg 体重，猪 10mg，1 次/d，休药 2d；犬、猫 10mg，2 次/d，连用 3～5d。

【不良反应】大剂量内服有胃肠道反应。肌肉注射给药有疼痛刺激或吸收不良。本品对家兔敏感，易引起严重反应或死亡，不宜使用。

【制剂规格】盐酸林可霉素片（1）0.25g（2）0.5g；盐酸林可霉素注射液（1）2ml：0.12g（2）2ml：0.6g（3）10ml：0.6g（4）10ml：3g；盐酸林可霉素可溶性粉 100g：40g（4 000万 U）；盐酸林可霉素预混剂（1）100g：0.88g（2）100g：11g；盐酸林可霉素、盐酸大观霉素可溶性粉（1）30g，林可霉素 6.7g：大观霉素 13.3g（2）150g，林可霉素 33.3g：大观霉素 66.7g；盐酸林可霉素、盐酸大观霉素预混剂 100g，林可霉素 2.2g：大观霉素 2.2g。

七、多肽类抗生素

本类抗生素是一类具有多肽结构的化学物质，兽医临床常用的药物包括多黏菌素、杆菌肽、维吉尼霉素、恩拉霉素等。

多黏菌素系由多黏芽孢杆菌的培养液中提取获得的，有 A、B、C、D、E 五种成分。兽医临床应用的有多黏菌素 B、黏菌素和多黏菌素 M（又名多黏菌素甲）三种，目前多用黏菌素。

黏菌素（多黏菌素 E、抗敌素）

【理化特性】硫酸盐为白色或微黄色粉末。有引湿性，在水中易溶，乙醇中微溶。在酸性溶液中稳定，其中性溶液在室温放置 1 周不影响效价，碱性溶液不稳定。

【作用应用】本品为窄谱杀菌剂，对革兰氏阴性杆菌的抗菌活性强。主要敏感菌有大肠杆菌、沙门氏菌、巴氏杆菌、布鲁氏菌、弧菌、痢疾杆菌、绿脓杆菌等。尤其对绿脓杆菌具有强大的杀菌作用。细菌对本品不易产生耐药性。本类药物与其他抗菌药物间没有交叉耐药性。

主要用于革兰氏阴性杆菌的感染。如绿脓杆菌、大肠杆菌感染等。内服不吸收，可用于治疗犊牛、仔猪的肠炎、下痢等；局部应用可治疗创面、眼、耳、鼻部的感染等。本品与增效磺胺药、四环素类合用时，可产生协同作用。本品易引起对肾脏和神经系统的毒性反应，现多作局部应用。可作饲料添加剂，促进肉鸡和猪的生长，提高饲料利用率。

【用法用量】内服：一次量，每 1kg 体重，犊牛、仔猪 1.5～5mg；家禽 3～8mg；1～2 次/d，混饮，每 1L 水，猪 40～100mg，鸡 20～60mg，连用 5d，宰前 7d 停止给药；混饲（用于促生长）：每 1 000kg 饲料，牛（哺乳期）5～40g，猪（哺乳期）2～40g，仔猪、鸡

2～20g（效价），宰前7d停止给药。牛乳管内注入：每一乳室，奶牛5～10mg。子宫内注入：牛10mg，1～2次/d。

【制剂】硫酸黏菌素可溶性粉100g：2.0g；硫酸黏菌素预混剂（1）100g：2.0g（2）100g：4.0g（3）100g：10g。

杆菌肽

【理化特性】本品由苔藓样杆菌培养液中获得，为白色或淡黄色粉末，具吸湿性。易溶于水和乙醇。其锌盐为灰色粉末，不溶于水，性质较稳定。

【药动学】内服几乎不吸收，大部分在2d内随粪便排出。连续按0.1%的浓度混料饲喂蛋鸡5个月、肉鸡8周、火鸡15周；按0.05%的浓度混料饲喂猪4个月，在肌肉、脂肪、皮肤、胆汁、血液中几乎无药物残留。肌肉注射易吸收，但对肾脏毒性大，不宜用于全身感染。

【作用应用】对革兰氏阳性菌有杀菌作用，包括耐药的金葡菌、肠球菌、链球菌，对螺旋体和放线菌也有效，对革兰氏阴性杆菌无效。本品的抗菌作用不受环境中脓、血、坏死组织或组织渗出液的影响。

本品的锌盐专门用作饲料添加剂，常用于禽、牛、猪促生长，提高饲料利用率。临床上还可局部应用于革兰氏阳性菌所致的皮肤、伤口感染，眼部感染和乳腺炎等。欧盟从2000年开始禁用本品作促生长剂。

【用法用量】混饲，每1 000kg饲料，3月龄以下犊牛10～100g，3～6月龄犊牛4～40g；4月龄以下猪4～40g；16周龄以下禽4～40g（以杆菌肽计）。

【制剂】杆菌肽锌预混剂（1）1g：100mg（4 000U）（2）1g：150mg（6 000U）；杆菌肽锌、硫酸黏菌素预混剂，100g：杆菌肽锌5g，黏菌素1g；亚甲基水杨酸杆菌肽可溶性粉100g：杆菌肽50g（210万U）。

八、其他抗生素

泰妙菌素（泰妙灵、支原净）

【理化特性】本品的延胡索酸盐为白色或类白色结晶粉末。无臭，无味。在乙醇中易溶，在水中溶解。在丙酮中略溶，在乙烷中几乎不溶。

【药动学】单胃动物内服吸收良好，生物利用度高（>90%），在2～4h血药浓度达峰值。吸收后体内分布广泛。肺中浓度最高，主要从胆汁中排泄。反刍动物内服可被胃内菌群灭活。

【作用应用】抗菌谱与大环内酯类相似。对革兰氏阳性菌（如金黄色葡萄球菌、链球菌）、支原体（鸡败血支原体、猪肺炎支原体）、猪胸膜肺炎放线杆菌及猪密螺旋体等有较强的抗菌作用。用于防治鸡慢性呼吸道病、猪喘气病、传染性胸膜肺炎、猪密螺旋体性痢疾等。低剂量还可促进生长，提高饲料利用率。

【不良反应】本品能影响莫能菌素、盐霉素等的代谢，合用时导致中毒，引起鸡生长迟缓、运动失调、麻痹瘫痪，直至死亡。因此，禁止本品与聚醚类抗生素合用。

【用法用量】混饮：每1L水，猪90～120mg；鸡125～250mg，连用3～5d。混饲：每1 000kg饲料，猪40～100g，连用5～10d。

【制剂】延胡索酸泰妙菌素可溶性粉100g：45g；延胡索泰妙菌素预混剂（1）100g：

10g（2）100g : 80g。

复习思考题

1. 何谓耐药性？何谓交叉耐药性？

2. 抗生素按抗菌谱分成几类？请举出各类主要代表药物。

3. 如何做到合理应用抗生素？

4. 某猪场现已诊断发生了仔猪白痢，请举出至少10种可供治疗的抗生素，并说明如何从中挑选出适合本场病猪的理想药物。

第四章

抗微生物药—化学合成抗微生物药

第一节　磺胺类药物

一、概述

磺胺类药物是19世纪30年代发现的能有效防治全身性细菌性感染的第一类化疗药物，至今已有70多年的历史。目前，先后合成约有8 500多种，而临床上常用的仅20余种。虽然从20世纪40年代以后，新发现和应用的各类抗生素在临床上逐渐取代了多数磺胺类药物，但由于磺胺药对某些动物的感染性疾病（如白冠病、球虫病等）的疗效良好，又具有使用方便、性质稳定、价格低廉等优点，故在抗感染的药物中仍占一席之地。

（一）磺胺类药物分类

磺胺类药物的基本化学结构是对氨基苯磺酰胺（简称磺胺）。

H　N-4　1-SO_2　H

R_2　　　　　　R_1

R代表不同的基团，由于所引入基团的不同，合成了一系列的磺胺类药物。

根据内服后的吸收情况可分为肠道易吸收、肠道难吸收及外用等三类，具体见表4-1。

表4-1　常用磺胺类药物的分类与简称

分类	药名	简称
1　肠道易吸收的磺胺药		
	胺苯磺胺	SN
	磺胺噻唑	ST
	磺胺嘧啶	SD
	磺胺二甲嘧啶	SM2
	磺胺甲噁唑（新诺明，新明磺）	SMZ
	磺胺对甲氧嘧啶（磺胺-5-甲氧嘧啶，消炎磺）	SMD
	磺胺间甲氧嘧啶（磺胺-6-甲氧嘧啶，制菌磺）	SMM

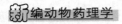

（续表）

分类	药名	简称
1　肠道易吸收的磺胺药		
	磺胺地索辛（磺胺－2，6－二甲氧嘧啶）	DS－36
	磺胺多辛（磺胺－5，6－二甲氧嘧啶，周效磺胺）	SDM
	磺胺喹噁啉	SQ
	磺胺氯吡嗪	Esb3
2　肠道难吸收的磺胺药		
	磺胺脒	SM；SG
	柳氮磺胺吡啶（水杨酸偶氮磺胺吡啶）	SASP
	酞磺胺噻唑（酞酰磺胺噻唑）	PST
	酞磺醋胺	PSA
	琥珀酰磺胺噻唑（琥磺胺噻唑，琥磺噻唑）	SST
3　外用磺胺药		
	磺胺醋酰钠	SA－Na
	醋酸磺胺米隆（甲磺灭脓）	SML
	磺胺嘧啶银（烧伤宁）	SD－Ag

（二）磺胺类药物作用特点

1. 抗菌谱

磺胺药抗菌作用范围广泛，对大多数革兰氏阳性菌和阴性菌都有抑制作用，为广谱抑菌剂。对磺胺药高度敏感的病原菌有：链球菌、肺炎球菌、沙门氏菌、化脓棒状杆菌；次敏感菌有：葡萄球菌、变形杆菌、巴氏杆菌、大肠杆菌、产气荚膜梭菌、炭疽杆菌、李斯特氏菌、痢疾杆菌等。磺胺药对某些放线菌、衣原体（如沙眼）和某些原虫如球虫、阿米巴原虫、弓形虫也有较好的抑制作用。但对螺旋体、结核杆菌、立克次体、病毒等完全无效。

2. 作用机制

磺胺药是抑菌药，它通过干扰细菌的叶酸代谢而抑制细菌的生长繁殖。与人和哺乳动物细胞不同，对磺胺药敏感的细菌不能直接利用周围环境中的叶酸，只能利用对氨苯甲酸（PABA）和二氢蝶啶，在细菌体内经二氢叶酸合成酶的催化合成二氢叶酸，再经二氢叶酸还原酶的作用形成四氢叶酸（图4－1）。四氢叶酸的活化型是一碳单位的传递体，在嘌呤和嘧啶核苷酸形成过程中起着重要的传递作用。磺胺药的结构和PABA相似，可与PABA竞争二氢叶酸合成酶，阻碍二氢叶酸的合成，影响核酸的生成，抑制细菌生长繁殖。

3. 体内过程

（1）吸收　各种内服易吸收的磺胺类药物，其生物利用度的大小因药物和动物种类而有差异。其顺序分别为SM2 > SDM > SN > SD；禽 > 犬 > 猪 > 马 > 羊 > 牛。一般而言，肉

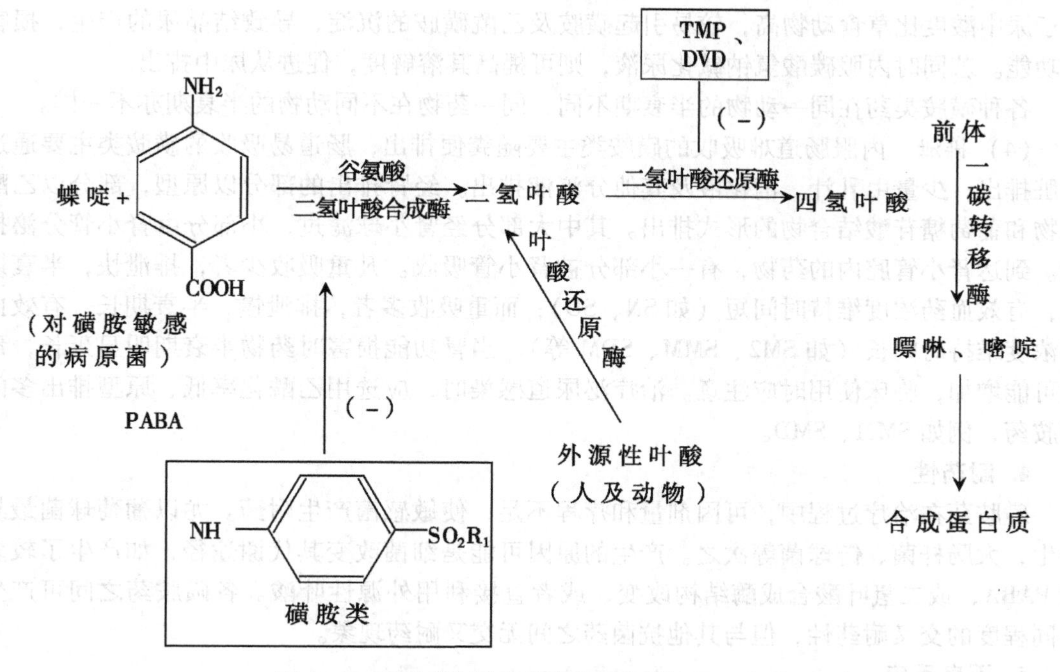

图 4-1 磺胺类和某些化疗药物作用机理示意图

食动物内服后 3 ~4h，血药达峰浓度；草食动物为 4 ~6h；反刍动物为 12 ~24h。尚无反刍机能的犊牛和羔羊，其生物利用度与肉食、杂食的单胃动物相似。磺胺类的钠盐可经肌肉注射、腹腔注射或由子宫、乳管内注入而迅速吸收。

(2) 分布 磺胺类药物吸收后分布于全身各组织和体液中。以血液、肝、肾含量较高，神经、肌肉及脂肪中的含量较低，可进入乳腺、胎盘、胸膜、腹膜及滑膜腔。吸收后，大部分与血浆蛋白结合。磺胺类药物中 SD 与血浆蛋白的结合率较低，因而进入脑脊液的浓度较高（为血药的 50% ~80%），故可作为脑部细菌感染的首选药。磺胺类的蛋白结合率因药物和动物种类的不同而有很大差异，例如 SD、SM2 和 SDM 在牛的蛋白结合率分别是 14% ~24%、61% ~71% 及 67% ~90%；各种家畜的蛋白结合率，通常以牛为最高，羊、猪、马等次之。一般来说，血浆蛋白结合率高的磺胺类排泄较缓慢，血中有效药物浓度维持时间也较长。

(3) 代谢 磺胺类药主要在肝脏代谢，引起多种结构上的变化。其中最常见的方式是对位氨基（R_2）的乙酰化。乙酰化程度与动物种属有关，例如 SM2 的乙酰化，猪（30%）比牛（11%）、绵羊（8%）都高，家禽和犬的乙酰化极微。其次，羟基化作用，则绵羊比牛高，而猪无此作用。各种磺胺药及其代谢物与葡萄糖苷酸的结合率是不同的，例如，SMZ、SN、SM2 和 SDM 在山羊体内与葡萄糖苷酸的结合率分别是 5%、7%、30% 及 16% ~31%。杂环断裂的代谢途径在多数动物体内并不重要。此外，反刍动物体内的氧化作用是磺胺类代谢的重要途径，例如 SD 在山羊体内被氧化成 2-磺胺-4-羟基嘧啶而失去活性。

磺胺乙酰化后失去抗菌活性，但保持原有磺胺的毒性。除 SD 等 R_1 位有嘧啶环的磺胺药外，其他乙酰化磺胺的溶解度普遍下降，增加了对肾脏的毒副作用。肉食及杂食动物，由于尿中酸度比草食动物高，较易引起磺胺及乙酰磺胺的沉淀，导致结晶尿的产生，损害肾功能。若同时内服碳酸氢钠碱化尿液，则可提高其溶解度，促进从尿中排出。

各种磺胺类药在同一动物的半衰期不同，同一药物在不同动物的半衰期亦不一样。

（4）排泄　内服肠道难吸收的磺胺类主要随粪便排出；肠道易吸收的磺胺类主要通过肾脏排出；少量由乳汁、消化液及其他分泌液排出。经肾排出的部分以原型，部分以乙酰化物和葡萄糖苷酸结合物的形式排出。其中大部分经肾小球滤过，小部分由肾小管分泌排泄。到达肾小管腔内的药物，有一小部分被肾小管吸收。凡重吸收少者，排泄快，半衰期短，有效血药浓度维持时间短（如 SN、SD）；而重吸收多者，排泄慢，半衰期长，有效血药浓度维持时间长（如 SM2、SMM、SDM 等）。当肾功能损害时药物半衰期明显延长，毒性可能增加，临床使用时应注意。治疗泌尿道感染时，应选用乙酰化率低、原型排出多的磺胺药，例如 SMM、SMD。

4. 耐药性

磺胺药在治疗过程中，可因剂量和疗程不足，使敏感菌产生耐药。尤以葡萄球菌最易产生，大肠杆菌、链球菌等次之。产生的原因可能是细菌改变其代谢途径，如产生了较多的 PABA，或二氢叶酸合成酶结构改变，或者直接利用外源性叶酸。各磺胺药之间可产生不同程度的交叉耐药性，但与其他抗菌药之间无交叉耐药现象。

5. 不良反应

磺胺药的不良反应一般不太严重，主要表现为急性和慢性中毒两种。

（1）急性中毒　多见于静脉注射磺胺类钠盐时，速度过快或剂量过大。表现为神经症状如共济失调、痉挛性麻痹、呕吐、昏迷、食欲降低和腹泻等，严重者迅速死亡；牛、山羊还可见视物障碍、散瞳；雏鸡中毒时可导致大批死亡。

（2）慢性中毒　见于剂量较大或连续用药超过 1 周以上。主要症状为难溶解的乙酰化物结晶损伤泌尿系统，出现结晶尿、血尿和蛋白尿等；抑制胃肠道菌群，导致消化道系统障碍和草食动物的多发性肠炎等；造血机能破坏，出现溶血性贫血、凝血时间延长和毛细血管渗血；幼畜及幼禽免疫系统抑制、免疫器官出血及萎缩；家禽慢性中毒时，见增重减慢，蛋鸡产蛋率下降，蛋破损率和软蛋率增加。

6. 临床应用原则

（1）严格掌握适应症　病毒性疾病及发热病因不明时不宜用磺胺药。确诊是细菌感染后一定要合理选药，全身性感染宜选肠道易吸收、作用强而副作用较小的药物，如 SD、SM2、SMZ、SMD、SMM、SDM 等；肠道感染可选内服不易吸收的药物如 SG、PST、SST 等；泌尿道感染宜选用抗菌作用强，尿中排泄快，乙酰化率低，尿中药物浓度高的磺胺药，如 SMM、SMD 和 SM2 等；局部软组织和创面感染宜选外用磺胺药，如 SN、SD-Ag 等。SN 常用其结晶性粉末，撒于新鲜伤口，以发挥其防腐作用。SD-Ag 对绿脓杆菌的作用较强，且有收敛作用，可促进创面干燥结痂。原虫感染宜选用 SQ、磺胺氯吡嗪、SM2、SDM 等，用于禽、兔球虫病、鸡卡氏白细胞虫病；治疗乳腺炎宜选用在乳汁中含量较多的 SM2。

（2）适宜的剂量　首次用大剂量（突击量，一般是维持量的 2 倍），以后每隔一定时间给予维持量，待症状消失后、还应以维持量的 1/2～1/3 量连用 2～3d，以巩固疗效。

（3）注意药物间相互作用　有些含对氨基苯甲酰基的药物如普鲁卡因、苯唑卡因、丁卡因等在体内可生成 PABA，因此不宜与磺胺药合用。急性或严重感染时，为使血中迅速达到有效浓度，宜选用磺胺药钠盐注射。由于其碱性强，宜深层肌肉注射或缓慢静脉注射，并忌与酸性药物如维生素 C、氯化钙、青霉素等配伍。

（4）*使用时宜充分饮水*　这样可以增加尿量，减少尿结晶损害肾脏，并加速排出。

（5）*配合碱性药物*　杂食动物或肉食动物使用磺胺药时，应同时给予等量的碳酸氢钠，使尿保持碱性，以增加磺胺药的溶解度。

（6）*肾功能受损时，磺胺药排泄延缓，用时慎重。*

（7）*适当补充维生素药物*　磺胺药可引起肠道菌群失调，维生素 B 和维生素 K 的合成和吸收减少，此时宜补充相应的维生素。

（8）*减少局部用药*　除专供外用的磺胺药外，尽量避免局部应用磺胺药，以免发生过敏反应和产生耐药菌株。

（9）*蛋鸡产蛋期禁用磺胺药。*

二、常用磺胺类药物

（一）全身应用类

磺胺嘧啶（SD）

【理化特性】白色或类白色的结晶或粉末；无臭、无味；遇光色渐变暗。在乙醇或丙酮中微溶，水中几乎不溶；氢氧化钠溶液或氨溶液中易溶，稀盐酸中溶解。

【体内过程】本品内服易吸收，排泄较缓慢，血药浓度易达到有效水平。由于与血浆蛋白结合率低（牛为24%，犬为17%，家禽为16%），易通过血脑屏障，故能进入脑脊液中达到较高的药物浓度。在体内半衰期，犬为9.8h，马为2.7h，牛为2.5h。

【作用应用】对溶血性链球菌、肺炎双球菌、沙门氏菌、大肠杆菌等作用较强，对葡萄球菌作用稍差。用于各种动物敏感菌的全身感染。是磺胺药中用于治疗脑部细菌感染的首选药物。

【注意事项】（1）本品在体内的代谢产物乙酰化磺胺的溶解度低，易在泌尿道中析出结晶；（2）注射剂为钠盐，遇酸类可析出不溶性结晶，故不宜用5%葡萄糖液稀释。空气中的 CO_2 亦可使其析出结晶；（3）产蛋鸡禁用。

【用法用量】磺胺嘧啶片内服：一次量，每 1kg 体重，家畜首次量 0.14 ~ 0.2g；维持量 0.07 ~ 0.1g，2 次/d，连用 3 ~ 5d；磺胺嘧啶钠注射液静脉注射（或深部肌肉注射）：一次量，每 1kg 体重，家畜 50 ~ 100mg，1 ~ 2 次/d，连用 2 ~ 3d；复方磺胺嘧啶钠注射液肌肉注射：1 次量，每 1kg 体重，家畜 20 ~ 30mg（以磺胺嘧啶计），1 ~ 2 次/d，连用 2 ~ 3d。

【制剂与规格】磺胺嘧啶片 0.5g；磺胺嘧啶钠注射液（1）2ml : 0.4mg（2）5ml : 1g（3）10ml : 1g（4）50ml : 5g；复方磺胺嘧啶钠注射液 10ml : 磺胺嘧啶钠 1g，甲氧苄啶 0.2g；复方磺胺嘧啶预混剂 1 000g : 磺胺嘧啶 125g 甲氧苄啶 25g；复方磺胺嘧啶混悬液 200ml : 磺胺嘧啶 80g 甲氧苄啶16g。

磺胺二甲嘧啶（SM2）

【理化特性】白色或微黄色的结晶或粉末；无臭，味微苦；遇光色渐变深。在热乙醇中溶解，在水或乙醚中几乎不溶；在稀酸或稀碱溶液中易溶解。

【体内过程】内服后吸收迅速而完全，维持有效血药浓度时间较长。水牛一次内服 0.2g/kg 体重，平均血中浓度和脑脊液中浓度，12h 后分别为 115.5μg/ml 和 54.1μg/ml，

24h 后分别为 22.8μg/ml 和 42.4μg/ml。排泄较慢，乙酰化率牛较低（14.17%），猪次之（21%），羊较高（50% ~70%），其乙酰化物溶解度高，在肾小管内沉淀的发生率较低，不易引起结晶尿或血尿。

【作用应用】抗菌作用及疗效较磺胺嘧啶稍弱，但对球虫有抑制作用。主要用于巴氏杆菌病、乳腺炎、子宫炎、呼吸道及消化道感染，亦用以防治兔、禽球虫病和猪弓形虫病。

【用法用量】磺胺二甲嘧啶片，内服：一次量，每 1kg 体重，家畜首次量 0.14 ~0.2g；维持量内服：一次量，每 1kg 体重 0.07 ~0.1g，1 ~2 次/d，连用 3 ~5d；磺胺二甲嘧啶钠注射液静脉、肌肉注射：一次量，每 1kg 体重 50 ~100mg，1 ~2 次/d，连用 2 ~3d。

【制剂与规格】磺胺二甲嘧啶片 0.5g；磺胺二甲嘧啶钠注射液（1）5ml：0.5g（2）10ml：1g（3）100ml：10g。

磺胺噻唑（ST）

【理化特性】白色或淡黄色的结晶颗粒或粉末；无臭或几乎无臭，几乎无味；遇光色渐变深。在乙醇中微溶，在水中极微溶解；在氢氧化钠溶液中易溶，在稀盐酸中溶解。

【体内过程】内服吸收不完全，马、牛、猪、羊一次内服 0.1g/kg 体重，其血药峰浓度仅为 20μg/ml。其可溶性钠盐肌肉注射后迅速吸收，吸收后排泄迅速。单胃动物内服后，在 12h 内经肾排出约 50%，24h 约 90%。其半衰期短，不易维持有效血浓度。在体内与血浆蛋白的结合率和乙酰化程度均较高，其乙酰化物溶解度比原药低，易产生结晶尿而损害肾脏。

【作用应用】抗菌作用比磺胺嘧啶强。用于敏感菌所致的肺炎、出血性败血症、子宫内膜炎及禽霍乱、雏白痢等。对感染创可外用其软膏剂。

【用法用量】内服：一次量，每 1kg 体重，家畜首次量 0.14 ~0.2g，维持量 0.07 ~0.1g，1 ~2 次/d 连用 3 ~5d；磺胺噻唑钠注射液静脉、肌肉注射，家畜 1 次量 50 ~100mg/kg 体重，1 ~2 次/d，连用 2 ~3d。

【制剂规格】磺胺噻唑片（1）0.5g（2）1g；磺胺噻唑钠注射液（1）5ml：0.5g（2）10ml：1g（3）20ml：2g。

【注意事项】应与适量碳酸氢钠合用。

磺胺甲噁唑（磺胺异噁唑；SMZ）

【理化特性】白色结晶粉末；无臭，味微苦；在水中几乎不溶，在稀盐酸、氢氧化钠溶液或氨溶液中易溶。

【药物特点】特点为蛋白结合率高，排泄较慢，乙酰化率高（山羊为 50% ~70%），且溶解度较低，较易出现结晶尿和血尿等。

【用途】抗菌谱与磺胺嘧啶相近，但抗菌作用较强。与甲氧苄啶联合应用，可明显增强其抗菌作用。常用于呼吸道和泌尿道感染。

【用法用量】磺胺异噁唑片，内服：一次量，每 1kg 体重，家畜首次量 50 ~100mg，维持量 25 ~50mg，2 次/d，连用 3 ~5d。复方磺胺异噁唑片内服：一次量，每 1kg 体重，家畜 20 ~25mg（以磺胺异噁唑计）2 次/d，连用 3 ~5d。

【制剂规格】磺胺异噁唑片 0.5g；复方磺胺异噁唑片每片含磺胺异噁唑 0.4g，甲氧苄啶为 0.08g。

磺胺对甲氧嘧啶（SMD）

【理化特性】 白色或微黄色的结晶或粉末，无臭，味微苦。在乙醇中微溶，在水或乙醚中几乎不溶，在氢氧化钠溶液中易溶，在稀盐酸中微溶。

【体内过程】 内服吸收迅速，血中维持有效浓度近24h。乙酰化率较低，游离型及乙酰化型的溶解度较高。主要从尿中排出，排泄缓慢，对尿路感染疗效显著。对生殖、呼吸系统及皮肤感染也有效。与甲氧苄啶合用，可增强疗效。对球虫也有较好的抑制作用。

【用途】 对革兰氏阳性菌和阴性菌如化脓性链球菌、沙门氏菌和肺炎杆菌等均有良好的抗菌作用，但较磺胺间甲氧嘧啶弱。主要用于泌尿道、呼吸道、消化道、皮肤、生殖道感染。也可用于球虫病的治疗。

【用法用量】 磺胺对甲氧嘧啶片，内服：一次量，每1kg体重，家畜首次量50～100mg，维持量25～50mg，2次/d，连用3～5d。复方磺胺对甲氧嘧啶片，内服：一次量，每1kg体重，家畜20～25mg（以磺胺对甲氧嘧啶计），2次/d，连用3～5d。复方磺胺对甲氧嘧啶钠注射液，肌肉注射：一次量，每1kg体重，家畜15～20mg（以磺胺对甲氧嘧啶计），1～2次/d，连用3～5d。

【制剂规格】 磺胺对甲氧嘧啶片0.5g；复方磺胺对甲氧嘧啶片每片含磺胺对甲氧嘧啶0.4g，甲氧苄啶0.08g；复方磺胺对甲氧嘧啶钠注射液（1）10ml：含磺胺对甲氧嘧啶1g，甲氧苄啶0.2g（2）10ml：含磺胺对甲氧嘧啶2g，甲氧苄啶0.4g；磺胺对甲氧嘧啶、二甲氧苄啶片：以磺胺对甲氧嘧啶计（1）0.25g（2）0.5g,；磺胺对甲氧嘧啶、二甲氧苄啶预混剂（1）10g：含磺胺对甲氧嘧啶2g二甲氧苄啶0.4g（2）100g：含磺胺对甲氧嘧啶20g二甲氧苄啶4g（3）500g：含磺胺对甲氧嘧啶100g二甲氧苄啶20g。

磺胺间甲氧嘧啶（SMM）

【理化特性】 白色或类白色的结晶性粉末；无臭，几乎无味；遇光色渐变暗，在丙酮中略溶，在乙醇中微溶，在水中不溶，在稀盐酸或氢氧化钠溶液中易溶。

【作用应用】 体内外抗菌作用最强的新磺胺药，对球虫、弓形虫、住白细胞虫等也有显著作用。内服吸收良好，血中浓度高，维持作用时间近24h。乙酰化率低，乙酰化物溶解度大，不易引起结晶尿和血尿，与甲氧苄啶合用疗效增强。

用于各种敏感菌引起的呼吸道、消化道、泌尿道感染及球虫病、猪弓形虫病、猪水肿病、鸡住白细胞虫病、猪萎缩性鼻炎。其钠盐局部灌注可治疗乳腺炎和子宫内膜炎。

【用法用量】 磺胺间甲氧嘧啶钠片，内服：一次量，每1kg体重，家畜首次量50～100mg，维持量25～50mg，2次/d，连用3～5d。磺胺间甲氧嘧啶钠注射液，静脉注射：一次量，每1kg体重，家畜50mg（以磺胺对甲氧嘧啶计），1～2次/d，连用2～3d。

【制剂规格】 磺胺间甲氧嘧啶钠片0.5g；磺胺间甲氧嘧啶钠注射液（1）10ml：1g（2）20ml：2g（3）50ml：5g。

磺胺氯达嗪钠

【理化特性】 磺胺氯达嗪钠为白色或淡黄色粉末。在水中易溶，在甲醇中溶解，在乙醇中略溶，在氯仿中微溶。

【体内过程】 静脉注射后迅速自血浆消除。主要由肾排泄，肾小管分泌是其一个重要的排泄途径。猪肌肉注射本品后30min达血药峰值，并能维持到注射后3h。

【作用应用】抗菌谱与SMM相似，抗菌作用较强，但比SMM稍弱，其他作用与SMM相似。主要用于猪、鸡大肠杆菌和巴氏杆菌感染等。

【注意事项】

（1）蛋鸡产蛋期禁用；反刍动物禁用；不得作为饲料添加剂长期应用。

（2）猪宰前4d，鸡宰前2d停止给药。

【用法用量】磺胺氯哒嗪钠，内服：一次量，每1kg体重，猪20～30mg，连用5～10d；鸡20～30mg，连用3～6d。

【制剂规格】复方磺胺氯哒嗪钠粉（1）100g：磺胺氯哒嗪钠10g，甲氧苄啶2g（2）100g：磺胺氯哒嗪钠62.5g，甲氧苄啶12.5g。

磺胺多辛（周效磺胺，SDM.）

【理化特性】白色或类白色结晶性粉末；无臭或几乎无臭，味微苦；遇光渐变色。在丙酮中略溶，在水中几乎不溶；在稀盐酸或氢氧化钠溶液中易溶。

【体内过程】内服后吸收迅速，4h内达血药峰值。其静脉注射的血浆半衰期，猪为15.51h，水牛、黄牛和马分别为4.39h、5.65h和14.13h。其治疗量给马内服后维持有效血浓度时间达22h，加大剂量（0.2g/kg）可增至35h。静脉注射维持时间只有10～18h。本品的血浆结合率及乙酰化率较高，但乙酰化物大部分与葡萄糖醛酸结合后易溶解，故不易引起结晶尿和血尿。

【作用应用】抗菌作用同磺胺嘧啶，但稍弱。用于轻度或中度呼吸道、泌尿道感染。对鸡球虫和猪弓形虫病也有疗效。

【用法用量】磺胺多辛片，内服：一次量，每1kg体重，家畜首次量50～100mg，维持量25～50mg，1次/d。

【制剂规格】磺胺多辛片0.5g。

磺胺喹啉（SQ）

【理化特性】磺胺喹啉为淡黄色或黄色粉末，无臭。在乙醇中极微溶解，在水或乙醚中几乎不溶，在氢氧化钠溶液中易溶。磺胺喹啉钠为类白色或淡黄色粉末，无臭，在水中易溶，在乙醇中微溶。

【作用应用】磺胺喹啉是抗球虫的专用磺胺药。至今仍广泛用于畜禽球虫病。由于磺胺类药的基本结构与对氨苯甲酸（PABA）相似，因而可互相争夺二氢叶酸合成酶，影响二氢叶酸形成，最终影响核蛋白合成，从而抑制细菌和球虫的生长繁殖。磺胺喹啉的抗球虫活性峰期是第2代裂殖体，对第1代裂殖体也有一定作用，本品对周期无效。

兽医临床主要用于以下方面。

（1）家禽　磺胺喹啉对鸡巨型艾美耳球虫、布氏艾美耳球虫和堆型艾美耳球虫作用最强，但对柔嫩艾美耳球虫和毒害艾美耳球虫作用较弱，通常需更高浓度才能有效。因此，本品通常与氨丙啉或抗菌增效剂联合应用，以扩大抗虫谱及增强抗球虫效果。

应用磺胺喹啉不影响宿主对球虫的免疫力，加之本品有较强的抗菌作用，从而奠定了治疗球虫病的基础。150～175mg/kg饲料浓度，对火鸡球虫也有良好预防效果。

（2）其他　磺胺喹啉还广泛用于反刍幼畜、家兔和小动物的球虫病。混饲：每1kg饲料，家兔250mg，连用30d，1 000mg，连喂2周；犊牛1 000mg，连用7～9d。饮水：每1L，家兔200mg，连用3～4周，300mg效果更好；水貂240mg；羔羊250mg，连用2～5d。

【注意事项】

（1）本品对雏鸡有一定的毒性，高浓度（每1kg饲料1 000mg）连喂5d以上，则引起与维生素K缺乏有关的出血和组织坏死现象，即使应用推荐药料浓度（每1kg饲料125mg）8～10d，亦可使鸡红细胞和淋巴细胞减少，因此，连续喂饲不得超过5d。

（2）由于磺胺药应用已有数十年，不少细菌和球虫已有耐药性，甚至交叉耐药性，加之磺胺喹啉抗虫谱窄，毒性较大，因此，本品宜与其他抗球虫药（如氨丙啉或抗菌增效剂）联合应用。

（3）本品能使产蛋率下降，蛋壳变薄，因此，产蛋鸡禁用。休药期，肉鸡7d，火鸡10d，牛、羊10d。

【用法用量】磺胺喹啉，混饲：每1 000kg饲料，禽125g。磺胺喹啉、二甲氧苄啶预混剂，混饲：每1 000kg饲料，禽500g。磺胺喹啉钠可溶性粉，混饮：每1L饮水，禽0.3～0.5g（有效成分）。磺胺喹啉、三甲氧苄啶可溶性粉，混饮：每1L水，禽0.28g。

【制剂规格】磺胺喹啉，二甲氧苄啶预混剂（1）10g：含磺胺喹啉2g，二甲氧苄氨嘧啶0.4g（2）100g：含磺胺喹啉20g，二甲氧苄啶4g（3）500g：含磺胺喹啉100g，二甲氧苄啶20g。磺胺喹啉钠可溶性粉100g：10g。磺胺喹沙琳钠，甲氧苄啶可溶性粉100g：含磺胺喹啉钠53.65g，甲氧苄啶16.5g。

（二）肠道应用类

磺胺脒（SG）

【理化特性】白色针状结晶性粉末；无臭或几乎无臭，无味，遇光易变色。在沸水中溶解，在水、乙醇或丙酮中微溶；在稀盐酸中易溶，在氢氧化钠溶液中几乎不溶。

【作用应用】最早用于肠道感染的磺胺药，内服后虽有一定量从肠道吸收，但不足以达到有效血浓度，故不用于全身性感染。但肠道中浓度较高，多用于消化道的细菌感染。主要用于各种动物（反刍动物和草食动物慎用）的肠炎或菌痢。

【注意事项】

（1）用量过大，或遇肠阻塞或严重腹水病畜而使吸收多时，可引起结晶尿。

（2）成年反刍动物少用，因瘤胃内容物可使之稀释而降低药效。

【用法用量】内服，一次量，每1kg体重，家畜0.1～0.2g，2次/d，连用3～5d。

【制剂与规格】磺胺脒片0.5g。

琥珀酰磺噻唑（SST）

【作用应用】体外无抗菌作用。内服后肠道极少吸收，经肠道细菌的作用，释出游离磺胺噻唑少而产生抑菌作用。作用比磺胺脒强。成年反刍动物少用。治疗肠炎和菌痢，亦可预防肠道手术前后的感染。

【用法用量】同磺胺脒。

【制剂规格】琥磺噻啶0.5g。

酞磺胺噻唑（PST）

【作用应用】同琥珀酰磺噻唑，但抗菌作用比琥珀酰磺噻唑强678倍。临床应用同琥珀酰磺噻唑。

【用法用量】同琥珀酰磺噻唑。

【制剂规格】酞磺噻唑片（1）0.5g（2）1g。

酞磺醋酰（PSA）

【作用应用】内服不易吸收，在肠道中分解出磺胺醋酰而产生抑菌作用。溶解度较大，可渗入肠黏膜内、对志贺氏菌特别有效。用于肠道感染及防止肠道手术前后的细菌感染。但疗效不及酞磺噻唑。

【用法用量】同磺胺脒。

【制剂规格】酞磺醋酰片0.5g。

（三）局部应用类

磺胺醋酰钠（SA-Na）

【作用应用】易溶于水，水溶性比磺胺嘧啶高90倍，其15%～30%水溶液的pH值应为7.4。抑菌作用较弱，有微弱的刺激性，穿透力强。主要用于结膜炎、角膜炎及其他眼部感染。

【用法用量】15%磺胺醋酰钠滴眼：用于眼部感染。

磺胺嘧啶银（SD-Ag）

【理化特性】白色或类白色的结晶性粉末；遇光或遇热易变质。在水、乙醇、氯仿或乙醚中均不溶。

【作用应用】对所有致病菌和真菌，包括绿脓杆菌、大肠杆菌等都有抑菌效果。并有收敛作用，使创面干燥、结痂和早期愈合。用于预防烧伤后感染，对已发生的感染则疗效较差。本品刺激小，仅有一过性疼痛。主要用于烧伤创面。

【用法用量】外用：撒布于创面或配成2%混悬液湿敷。

甲磺灭脓（SML）

【作用应用】对多种革兰氏阳性及阴性菌有效。对绿脓杆菌作用较强，且不受对氨基苯甲酸、脓液、坏死组织等影响，能迅速渗入创面及组织。用于烧伤或大面积创伤后的绿脓杆菌等感染。

【用法用量】10%甲磺灭脓软膏，创面涂敷；10%甲磺灭脓粉剂，创面撒布；5%～10%甲磺灭脓溶液，创面湿敷。

三、抗菌增效剂

（一）概述

所谓抗菌增效剂是一类人工合成的二氨基嘧啶类药物。目前，国内常用甲氧苄啶和二甲氧苄啶两种，国外还有奥美普林（OMP，二甲氧苄啶）、阿地普林（ADP）及巴喹普林（BQP）的应用。之所以称其为抗菌增效剂，是由于能抑制二氢叶酸还原酶，使二氢叶酸不能还原成四氢叶酸；与磺胺药联合运用，使敏感菌的叶酸代谢起到了双重阻断作用。使磺胺药的抗菌作用增强数倍至近百倍，甚至使抑菌作用变为杀菌作用，故称“抗菌增效剂”。不但可减少细菌耐药性的产生，而且对磺胺药耐药的大肠杆菌、变形杆菌、化脓链球菌等亦有作用。此外，也可以与多种抗生素（如四环素、庆大霉素等）联合运用，使得这些抗生素的抗菌作用增强。

（二）常用药物

甲氧苄啶（甲氧苄氨嘧啶，三甲氧苄氨嘧啶，TMP）

【理化特性】为白色或淡黄色结晶性粉末。味微苦。在乙醇中微溶，水中几乎不溶，在冰醋酸中易溶。

【体内过程】 TMP 内服吸收迅速而完全，1～2h 血药浓度达高峰。本品脂溶性较高，广泛分布于各组织和体液中，并超过血中浓度，血浆蛋白结合率 30%～40%。其半衰期（h）存在较大的种属差异：马 4.20h，水牛 3.14h，黄牛 1.37h，奶山羊 0.94h，猪 1.43h，鸡、鸭约 2h。主要从尿中排出，3d 内约排出 80%，其中 6%～15% 以原型排出。尚有少量从胆汁、唾液和粪便中排出。

【作用应用】 抗菌谱广，与磺胺类相似而效力较强。对多种革兰氏阳性菌及阴性菌均有抗菌作用，其中较敏感的有溶血性链球菌、葡萄球菌、大肠杆菌、变形杆菌、巴氏杆菌和沙门氏菌等。但对绿脓杆菌、结核杆菌、丹毒杆菌、钩端螺旋体无效。单用易产生耐药性，一般不单独作抗菌药使用。常以 1∶5 比例与 SMD、SMM、SMZ、SD、SM2、SQ 等磺胺药合用，以 1∶4 比例与四环素、青霉素、红霉素、庆大霉素、黏杆菌素等抗生素合用。

含 TMP 的复方制剂主要用于链球菌、葡萄球菌和革兰氏阴性杆菌引起的呼吸道、泌尿道感染及蜂窝织炎、腹膜炎、乳腺炎、创伤感染等。亦用于幼畜肠道感染、猪萎缩性鼻炎、猪传染性胸膜肺炎。对家禽大肠杆菌病、鸡白痢、鸡传染性鼻炎、禽伤寒及霍乱等均有良好的疗效。

【注意事项】 毒性低，副作用小，偶尔引起白细胞、血小板减少等。但孕畜和初生仔畜应用易引起叶酸摄取障碍，宜慎用。

【制剂用法用量】

（1）*复方磺胺嘧啶预混剂*　混饲：一次量，每 1kg 体重，猪 15～30mg，连用 5d，宰前 5d 停止给药；鸡 25～30mg，连用 10d，肉鸡宰前 10d 停止给药。

（2）*复方磺胺嘧啶混悬液*（SD＋TMP）　混饮：每 1L 水，鸡 0.2～0.4ml（或以磺胺甲噁唑计 160～320mg），2 次/d，连用 5～7d。

（3）*复方磺胺嘧啶钠注射液*（SD＋TMP）　肌肉注射，一次量，每 1kg 体重，家畜 20～30mg（以磺胺甲噁唑计），2 次/d。

（4）*复方磺胺甲噁唑片*（SMZ＋TMP）　内服：一次量，每 1kg 体重，家畜 20～25mg（以磺胺甲噁唑计），2 次/d。

（5）*复方磺胺对甲氧嘧啶片*（SMD＋TMP）　内服：一次量，每 1kg 体重，家畜 20～25mg（以磺胺对甲氧嘧啶计），1～2 次/d。

（6）*复方磺胺对甲氧嘧啶钠注射液*（SMD＋TMP）　肌肉注射：一次量，每 1kg 体重，家畜 15～20mg（以磺胺对甲氧嘧啶钠计），1～2 次/d。

（7）*复方磺胺氯达嗪钠粉*　内服：一次量，每 1kg 体重，猪、鸡 20～25mg（以磺胺氯达嗪钠计），1～2 次/d，连用 3～5d。蛋鸡产蛋期禁用，猪宰前 3d，肉鸡宰前 1d 停止给药。

（8）*复方磺胺喹啉钠可溶性粉*　混饮：每 1L 水，禽 150mg（以磺胺喹啉钠计），连用 5～7d。蛋鸡产蛋期禁用。肉鸡宰前 10d 停止给药。

二甲氧苄啶（二甲氧苄氨嘧啶，DVD）

【理化特性】 白色或类微黄色结晶性粉末，味微苦，几乎无臭。在氯仿中极微溶解，在水、乙醇或乙醚中不溶；在氯仿中微溶，在盐酸中溶解，在稀盐酸中微溶。

【体内过程】 DVD 内服吸收少，其最高血药浓度约为 TMP 的 1/5，在胃肠道内的浓度较高，主要从粪便中排出，故用作肠道抗菌增效剂比 TMP 优越。

【药理作用】抗菌机理同 TMP，但抗菌作用较弱，为畜禽专用药。对磺胺药和抗生素有明显的增效作用。与抗球虫的磺胺药合用对球虫的抑制作用比 TMP 强。

【用途】常以 1∶5 比例与 SQ 等合用。含 DVD 的复方制剂主要用于防治禽、兔球虫病及畜禽肠道感染等。DVD 单独应用时也具有防治球虫的作用。

【用法用量】（1）复方二甲氧苄啶片，内服：每 1kg 体重家禽 1 片。（2）磺胺对甲氧嘧啶、二甲氧苄啶预混剂混饲：每 1 000kg 饲料禽 1 000g。（3）磺胺喹啉、二甲氧苄啶预混剂混饲：每 1 000kg 饲料，禽 100g（以磺胺喹啉计），连续喂 3～5d。蛋鸡产蛋期禁用；肉鸡宰前 10d 停止给药。

第二节 喹诺酮类药物

一、喹诺酮类药物简介

（一）药物简介

喹诺酮类药物（又称吡酮酸类或吡啶酮酸类药物），是人工合成的含 4-喹诺酮基本结构，对细菌 DNA 螺旋酶具有选择性抑制作用的抗菌药物。1962 年首先应用于临床的第一代喹诺酮类是萘啶酸；第二代的代表药物是 1974 年合成的吡哌酸和动物专用的氟甲喹；1978 年合成了第三代的第一个药物诺氟沙星，由于它具有 6-氟-7-哌嗪-4-诺酮环结构，又名为氟喹诺酮类药物。近 30 年来，这类药物的研究进展十分迅速，临床常用的已有十几种。中国批准在兽医临床应用的有：诺氟沙星（氟哌酸）、培氟沙星（甲氟哌酸）、氧氟沙星（氟嗪酸）、环丙沙星（环丙氟哌酸）、洛美沙星、恩诺沙星（乙基环丙氟哌酸）、达氟沙星（单诺沙星）、二氟沙星（双氟哌酸）、沙拉沙星等，其中后面 4 种为动物专用的氟喹诺酮类药物。国外上市的动物专用药还有麻保沙星、奥比沙星等。

（二）药理作用

氟喹诺酮类为广谱杀菌性药物。对革兰氏阳性菌、阴性菌、支原体、某些厌氧菌均有效。例如对大肠杆菌、沙门氏菌、巴氏杆菌、克雷白杆菌、变形杆菌、绿脓杆菌、嗜血杆菌、波氏杆菌、丹毒杆菌、金葡菌、链球菌、化脓棒状杆菌、支原体等均敏感。对耐甲氧苯青霉素的金葡菌、耐磺胺类 + TMP 的细菌、耐庆大霉素的绿脓杆菌、耐泰乐菌素或泰妙菌素的支原体也有效。

本类药物理想杀菌浓度为 0.1～10μg/ml，在较高浓度下杀菌效果降低。此外，氟喹诺酮类对许多细菌（金葡菌、链球菌、大肠杆菌、克雷白杆菌、绿脓杆菌等）能产生抗菌后效应作用，一般可维持几个小时。

（三）作用机制

氟喹诺酮类的抗菌作用机理是抑制细菌脱氧核糖核酸（DNA）回旋酶，干扰 DNA 复制使细菌死亡。DNA 回旋酶是由 2 个 A 亚单位及 2 个 B 亚单位组成，能将染色体正超螺旋的一条单链切开、移位、封闭，形成负超螺旋结构。氟喹诺酮类可与 DNA 和 DNA 回旋酶形成复合物，进而抑制 A 亚单位，只有少数药物还作用于 B 亚单位，结果不能形成负超螺旋结构，阻断 DNA 复制，导致细菌死亡。由于细菌细胞的 DNA 呈裸露状态（原核细胞），而畜禽细胞的 DNA 呈包被状态（真核细胞），故这类药物易进入菌体直接与 DNA 相接触而呈选择性作用。动物细胞内有与细菌 DNA 回旋酶功能相似的酶，称为拓扑异构酶Ⅱ，治疗量的氟喹诺酮类对此酶无明显影响。但应该注意的是，利福平（RNA 合成抑制剂）、氯霉素（蛋白质合成抑制剂）均可导致氟喹诺酮类药物作用的降低，例如可使诺氟沙星的作用完全消失及氧氟沙星和环丙沙星的作用部分抵消。原因是这些抑制剂抑制了核酸外切酶的合成。因此，氟喹诺酮类药物不应与利福平、氯霉素等 DNA、RNA 及蛋白质合成抑制剂联合应用。

（四）耐药产生机理

随着氟喹诺酮类的广泛应用，耐药菌株逐渐增加。细菌产生耐药性的机理主要是由于 DNA 回旋酶 A 亚单位多肽编码基因的突变，使药物失去作用靶点；此外，药物尚可引起细菌孔道蛋白改变，阻碍药物进入菌体内，还能通过排出系统将药物排出。至于是否存在质粒介导的耐药性，尚无定论。由于氟喹诺酮类药物的作用机理不同于其他抗生素或合成抗菌药，因此与许多药物间无交叉耐药现象。临床分离的耐药菌株对氟喹诺酮类药物仍常显现敏感，尤其是对多重耐药的肠杆菌科细菌，本类药物仍具有高度抗菌活性。但要注意，本类药物之间存在交叉耐药性。

【不良反应】本类药物毒副作用小，安全范围较大。主要的不良反应有：①对负重关节的软骨组织生长有不良影响，禁用于幼龄动物（尤其是犬和马属动物）和孕畜；②在尿中可形成结晶，损伤尿道，尤其是使用剂量过大或动物饮水不足时更易发生；③胃肠道反应，剂量过大，导致动物食欲下降或废绝，饮欲增加，腹泻等；④中枢神经反应，犬中毒时兴奋不安，鸡中毒时先兴奋、后呆滞或昏迷死亡；⑤肝细胞损害，给雏鸡高浓度混饮或长时间混饲，易导致肝细胞变性或坏死，以环丙沙星尤为明显。

二、常用药物

恩诺沙星（乙基环丙沙星、恩氟沙星）

【理化特性】本品是动物专用药物。为类白色结晶性粉末。无臭，味苦。在水或乙醇中极微溶解，在醋酸、盐酸或氢氧化钠溶液中易溶。其盐酸盐及乳酸盐均易溶于水。

【体内过程】内服和肌肉注射的吸收迅速和完全，0.5～2h 血药浓度达高峰。内服生物利用度：鸽子 92%，鸡 62.2%～84%，火鸡 58%，兔 61%，犬、猪、未反刍犊牛 100%，成年牛 10%。肌肉注射的生物利用度：鸽子 87%，兔 92%，猪 91.9%，奶牛 82%，马 27%，骆驼 92%。血清蛋白结合率为 20%～40%。在动物体内分布很广泛。静脉注射的半衰期为鸽子 3.8h，鸡 5.26～10.3h，火鸡 4.1h，兔 2.2～2.5h，犬 2.4h，猪 3.45h，牛 1.7～2.3h，马 4.4h，骆驼 3.6h。肌肉注射的半衰期为猪 4.06h，奶牛 5.9h，马 9.9h，骆驼 6.4h。内服的半衰期为鸡 9.14～14.2h，猪 6.93h。畜禽应用恩诺沙星后，除中枢神经系统外，几乎所有组织的药物浓度都高于血浆，这有利于全身感染和深部组织感染的治疗。通过肾和非肾代谢方式进行消除，约 15%～50% 的药物以原型通过尿排泄（肾小管分泌和肾小球的滤过作用）。恩诺沙星在动物体内的代谢主要是脱去乙基而成为环丙沙星。

【作用应用】本品为广谱杀菌药，对支原体有特效。对大肠杆菌、克雷白杆菌、沙门氏菌、变形杆菌、绿脓杆菌、嗜血杆菌、多杀性巴氏杆菌、溶血性巴氏杆菌、副溶血性弧菌、金葡菌、链球菌、化脓棒状杆菌、丹毒杆菌等的最小抑菌浓度的平均值为 0.008～

0.75μg/ml，对禽败血支原体、滑液囊支原体、衣阿华支原体和火鸡支原体的 MIC 为 0.01～1μg/ml。其抗支原体的效力比泰乐菌素和泰妙菌素强。对泰乐菌素、泰妙菌素耐药的支原体，本品亦有效。

兽医临床主要用于以下方面。

(1) 牛　犊牛大肠杆菌性腹泻、大肠杆菌性败血症、溶血性巴氏杆菌、牛支原体引起的呼吸道感染、舍饲牛的斑疹伤寒、犊牛鼠伤寒沙门氏菌感染及急性、隐性乳腺炎等。由于成年牛内服给药生物利用度低，需采用注射给药。

(2) 猪　链球菌病、仔猪黄痢和白痢、大肠杆菌性肠毒血症（水肿病）、沙门氏菌病、传染性胸膜肺炎、乳腺炎-子宫炎-无乳综合征、支原体性肺炎等。

(3) 家禽　各种支原体感染（败血支原体、滑液囊支原体、火鸡支原体和衣阿华支原体）；大肠杆菌、鼠伤寒沙门氏菌和副鸡嗜血杆菌感染；鸡白痢沙门氏菌、亚利桑那沙门氏菌、多杀性巴氏杆菌、丹毒杆菌、葡萄球菌、链球菌感染。

(4) 犬、猫　皮肤、消化道、呼吸道及泌尿生殖系统等由细菌或支原体引起的感染，如犬的外耳炎、化脓性皮炎、克雷白杆菌引起的感染和生殖道感染。

【用法用量】 内服：一次量，每 1kg 体重，反刍前犊牛、猪、犬、猫、兔 2.5～5mg；禽 5～7.5mg，2 次/d，连用 3～5d；混饮：每 1L 饮水，禽 50～75mg；肌肉注射：一次量，每 1kg 体重，牛、羊、猪 2.5mg；犬、猫、兔 2.5～5mg，1～2 次/d，连用 2～3d。

【制剂规格】 恩诺沙星片（1）2.5mg（2）5mg；恩诺沙星溶液（1）100ml：2.5g（2）100ml：5g（3）100ml：10g；恩诺沙星可溶性粉（1）100g：2.5g（2）100g：5g；恩诺沙星注射液（1）10ml：0.05g（2）10ml：0.25g（3）5ml：0.25g（4）10ml：0.5g（5）100ml：5g。

诺氟沙星（氟哌酸）

【理化特性】 为类白色至淡黄色结晶性粉末。无臭，味微苦。在水或乙醇中极微溶，在醋酸、盐酸或氢氧化钠溶液中易溶。其烟酸盐、盐酸盐及乳酸盐均易溶于水。

【体内过程】 本品内服及肌肉注射吸收均较迅速，1～2h 达到血药峰浓度，但吸收不完全。内服给药的生物利用度：鸡 57%～61%，犬 35%。肌肉注射的生物利用度：鸡 69%，猪 52%。血浆蛋白结合率低，约 10%～15%。在动物体内分布广泛。内服剂量的 1/3 经尿排出，其中 80% 为原型药物。半衰期长，在鸡、兔和犬体内分别是 3.7～12.1h、8.8h 及 6.3h。有效血药浓度维持时间较长。

【作用应用】 本品为广谱杀菌药。对革兰氏阴性菌如大肠杆菌、沙门氏菌、巴氏杆菌及绿脓杆菌的作用较强；对革兰氏阳性菌有效；对支原体亦有一定的作用；对大多数厌氧菌不敏感。诺氟沙星主要用于敏感菌引起的消化系统、呼吸系统、泌尿道感染和支原体病等的治疗。

【用法用量】 混饮，每 1L 饮水，禽 100mg。内服：一次量，每 1kg 体重，猪、犬 10～20mg，1～2 次/d。肌肉注射：一次量，每 1kg 体重，猪 10mg，2 次/d。

【制剂规格】 烟酸诺氟沙星溶液 100ml：2g；烟酸诺氟沙星可溶性粉 100g：5g；烟酸诺氟沙星注射液 100ml：2g；乳酸诺氟沙星可溶性粉 100g：5g。

环丙沙星（环丙氟哌酸）

【理化特性】 用其盐酸盐和乳酸盐，为淡黄色结晶性粉末。易溶于水。

【体内过程】 内服、肌肉注射吸收迅速，生物利用度种属间差异大。内服的生物利用度为鸡70%，猪37.3%～51.6%，反刍犊牛53.0%，马6.8%。肌肉注射的生物利用度为猪78%，绵羊49%，马98%。血药浓度的达峰时间为1～3h。在动物体内的分布广泛。静脉注射的半衰期是：马4.85h，犊牛2.44h，绵羊1.25h，山羊1.46h，猪3.06h，犬2.56h，兔1.63h，鸡9.01h。内服的半衰期是犊牛8.0h，猪3.32h，犬4.65h。主要通过肾脏排泄，猪和犊牛从尿中排出的原型药物分别为给药剂量的47.3%及45.6%。血浆蛋白结合率猪为23.6%，牛为70.0%。

【作用应用】 本品属广谱杀菌药。对革兰氏阴性菌的抗菌活性是目前兽医临床应用的氟喹诺酮类中最强的一种；对革兰氏阳性菌的作用也较强。此外，对支原体厌氧菌、绿脓杆菌亦有较强的抗菌作用。用于全身各系统的感染，对消化道、呼吸道、泌尿生殖道、皮肤软组织感染及支原体感染等均有良效。

【用法用量】 内服：一次量，每1kg体重，猪、犬5～15mg，2次/d。混饮：每1L饮水，禽25～50mg。肌肉注射：一次量，每1kg体重，家畜2.5mg；家禽5mg。2次/d。

【制剂规格】 盐酸环丙沙星可溶性粉100g：2g；盐酸环丙沙星注射液10ml：200mg；乳酸环丙沙星注射液（1）10ml：0.05g（2）10ml：0.2g。

达氟沙星（单诺沙星）

【理化特性】 本品是动物专用药物。用其甲磺酸盐，为白色至淡黄色结晶性粉末。无臭，味苦。在水中易溶，在甲醇中微溶。

【体内过程】 其特点是在肺组织的药物浓度可达血浆的5～7倍。内服、肌肉注射和皮下注射的吸收较迅速和完全。鸡内服的生物利用度100%，半衰期6～7h。犊牛皮下注射及肌肉注射的生物利用度分别是72%～94%和78%～100%，血药浓度的达峰时间分别是1.0～1.1h和0.7～1.0h，静脉注射、皮下注射及肌肉注射的半衰期分别是2.9h、2.9h和4.3h。猪内服和肌肉注射的生物利用度分别是89%及76%，血药浓度的达峰时间分别是3.3h、0.8h；静脉注射、肌肉注射和内服的半衰期分别是8.0h、6.8h及9.8h。本品主要通过肾脏排泄，猪及犊牛肌肉注射后尿中排泄的原型药物分别为剂量的43%～51%及38%～43%。

【作用应用】 本品为广谱杀菌药。对牛溶血性巴氏杆菌、多杀性巴氏杆菌、支原体，猪胸膜肺炎放线杆菌、猪肺炎支原体，鸡大肠杆菌、多杀性巴氏杆菌、败血支原体等均有较强的抗菌活性。主要用于牛巴氏杆菌病、肺炎；猪传染性胸膜肺炎、支原体性肺炎；禽大肠杆菌病、禽霍乱、慢性呼吸道病等。

【用法用量】 内服：一次量，每1kg体重，鸡2.5～5mg，1次/d。混饮：每1L饮水，鸡25～50mg。肌肉注射：一次量，每1kg体重，牛、猪1.25～2.5mg，1次/d。

【制剂规格】 甲磺酸达氟沙星粉（1）50g：1g（2）100g：2g（3）100g：2.5g；甲磺酸达氟沙星注射液（1）5ml：50mg（2）5ml：125mg（3）10ml：100mg。

第三节　喹啉类药物概述

本类的药物为合成抗菌药，均属喹啉-N-1，4-二氧化物的衍生物，主要有卡巴多司（卡巴氧）、乙酰甲喹和喹乙醇，卡巴多司主要用作生长促进剂，后来发现本品有致突变作用，许多国家现已禁用。

乙酰甲喹（痢菌净）

【理化特性】乙酰甲喹（痢菌净）是国内合成的卡巴氧类似物。为鲜黄色结晶或黄色粉末。无臭，味微苦。在水、甲醇中微溶。

【体内过程】内服和肌肉注射给药均易吸收，猪肌肉注射后约10min即可分布于全身各组织，体内消除快，半衰期约2h，给药后8h血液中已测不到药物。在体内破坏少，约75%以原药从尿中排出，故尿中浓度高。

【作用应用】具有广谱抗菌作用，对革兰氏阴性菌的作用强于革兰氏阳性菌，对猪痢疾密螺旋体的作用尤为突出。对大肠杆菌、巴氏杆菌、猪霍乱沙门氏菌、鼠伤寒沙门氏菌、变形杆菌的作用较强；对某些革兰氏阳性菌如金黄色葡萄球菌、链球菌亦有抑制作用。其抗菌机理是抑制DNA合成。

经临床证实，为治疗猪痢疾的首选药。此外，对仔猪黄痢、白痢，犊牛副伤寒、鸡白痢、禽大肠杆菌病等有较好的疗效。不能用作生长促进剂。

【不良反应】本品的毒性较小，治疗量对鸡、猪无不良影响。若用药量高于治疗量的3~5倍或长时间应用，可致中毒。家禽尤为敏感。

【用法用量】内服：一次量，每1kg体重，猪、牛、鸡5~10mg，2次/d，连用3d。肌肉注射：一次量，每1kg体重，牛、猪2.5~5mg，2次/d，连用3d。

【制剂】乙酰甲喹片，乙酰甲喹注射剂。

第四节　硝基咪唑类药物

硝基咪唑类是指一组具有抗原虫和抗菌活性的药物，同时亦具有很强的抗厌氧菌的作用。包括甲硝唑、地美硝唑、氯甲硝唑、硝唑吗啉和氟硝唑等。在兽医临床常用的为甲硝唑、地美硝唑。

甲硝唑（灭滴灵、甲硝咪唑）

【理化特性】为白色或微黄色的结晶或结晶性粉末。在乙醇中略溶，在水中微溶。

【体内过程】本品内服吸收迅速，但程度不一致，其生物利用度为60%~100%。在1~2h达血药峰浓度。能广泛分布全身组织，进入血脑屏障，在脓肿部位可达有效浓度。血浆蛋白结合率低于20%。在体内生物转化后，其代谢物及原型药自肾脏与胆汁排出。犬、马的半衰期为4.5h和1.5~3.3h。

【药理作用】本品对大多数专性厌氧菌具有较强的作用，包括拟杆菌属、梭状芽孢杆菌属、产气荚膜梭菌、粪链球菌等；此外，还有抗滴虫和阿米巴原虫的作用。本品的硝基，在无氧环境中还原成氨基而显示抗厌氧菌作用，对需氧菌或兼性厌氧菌则无效。

【应用】主要用于外科手术厌氧菌感染；肠道和全身的厌氧菌感染；本品易进入中枢神经系统，故为防止脑部厌氧菌感染的首选药物。亦可用于治疗阿米巴痢疾、牛毛滴虫病、犬贾第虫病、肠道原虫病等。

【注意事项】剂量过大时，可出现以震颤、抽搐、共济失调、惊厥等为特征的神经系统紊乱症状。本品可能对动物有致癌作用，对细胞有致突变作用，不宜用于孕畜。

【用法用量】甲硝唑片，内服：一次量，每1kg体重，牛60mg；犬25mg。1~2次/d。

混饮：每1L水，禽500mg。连用7d。静脉滴注：每1kg体重，牛10mg，1次/d，连用3d。外用：配制成5%软膏涂敷，配成1%溶液冲洗尿道。

【制剂规格】甲硝唑片；甲硝唑注射液。

地美硝唑（二甲硝唑、二甲硝咪唑）

【理化特性】为类白色或微黄色粉末。在乙醇中溶解，在水中微溶。

【作用应用】本品具有广谱抗菌和抗原虫作用。不仅能抗厌氧菌、大肠弧菌、链球菌、葡萄球菌和密螺旋体，且能抗组织滴虫、纤毛虫、阿米巴原虫等。用于猪密螺旋体性痢疾、鸡组织滴虫病、肠道和全身的厌氧菌感染。

【注意事项】鸡对本品较为敏感，大剂量可引起平衡失调，肝肾功能损害。产蛋鸡禁用。

【用法用量】混饲，每1 000kg饲料，猪200～500g；鸡80～500g。蛋鸡产蛋期禁用。连续用药，鸡不得超过10d；猪、肉鸡宰前3d停止给药。

【制剂规格】地美硝唑预混剂。

第五节　抗真菌药物

真菌种类很多，可引起动物不同的感染，根据感染部位可分为两类：一为浅表真菌感染，如皮肤、羽毛、趾甲、鸡冠、肉髯等，引起多种癣病，有的人、畜之间可以互相传染；二为深部真菌感染，主要侵犯机体的深部组织及内脏器官，如念珠菌病、犊牛真菌性肠炎、牛真菌性子宫炎和雏鸡霉菌性肺炎等。兽医临床应用的抗真菌药有两性霉素B、灰黄霉素、酮康唑、伊曲康唑、氟康唑、制霉菌素及克霉唑等。

一、全身性抗真菌药

酮康唑

属咪唑类合成全身抗真菌药。

【体内过程】内服易吸收，但个体间变化很大，犬内服的生物利用度为4%～89%。达峰时间为1～4h，吸收后分布于胆汁、唾液、尿、滑液囊和脑脊液，在脑脊液的浓度少于血液的10%，血浆蛋白结合率为84%～99%，犬的半衰期平均为2.7h（1～6h）。只有2%～4%的药物以原型从尿中排泄。胆汁排泄超过80%；有约20%的代谢物从尿中排出。

【作用应用】本品为广谱抗真菌药，对全身及浅表真菌均有抗菌活性。一般浓度对真菌有抑制作用，高浓度对敏感真菌有杀灭作用。对芽生菌病、球孢子菌、隐球菌、组织胞浆菌、小孢子菌和毛癣菌等真菌有抑制作用；对曲霉菌、孢子丝菌作用弱；对白色念珠球菌无效。

其作用机理是能选择性地抑制真菌微粒体细胞色素P-450依赖性的14-α-去甲基酶，导致不能合成细胞膜麦角固醇，使14-α-甲基固醇蓄积。这些甲基固醇干扰磷脂酰化偶联，损害某些膜结合的酶系统功能，如ATP酶和电子传递系统酶，从而抑制真菌生长。

用于治疗球孢子菌病、组织胞浆菌病、隐球菌病、芽生菌病；亦可防治皮肤真菌病等。

【用法用量】内服：一次量，每1kg体重，家畜5～10mg，1～2次/d；犬5～20mg，2

次/d。

【制剂】酮康唑片；酮康唑胶囊。

二、浅表应用的抗真菌药

灰黄霉素

【药动学】本品内服易吸收，其生物利用度与颗粒大小有关，直径2.7μm的灰黄霉素微细颗粒的生物利用度为10μm的2倍。单胃动物内服后4~6h血药达峰浓度。吸收后广泛分布于全身各组织，以皮肤、毛发、爪、甲、肝、脂肪和肌肉中含量最高。进入体内的灰黄霉素在肝内被代谢为5-二甲基灰黄霉素及其葡萄糖醛酸的结合物，经肾脏排出。少数原型药物直接经尿和乳汁排出，未被吸收的灰黄霉素随粪便排出。

【作用应用】灰黄霉素系内服的抑制真菌药，对各种皮肤真菌药（小孢子菌、表皮癣菌和毛发癣菌）有强大的抑菌作用，对其他真菌无效。

主要用于小孢子菌、毛癣菌及表皮癣菌引起的各种皮肤真菌病，如犊牛、马属动物、犬的毛癣。应用时要注意本品无直接杀真菌作用，只能保护新生细胞不受侵害，因此，必须连续用药至感染的角质层完全为健康组织所替代为止。

【不良反应】有致癌和致畸作用，禁用于怀孕动物，尤其是母马及母猫。有些国家已将其淘汰。

【用法用量】内服：一次量，每1kg体重，马、牛5~10mg；犬12.5~25mg；连用3~6周（如果需要，疗程可以更长）。

【制剂】灰黄霉素。

制霉菌素

【作用应用】本品毒性更大，不宜用于全身感染。内服几乎不吸收，多数随粪便排出。内服给药治疗胃肠道真菌感染，如犊牛真菌性胃炎、禽曲霉菌病、禽念珠菌病；局部应用治疗皮肤、黏膜的真菌感染，如念珠菌病、曲霉菌所致乳腺炎、子宫内膜炎等。

【用法用量】制霉菌素片，内服：一次量，马、牛250万~500万U；羊、猪50万~100万U；犬5万~15万U。2~3次/d。家禽鹅口疮（白色念珠菌病），每1kg饲料，50万~100万U，混饲连喂1~3周。雏鸡曲霉菌病，每100羽50万U，2次/d，连用2~4d。乳管内注入：马、牛150万~200万U。

【制剂】制霉菌素片；制霉菌素混悬液。

克霉唑

【作用应用】对浅表真菌的作用与灰黄霉素相似，对深部真菌作用较两性霉素B差。主要用于体表真菌病，如耳真菌感染和毛癣。

【用法用量】内服：一次量，马、牛5~10g；驹、犊、猪、羊1~1.5g，2次/d。混饲：每100只雏鸡1g。外用：1%或3%软膏。

【制剂】克霉唑片，克霉唑软膏。

[附] **抗病毒药应用现状**

病毒感染的发病率和传播速度均超过其他病原体所引起的疾病，严重危害畜禽的健康和生命，影响畜禽生产。目前，畜禽病毒病在中国主要是靠疫苗预防，在20世纪90年代，抗病毒药中的金刚烷胺、吗啉胍、利巴韦林与干扰素等试用于兽医临床，但由于长期使用金刚烷胺、利巴韦林等抗病毒药物防治禽流感及其他病毒病，病毒易产生变异毒株，不利于疾病防控，甚至威胁人类健康，《农业部第560号公告》明确规定：禁止使用金刚烷胺、金刚乙胺、阿昔洛韦、吗啉胍、利巴韦林及其盐等及其他制剂。目前许多中草药，如穿心莲、板蓝根、大青叶、金银花、地丁、黄芩、紫草、贯众、大黄、茵陈、虎杖等的单方和复方也试用于某些病毒感染性疾病的防治，但是由于缺乏较正规和系统的研究资料，对抗病毒药物的作用、用途、用法与用量等难以作出全面的介绍和评价，目前进入国家标准的抗病毒中药尚未出现。

第六节 抗微生物药的合理使用

抗微生物药是目前兽医临床使用最广泛和最重要的抗感染药物，对控制畜禽的传染性疾病起着巨大的作用，解决了不少畜牧业生产中存在的问题。但目前不合理使用尤其是滥用的现象较为严重，不仅造成药品的浪费，而且导致畜禽不良反应增多、细菌耐药性的产生和兽药残留等，给兽医工作、公共卫生及人民健康带来不良的后果。耐药菌株的增加，药物选用不当，剂量与疗程的不足，不恰当的联合用药，以及忽视药物的药动学因素对药效学的影响等，往往导致抗菌药物临床治疗的失败。为了充分发挥抗菌药物的疗效，降低药物的不良反应，减少细菌耐药性的产生，提高药物治疗水平，必须切实合理使用抗菌药物。

1. 严格掌握适应症

正确诊断是选择药物的前提，有了确切的诊断，方可了解其致病菌，从而选择对病原菌高度敏感的药物。但细菌学的诊断针对性更强，细菌的药敏试验及联合药敏试验与临床疗效的符合率约为70%～80%。如有条件，可作细菌学的分离鉴定来选用抗菌药。应尽力避免无指征或指征不强而使用抗菌药，因为目前多数抗菌药对病毒和真菌无作用，但合并细菌性感染者除外。应根据致病菌及其引起的感染性疾病的确诊，选择作用强、疗效好，不良反应少的药物。

2. 掌握药动学特征，制定合理的给药方案

抗菌药在机体内要发挥杀灭或抑制病原菌的作用，必须在靶组织或器官内达到有效的浓度，并能维持一定的时间。因此，必须有合适的剂量、间隔时间及疗程。疗程应充足，一般的感染性疾病可连续用药3～4d，症状消失后，再巩固1～2d，以防复发，磺胺类药的疗程要更长一些。兽医临床药理学中通常是以有效血药浓度作为衡量剂量是否适宜的指标，有效血药浓度应至少大于最小抑菌浓度（MIC），临床试验表明，血药浓度应大于MIC值的3～5倍，可取得较好的治疗效果。同时，血中有效浓度维持时间受药物在体内的吸收、分布、代谢和排泄的影响。因此，应在考虑各药的药动学、药效学特征的基础上，结合畜禽的病情、体况，制定合理的给药方案，包括药物品种、给药途径、剂量、间隔时间及疗程等。例如，对动物的细菌性或支原体性肺炎的治疗，除选择对致病菌敏感的药物外，还应考虑能在肺组织中达到有效浓度的药物，如恩洛沙星、达氟沙星等氟喹诺酮类、四环素类及大环内酯类；细菌性的脑部感染首选磺胺嘧啶，因为该药在脑脊液中的浓度高。合适的给药途径是药物取得疗效的保证。一般来说，危重病例应以肌肉注射或静脉给药，消化道感染以内服为主，严重消化道感染与并发败血症、菌血症应内服，并配合注射给药。此外，兽医临床药理学提倡按药物动力学参数制定给药方案，特别是对使用毒性较大，用药时间较长的药物，最好能通过血药浓度监测，作为用药的参考，以保证药物的疗效，减少不良反应的发生。

3. 避免耐药性的产生

随着抗菌药物的广泛应用，细菌耐药性的问题也日益严重，其中以金黄色葡萄球菌、大肠杆菌、绿脓杆菌、痢疾杆菌及结核杆菌最易产生耐药性。为了防止耐药菌株的产生，应注意以下几点：①严格掌握适应症，不滥用抗菌药物，不是必须要用的尽量不用，单一抗菌药物有效的就不采用联合用药；②严格掌握用药指征，剂量要够，疗程要恰当；③尽可能避免局部用药，并杜绝不必要的预防应用；④病因不明者，不要轻易使用抗菌药；⑤发现耐药菌株感染，应改用对病原菌敏感的药物或采用联合用药；⑥尽量减少长期用药。

4. 防止药物的不良反应

在应用抗菌药治疗畜禽疾病的过程中，除密切注意药效外，同时要注意可能出现的不良反应。对有肝功能或肾功能不全的病例，易引起由肝脏代谢或肾脏消除的药物蓄积，产生不良反应。对于这样的病畜，应调整给药剂量或延长给药间隔时间，以尽量避免药物的蓄积性中毒。动物机体的机能状态不同，对药物的反应亦有差异。营养不良、体质衰弱或孕畜对药物的敏感性较高，容易产生不良反应。新生仔畜或幼龄动物，由于肝脏酶系发育不全，血浆蛋白结合率和肾小球滤过率较低，血脑屏障机能尚未完全形成，对药物的敏感性较高。与成年动物比较，药动学参数有较大的差异。此外，随着畜牧业的高度集约化，不可避免地大量使用抗菌药物防治疾病，随之而来的是动物性食品（肉、蛋、奶）中抗菌药物的残留问题日益严重；另外，各种畜禽和动物的大量粪、尿或其他排泄物向周围环境排放，抗菌药又成为环境的污染物，给生态环境带来许多不良影响。

5. 抗菌药物的联合使用

联合应用抗菌药的目的主要在于扩大抗菌谱、增强疗效、减少用量、降低或避免毒副作用，减少或延缓耐药菌株的产生。

联合用药必须有明确的指征：①用一种药物不能控制的严重感染或混合感染，如败血症、慢性尿道感染、腹膜炎、创伤感染、鸡支原体-大肠杆菌混合感染、牛支原体-巴氏杆菌混合感染；②病因未明而又危及生命的严重感染，先进行联合用药，待确诊后，再调整用药；③容易出现耐药性的细菌感染，如慢性乳腺炎、结核病；④需长期治疗的慢性疾病，为防止耐药菌的出现，可考虑联合用药。

在兽医临床联合应用取得成功的实例有不少，如磺胺药与抗菌增效剂TMP或DVD合用，使细菌的叶酸代谢双重阻断，抗菌作用增强，抗菌范围也有扩大；青霉素与链霉素合用，青霉素使细菌细胞壁合成受阻，合用链霉素，易进入细胞而发挥作用，同时扩大抗菌谱；阿莫西林与克拉维酸合用，能有效地治疗由产生β-内酰胺酶的致病菌引起的感染；林可霉素与大观霉素合用；泰妙菌素与金霉素合用等。

为了获得联合用药的协同作用，必须根据抗菌药的作用和机理进行选择，防止盲目组合。目前，一般将抗菌药分为四大类：Ⅰ类为繁殖期或速效杀菌剂，如青霉素类、头孢菌素类；Ⅱ类为静止期或慢效杀菌剂，如氨基糖苷类、多黏菌素类（对静止期或繁殖期细菌具有杀菌活性）；Ⅲ类为速效抑菌剂，如四环素类、氯霉素、大环内酯类；Ⅳ类为慢效抑菌剂，如磺胺类等。Ⅰ类与Ⅱ类合用一般可获得增强作用，如青霉素和链霉素合用，前者破坏细菌细胞壁的完整性，有利于后者进入菌体内发挥作用。Ⅰ类与Ⅲ类合用出现颉颃作用。例如，青霉素＋氯霉素或四环素类合用出现颉颃，在四环素的作用下，细菌蛋白合成迅速抑制，细菌停止生长繁殖，使青霉素的作用减弱。Ⅰ类与Ⅳ类合用，可能无明显影响，但在治疗脑膜炎时，合用可提高疗效，如青霉素与SD合用。其他类合用多出现相加或无关作用。还应注意，作用机理相同的同一类药物的疗效并不增强，而可能相互增加毒性，如氨基糖苷类之间合用能增加对第八对脑神经的毒性；氯霉素、大环内酯类、林可霉素类，因作用机理相似，因竞争细菌同一靶位，有可能出现颉颃作用。此外，联合用药时应注意药物之间的理化性质、药动学和药效学之间的相互作用与配伍禁忌。

复习思考题

1. 磺胺类分几类？各类中有哪些常用的磺胺药？

2. 为什么磺胺与抗菌增效剂配伍应用可以增强疗效？

3. 举出至少15种可用于鸡慢性呼吸道感染的治疗药物。

4. 针对不同原因的腹泻，根据你院（校）动物药房的现存药物，请分别举出10种可供治疗的药物名称，并说明从中挑选理想治疗药物的方法。

第五章

抗寄生虫药物

第一节　抗寄生虫药物简介

一、抗寄生虫药的定义及分类

1. 抗寄生虫药的定义

抗寄生虫药是指用来驱除或杀灭畜禽体内、外寄生虫的药物。

寄生虫病是目前危害人类和动物最严重的疾病之一。畜禽患有寄生虫病是一种普遍存在的现象。有些寄生虫病一旦流行可引起家禽大批死亡，慢性者可使幼畜生长发育受阻，肉、蛋、乳的产量与质量下降，以及影响皮毛的质量和役畜的使役能力。此外，某些寄生虫病属人兽共患病，直接威胁人类的生命和健康。因此畜禽寄生虫病不仅对畜牧业经济造成很大损失，而且对农业和公共卫生也有很大影响。合理选用抗寄生虫药是防治畜禽寄生虫病综合措施中的一个重要环节，对发展畜牧业和保护人类健康具有重要意义。

2. 抗寄生虫药的分类

抗寄生虫药根据其主要作用特点和寄生虫分类的不同，可分为抗蠕虫药、抗原虫药和杀虫药。

二、抗寄生虫药的作用机理

抗寄生虫药的种类繁多，化学结构与作用不同，其作用机理亦各不相同。此外，对某些寄生虫的生理生化系统尚未完全了解，故药物的作用机理也不完全清楚，大概可以归纳为如下几个方面。

1. 抑制虫体内的某些酶

许多抗蠕虫药能抑制虫体内酶的活性，使虫体的代谢过程发生障碍。如左旋咪唑、硝硫氰胺、硫双二氯酚等能抑制虫体内延胡索酸还原酶（琥珀酸脱氢酶）的活性，阻断延胡索酸还原为琥珀酸，阻断了ATP的产生，导致虫体缺乏能量而死亡。又如有机磷酸酯类能与胆碱酯酶结合，使该酶丧失水解乙酰胆碱的能力，使虫体内乙酰胆碱蓄积，引起虫体兴奋痉挛，最后麻痹死亡。

2. 干扰虫体的代谢

某些抗寄生虫药能直接干扰虫体内的物质代谢过程，如苯并咪唑类药物能抑制虫体微管蛋白的合成，影响酶的分泌，抑制虫体对葡萄糖的利用，导致虫体死亡；三氮脒能抑制DNA的合成，从而影响原虫的生长繁殖；氯硝柳胺能干扰虫体氧化磷酸化过程，影响ATP

的合成，使绦虫缺乏能量，头节脱离肠壁而排出体外。

3. 作用于虫体内的受体

某些抗寄生虫药作用于虫体内的受体，影响虫体内受体与递质的正常结合。如噻嘧啶等能与虫体的胆碱受体结合，产生与乙酰胆碱相似的作用，且其作用较乙酰胆碱强而持久，因此，引起虫体肌肉剧烈收缩，导致痉挛性麻痹。

4. 影响虫体内离子的平衡或转运

如聚醚类抗球虫药能与 Na^+、K^+、Ca^{2+} 等金属阳离子结合形成亲脂性复合物，使其自由穿过细胞膜，引起子孢子和裂殖子中的阳离子大量蓄积，导致水分过多地进入细胞，使细胞膨胀变形，细胞膜破裂致虫体死亡。

三、使用抗寄生虫药应注意的问题

抗寄生虫药除具有抗虫作用外，有些还对机体产生不同程度的毒副作用。为了保证抗寄生虫药在使用过程中安全有效，应正确认识药物、寄生虫和宿主的相互关系，遵守抗寄生虫药的使用原则。

1. 宿主畜禽的种属、年龄不同，对药物的反应也不同　如禽对敌百虫敏感；马对噻咪唑较敏感等。畜禽的个体差异、性别也会影响到抗寄生虫药的药效或不良反应的产生。体质强弱，遭受寄生虫侵袭程度与用药后的反应亦有关。同时，地区不同，寄生虫病种类不一，流行病学季节动态规律也不一致。根据这些特点适时应用抗寄生虫药，才能保证充分发挥药效，收到良好效果。

2. 寄生虫虫种很多，对不同宿主危害程度各异，且对药物的敏感性亦有差异　就广谱驱虫药来讲，也不是对所有寄生虫都有效。因此，对混合感染，为扩大驱虫范围，在选用广谱驱虫药的基础上，根据感染范围，几种药物配伍应用很有必要。寄生虫的不同发育阶段对药物的敏感性亦有差异，一般抗寄生虫药对成虫效果好，而对未成熟虫体效果差。为了达到防止传播，彻底驱虫的目的，可根据药物作用和虫体发育特点，间隔一定的时间进行二次或多次驱虫。但在反复或小剂量使用的情况下，有些虫体可产生耐药性。此时，轮换使用抗寄生虫药是避免产生耐药性的有效措施之一。

3. 药物药物的种类、剂型、给药途径、剂量等不同，产生的抗虫作用也不一样　另外，剂量大小、用药时间长短，与寄生虫产生耐药性也有关。

四、抗寄生虫药的使用原则和理想抗寄生虫药的条件

1. 抗寄生虫药的使用原则

（1）尽量选择广谱、高效、低毒、便于投药、价格便宜、无残留或少残留、不易产生耐药性的药物。

（2）必要时联合用药。

（3）准确地掌握剂量和给药时间。

（4）混饮投药前应禁饮，混饲前应禁食，药浴前应多饮水等。

（5）大规模用药时必须作安全试验，以确保安全。

（6）应用抗寄生虫药后，可在动物源食品中造成残留，威胁人体的健康和影响公共卫生。所以，应熟悉掌握抗寄生虫药物在食品动物体内的分布情况，遵守有关药物在动物组

织中的最高残留限量和休药期的规定。

2. 理想抗寄生虫药的条件

理想的抗寄生虫药应具备广谱、高效、低毒、便于投药、价格便宜、无残留、不易产生耐药性和具有适于群体给药的理化性质等条件。

第二节 抗蠕虫药

抗蠕虫药是指能杀灭或驱除畜禽寄生蠕虫的药物，又称驱虫药。根据寄生于动物体内蠕虫种类的不同，将抗蠕虫药分为驱线虫药、驱绦虫药、驱吸虫药和抗血吸虫药。

一、驱线虫药

家畜线虫病不仅种类多（占家畜蠕虫病一半以上），而且分布广，因此，几乎所有畜禽都有线虫感染，给畜牧业生产造成极大的经济损失。

近年来，驱线虫药发展迅速，中国已合成许多广谱、高效和安全的新型驱线虫药，根据其化学机构，大致可分为以下六类。

（1）有机磷酸酯类。如敌百虫、敌敌畏。

（2）咪唑并噻唑类。如左咪唑。

（3）苯并咪唑类。如噻苯咪唑、丙硫苯咪唑。

（4）四氢嘧啶类。如噻嘧啶、羟嘧啶。

（5）抗生素类。如伊维菌素、盐霉素。

（6）其他驱线虫药。如乙胺嗪、碘噻青胺。

（一）有机磷酸酯类

敌百虫

【理化特性】 为白色结晶粉或小粒。易溶于水，水溶液呈酸性反应，性质不稳定，使用前宜新鲜配制。敌百虫在碱性水溶液中易转化成敌敌畏而毒性增强。兽用敌百虫为敌百虫精制品。

【作用应用】 敌百虫驱虫范围广，内服或肌肉注射对消化道内的大多数线虫及少数吸虫有良好的效果。如蛔虫、血矛线虫、毛首线虫、食道口线虫、仰口线虫、圆形线虫、姜片吸虫等。也可用于马胃蝇蛆、羊鼻蝇蛆等。敌百虫杀灭体表及环境中外寄生虫的作用也很强。外用可杀死疥螨；对蚊、蝇、蚤、虱等昆虫有胃毒和接触毒；对钉螺、血吸虫卵和尾蚴也有显著的杀灭效果。敌百虫驱虫的机理是通过与虫体内胆碱酯酶结合，使酶失去活性，乙酰胆碱在虫体内蓄积，使虫体肌肉先兴奋、痉挛，随后麻痹死亡。

【注意事项】 敌百虫对哺乳动物的毒性较低，但由于安全范围小，应用过量容易引起中毒。家畜中毒是由于大量胆碱酯酶被抑制，使体内乙酰胆碱蓄积而出现胆碱能神经兴奋性增高的症状。主要表现腹痛、流涎、缩瞳、呼吸困难、肌痉挛、昏迷直至死亡。各种动物对敌百虫的敏感性不同，以猪、马较能耐受，羊次之，牛较敏感，宜慎用；家禽最敏感，不宜应用；幼畜较成年家畜感受性高。家畜敌百虫中毒呈现的症状及解毒原则详见解毒药。奶牛不宜使用，食用动物屠宰前休药 7d。

【制剂用法用量】 敌百虫片 0.3g、0.5g。内服：一次量，每 1kg 体重，牛 20～40mg，极量15g/头；马30～50mg，极量20g/匹；绵羊、猪80～100mg，极量5g/只（头）；山羊50～70mg，极量5g/只；犬75mg。

哈罗松（海罗松、哈洛克酮）

【作用应用】 主要驱除牛、羊真胃和小肠寄生线虫，对大肠寄生线虫作用极弱。也可作为马、牛、羊、猪、禽的驱虫药。该药是有机磷化合物中最安全的药物之一，除鹅外，对多数畜禽都很安全。但因在乳汁中有微量残留，乳牛及奶羊慎用；休药期7d。

【用法用量】 内服：一次量，每1kg体重，马50～70mg；牛40～44mg；羊35～50mg；猪50mg；禽50～100mg。

（二）咪唑并噻唑类

本类药物对畜禽主要消化道寄生线虫和肺线虫有效，驱虫范围较广，主要包括四咪唑（噻咪唑）和左旋咪唑。四咪唑为混旋体，左旋咪唑为左旋体，驱虫主要由左旋体发挥作用。

左旋咪唑（左咪唑、左噻咪唑）

【理化特性】 常用其盐酸盐或磷酸盐。为白色晶粉。易溶于水，在酸性水溶液中性质稳定，在碱性水溶液中易水解失效。

【作用应用】 左咪唑为广谱、高效、低毒驱虫药，对牛、羊主要消化道线虫和肺线虫有极佳的驱虫作用。虽对多数寄生虫幼虫的作用效果不明显，但对毛首线虫、肺线虫、古柏线虫幼虫仍有良好驱除作用。对苯并咪唑类耐药的捻转血矛线虫和蛇形毛圆线虫，应用左咪唑仍有高效。其驱虫机理是抑制虫体延胡索酸还原酶的活性，阻断延胡索酸还原为琥珀酸，干扰虫体糖代谢过程，致虫体内ATP生成减少，导致虫体麻痹。

本品除了具有驱虫活性外，还能明显提高免疫反应。对其免疫促进作用的机理尚不完全了解，它可恢复外周T淋巴细胞的细胞介导免疫功能，兴奋单核细胞的吞噬作用，对免疫功能受损的动物作用更明显。

在兽医临床上本品用作牛、羊、猪、犬、猫和禽的胃肠道线虫、肺线虫以及犬心丝虫和猪肾虫感染的治疗。其次也用于免疫功能低下动物的辅助治疗和提高疫苗的免疫效果。

【注意事项】 临床应用特别是注射给药，时有发生中毒死亡事故，因此，单胃动物除肺线虫宜选用注射给药外，一般宜内服给药。局部注射时，对组织有较强刺激性，尤以盐酸左咪唑为甚。本品对马的大多数寄生虫较不敏感，对马安全范围窄，容易引起中毒或死亡，一般不用于马。骆驼禁用。休药期：内服，牛2d，羊、猪3d；皮下注射，牛14d、羊28d。

【用法用量】 内服、皮下注射和肌肉注射：一次量，每1kg体重，牛、羊、猪7.5mg；犬、猫10mg；家禽25mg。

【制剂规格】 盐酸左旋咪唑片（1）25mg（2）50mg；盐酸左旋咪唑注射液（1）2ml：0.1g（2）5ml：0.25g（3）10ml：0.5g。

（三）苯并咪唑类

包括噻苯咪唑、甲苯咪唑、苯硫咪唑、康苯咪唑、丁苯咪唑、丙硫苯咪唑、丙氧苯咪唑、硫苯咪唑、砜苯咪唑、三氯苯咪唑、尼妥比明等。它们的作用基本相似，主要对线虫具有较强的驱杀作用，有的不仅对成虫，而且对幼虫也有效，有些还具有杀虫卵作用。但由于理化性质和药动学特征的差异，其作用也有不同，有些药物对绦虫、吸虫也有驱除效果，如阿苯达唑，而三氯苯达唑则主要作驱吸虫药。

阿苯达唑（丙硫苯咪唑、抗蠕敏）

【理化特性】白色或类白色粉末。无臭，无味。在水中不溶，在冰醋酸中溶解。

【作用应用】本品为广谱、高效、低毒的新型驱虫药。对动物肠道线虫、绦虫、多数吸虫等均有效，可同时驱除混合感染的多种寄生虫。其驱虫机理是能抑制虫体内延胡索酸还原酶的活性，影响虫体对葡萄糖的摄取和利用，ATP产生减少，使虫体内贮存的糖原耗竭，导致虫体肌肉麻痹而死亡。

（1）马　阿苯达唑对马的大型圆线虫如普通圆形线虫、无齿圆形线虫、马圆形线虫和多数小型圆形线虫的成虫及幼虫均有高效。

（2）牛、羊　对牛、羊消化道寄生的主要线虫的成虫及其幼虫均有较好的驱除作用；治疗剂量时，对牛、羊肝片形吸虫及莫尼茨绦虫亦有良好的作用。

（3）猪　对猪蛔虫、后圆线虫、食道口线虫、毛首线虫均有良好效果。

（4）犬　对犬蛔虫及犬钩虫、绦虫有特效。

（5）家禽　对鸡蛔虫成虫及未成熟虫体、鸡赖利绦虫成虫有较好效果，但对鸡异刺线虫、毛圆线虫作用很弱。对鹅剑带绦虫、裂口线虫、棘口吸虫有较好疗效。

【注意事项】马较敏感，不能连续给予大剂量；牛、羊妊娠45d内禁用；产奶期禁用。休药期牛27d，羊7d。

【用法用量】内服：一次量，每1kg体重，马5～10mg；牛、羊10～15mg；猪5～10mg；犬25～50mg；禽10～20mg。

【制剂规格】阿苯达唑片（1）25mg（2）50mg（3）0.2g（4）0.5g。

芬苯达唑（苯硫苯咪唑、硫苯咪唑）

【理化特性】白色或类白色粉末。无臭、无味。不溶于水，可溶于二甲亚砜和冰醋酸。

【作用应用】芬苯达唑不仅对胃肠道线虫成虫及幼虫有高度驱虫活性，而且对网尾线虫（肺线虫）、片形吸虫和绦虫亦有良好效果，还有极强的杀虫卵作用。

（1）羊　对羊血矛线虫、奥斯特线虫、毛圆线虫、古柏线虫、细颈线虫、仰口线虫、夏伯特线虫、食道口线虫、毛首线虫、网尾线虫的成虫及幼虫均有高效。对扩展莫尼茨绦虫、贝氏莫尼茨绦虫有良好驱除效果。对吸虫需用大剂量，如每1kg体重20mg，连用5d，对矛形双腔线吸虫有效率达100%，对肝片吸虫有高效。

（2）牛　对牛的驱虫谱大致与羊相似，对吸虫需用较高剂量，如每1kg体重7.5～10mg，连用6d，对肝片吸虫成虫及牛前后盘吸虫童虫均有良好效果。

（3）马　对马副蛔虫、马尖尾线虫的成虫及幼虫、胎生普氏线虫、普通圆形线虫、无齿圆线虫、马圆形线虫、小型圆形线虫均有优良效果。

（4）猪　对猪蛔虫、红色猪圆线虫、食道口线虫的成虫及幼虫有良好驱虫效果。按每1kg体重3mg，连用3d，对冠尾线虫（肾虫）亦有显著杀灭作用。

（5）犬、猫　犬内服：每1kg体重25mg，对犬钩虫、毛首线虫、蛔虫作用明显。每1kg体重50mg，连用14d，能杀灭移行期犬蛔虫幼虫；连用3d几乎能驱净绦虫。治疗量连用3d，对猫蛔虫、钩虫、绦虫均有高效。

【注意事项】奶牛用药后3d内牛奶禁止上市；山羊产奶期禁用；休药期，牛8d，羊6d，猪5d。

【用法用量】内服：一次量，每 1kg 体重，马、牛、羊、猪 5～7.5mg；犬、猫 25～50mg；禽 10～50mg。

【制剂规格】芬苯达唑片 0.1g；芬苯达唑粉 5%。

噻苯唑（噻苯达唑）

对大多数胃肠道线虫均有高效，对未成熟虫体也有较强的作用，对旋毛虫早期移行幼虫的作用与成虫相似，本品还能杀灭排泄物中虫卵及抑制虫卵发育。主要用于家畜胃肠道线虫病，对反刍动物和马的安全范围大，妊娠母羊对本品耐受性较差。内服：一次量，每 1kg 体重，家畜 50～100mg。休药期牛 3d，羊、猪 30d。

奥芬达唑（砜苯咪唑）

奥芬达唑是芬苯达唑在体内发挥驱虫作用的有效代谢产物，驱虫谱与芬苯达唑相同。内服容易吸收，其作用比芬苯达唑强 1 倍。但内服适口性极差，混饲给药时应注意防止因摄入量少而影响驱虫效果。禁用于妊娠早期母羊和产奶期牛、羊，休药期牛 11d，羊 21d。内服：一次量，每 1kg 体重，马 10mg；牛 5mg；羊 5～7.5mg；猪 3mg；犬 10mg。

（四）四氢嘧啶类

四氢嘧啶类药物为广谱驱线虫药。主要有噻嘧啶、甲噻嘧啶、羟嘧啶。该类药物适用于各种动物的大多数胃肠道寄生虫。

噻嘧啶（噻吩嘧啶）

【理化特性】常用双羟萘酸盐，即双羟萘酸噻嘧啶，为淡黄色粉末，无臭，无味。易溶于碱，极微溶于乙醇，几乎不溶于水。

【作用应用】对畜禽 10 多种消化道线虫有不同程度的驱虫效果，但对呼吸道线虫无效。对牛的驱虫谱与羊相似，但对未成熟虫体的效果较羊的寄生虫为差。另外，对鸡蛔虫、鹅裂口线虫、犬蛔虫、犬钩虫等均有良好驱除作用。由于难溶于水，内服吸收较少，能到达大肠末端，因此，对马、灵长类动物还能发挥良好的驱蛲虫作用。用于治疗动物消化道线虫病。

由于药物对动物有明显的烟碱样作用，极度虚弱的动物禁用。休药期猪 1d。

【用法用量】内服：一次量，每 1kg 体重，马 7.5～15mg；犬、猫 5～10mg。

【制剂规格】双羟萘酸噻嘧啶片 0.3g。

甲噻嘧啶（甲噻吩嘧啶、莫仑太尔）

【作用应用】驱虫谱与噻嘧啶近似，但作用较之更强，毒性更小。对牛、羊胃肠道线虫成虫及幼虫均有高效，但对幼虫作用较弱。猪蛔虫对本品最敏感。治疗量对食道口线虫、红色猪圆线虫的成虫及幼虫均有良好驱虫作用。

【注意事项】忌与含铜、碘的制剂配伍。食品动物休药期 14d。

【用法用量】一次量，每 1kg 体重，马、牛、羊、骆驼 10mg；猪 15mg；犬 5mg。

（五）阿维菌素类

阿维菌素类（AVMs）药物是由阿维链霉菌产生的一组新型大环内酯类抗寄生虫药，目前在这类药物中已商品化的有阿维菌素、伊维菌素、多拉菌素等。阿维菌素类药物由于其优异的驱虫活性和较高的安全性，被视为目前最优良、应用最广泛、销量最大的一类新型广谱、高效、安全和用量小的理想抗内外寄生虫药。

伊维菌素（艾佛菌素、灭虫丁）

【理化特性】为白色或淡黄色结晶性粉末。难溶于水，易溶于多数有机溶剂，性质稳定，但易受光线的影响而降解。

【作用应用】本品具有广谱、高效、用量小、低毒等优点，为新型大环内酯类驱虫药。对线虫、昆虫和螨均具有高效驱杀作用。

对马、牛、羊、猪、犬的消化道和呼吸道线虫及猪肾虫等均有良好效果；对马胃蝇和羊鼻蝇的各期幼虫以及牛和羊的疥螨、痒螨、毛虱、血虱和猪的疥螨、血虱等外寄生虫有极好的杀灭作用。本品内服、皮下注射，均能吸收完全。进入体内的伊维菌素能分布于大多数组织，包括皮肤。所以，给药后可驱除体内线虫和体表寄生虫。对左旋咪唑和甲苯咪唑等耐药虫株也有良好的效果。

驱虫机理是伊维菌素作为无脊椎动物的CL-通道激动剂，引起神经-肌肉突触后膜由谷氨酸控制的CL-通道开放，阻断运动神经末梢的冲动传导，使虫体出现麻痹直至死亡。同时，伊维菌素可增加外周神经抑制性神经递质γ-氨基丁酸（γ-GABA）的释放，GABA能作用于突触前神经末梢，减少兴奋性递质释放而引起抑制，虫体麻痹死亡。由于吸虫、绦虫缺少由谷氨酸控制的CL-通道和GABA神经递质，伊维菌素对其不产生驱虫作用。

【注意事项】伊维菌素的安全范围较大，应用过程很少出现不良反应，但是超剂量可引起中毒，无特效解毒药。肌肉注射后会产生严重的局部反应（马尤为显著，应慎用），一般采用皮下注射方法给药或内服。驱虫作用缓慢，对有些内寄生虫需数日到数周才能彻底杀灭。泌乳动物及母牛临产前1个月禁用。猪必须于治疗期满后休药5d。

【制剂用法用量】伊维菌素注射液（1）1ml：0.01g（2）2ml：0.02g（3）5ml：0.05g（4）50ml：0.5g（5）100ml：1g。皮下注射：一次量，每1kg体重，牛、羊0.2mg，猪0.3mg。休药期牛35d，羊21d，猪28d。伊维菌素预混剂100g：0.6g混饲：每日每1kg体重，猪0.1mg。连用7d。

阿维菌素（爱比菌素）

阿维菌素是阿维链霉菌发酵的天然产物，主要成分为阿维菌素B_1。兽用阿维菌素系由中国首先研制开发，由于价格低于伊维菌素，很快在中国推广应用。本品的作用、应用、剂量等均与伊维菌素相同。目前应用的制剂有阿维菌素注射液、阿维菌素片、阿维菌素胶囊、阿维菌素粉和阿维菌素透皮溶液。

（六）其他驱线虫药

主要介绍抗丝虫药。丝虫病对家畜的危害较大，尤其是犬心丝虫病，近年来随着国内宠物饲养业的日益发展，对犬丝虫病的预防和治疗也就更显示其重要性。

乙胺嗪（海群生）

【理化特性】临床上常用枸橼酸乙胺嗪。白色晶粉。无臭，味酸苦。略有引湿性。在水中易溶。

【作用应用】本品为哌嗪衍生物。主要用于马、羊脑脊髓丝状虫病、犬心丝虫病，亦可用于家畜肺线虫病和蛔虫病。

【用法用量】内服：一次量，每1kg体重，马、牛、羊、猪20mg；犬、猫50mg（预防心丝虫病6.6mg）。

硫胂胺钠

硫胂胺钠为三价有机砷化合物，主要用于犬心丝虫成虫。静脉注射：一次量，每 1kg 体重，犬 2.2mg，2 次/d，连用 2d（或 1 次/d，连用 15d）。

二、驱绦虫药

理想的抗绦虫药，应能完全驱杀虫体，若仅使绦虫节片脱落，则完整的头节大概在 2 周内又会生出体节。目前常用的驱绦虫药，主要有吡喹酮、氯硝柳胺、硫双二氯酚、丁萘脒、溴羟苯酰苯胺等。

氯硝柳胺（灭绦灵）

【理化特性】 淡黄色结晶性粉末。无臭，无味。不溶于水，微溶于乙醇、乙醚或氯仿。置空气中易呈黄色。

【作用应用】 本品具有驱绦范围广、驱虫效果良好、毒性低、使用安全等优点。用于畜禽绦虫病、反刍动物前后盘吸虫病。对牛、羊多种绦虫均有高效。而且对绦虫头节和体节具有同等驱排效果；对前后盘吸虫驱虫效果亦良好。对犬、猫绦虫有明显驱杀效果。治疗量对鸡各种绦虫几乎全部驱净。

氯硝柳胺通过抑制虫体线粒体内的氧化磷酸化过程而干扰绦虫的三羧酸循环，使乳酸蓄积而发挥杀绦虫作用。通常绦虫与药物接触 1h，虫体萎缩，继则头节脱落而死亡，一般在用药 48h，虫体即全部排出。本品安全范围较广，牛、羊、马应用安全；犬、猫稍敏感；鱼类敏感，易中毒致死。

氯硝柳胺还有较强的杀钉螺（血吸虫中间宿主）作用，对螺卵和尾蚴也有杀灭作用。

【制剂用法用量】 氯硝柳胺片，内服：一次量，每 1kg 体重，牛 40 ~ 60mg；羊 60 ~ 70mg；犬、猫 80 ~ 100mg；禽 50 ~ 60mg。

硫双二氯酚（别丁）

【理化特性】 白色或类白色粉末。无臭或微带酚臭。不溶于水，易溶于乙醇、乙醚或丙酮。在稀碱溶液中溶解。

【作用应用】 硫双二氯酚对畜禽多种绦虫及吸虫均有驱除效果。用于治疗肝片形吸虫病、前后盘吸虫病、姜片吸虫病和绦虫病。本品内服，仅少量迅速由消化道吸收，并由胆汁排泄，大部分未吸收药物均由粪便排泄，因而可驱除胆道吸虫和胃肠道绦虫。

作用机理是降低虫体内葡萄糖分解和氧化代谢过程，特别是抑制琥珀酸的氧化，导致虫体能量不足而死亡。

本品安全范围较小，多数动物用药后均出现暂时性腹泻症状，但多在 2d 内自愈。为减轻副作用，可以小剂量连用 2 ~ 3 次。马属动物较敏感，用时慎重。禁用乙醇或增加溶解度的溶媒配制溶液内服，否则会造成大批中毒死亡事故。不宜与四氯化碳、吐酒石、吐根碱、六氯乙烷、六氯对二甲苯联合应用，否则毒性增强。

【制剂用法用量】 硫双二氯酚片，内服：一次量，每 1kg 体重，马 10 ~ 20mg；牛 40 ~ 60mg；羊、猪 75 ~ 100mg；犬、猫 200mg；鸡 100 ~ 200mg。

氢溴酸槟榔碱

【理化特性】 为白色或淡黄色结晶性粉末。味苦，性质较稳定。

【作用应用】 槟榔碱对绦虫肌肉有较强的麻痹作用，使虫体失去附着能力，同时增强宿主肠蠕动，有利于麻痹虫体迅速排除。主要用于驱除犬细粒棘球绦虫和带属绦虫，也可用于驱除家禽绦虫。

【注意事项】 治疗量能使犬产生呕吐或腹泻症状，多可自愈。马属动物敏感，猫最敏感，不宜使用。中毒可用阿托品解救。

【制剂用法用量】 氢溴酸槟榔碱片，内服：一次量，每 1kg 体重，犬 1.5～2mg；鸡 3mg；鸭、鹅 1～2mg。

三、驱吸虫药

吡喹酮

【理化特性】 白色或类白色结晶性粉末。几乎无臭，味苦，有吸湿性。在氯仿中易溶，能溶于乙醇。在乙醚及水中均不溶。

【作用应用】 为较理想的新型广谱抗血吸虫药、驱吸虫药和驱绦虫药。主要用于动物血吸虫病、吸虫病、绦虫病和囊尾蚴病。

（1）吸虫病　能驱杀牛、羊的胰阔盘吸虫和矛形歧腔吸虫，肉食动物的华支睾吸虫、后睾吸虫和并殖吸虫，水禽的棘口吸虫等。

（2）血吸虫病　杀虫作用强而迅速，对幼虫作用弱。

（3）绦虫病　能驱杀牛和猪的莫尼茨绦虫、无卵黄腺绦虫、带属绦虫，犬的细粒棘球绦虫、复孔绦虫、中线绦虫，家禽和兔的各种绦虫；对牛囊尾蚴、猪囊尾蚴、豆状囊尾蚴、细颈囊尾蚴有显著的疗效。

部分牛会出现体温升高、肌肉震颤、臌气等反应。

【制剂用法用量】 吡喹酮片，内服：一次量，每 1kg 体重，牛、羊、猪 10～35mg；犬、猫 2.5～5mg；禽 10～20mg。

硝氯酚（又名拜耳-9015）

【理化特性】 黄色结晶性粉末。不溶于水，微溶于乙醇，易溶于氢氧化钠或碳酸钠溶液。

【作用应用】 是国内外广泛应用的抗牛羊肝片吸虫药，具高效、低毒特点，在中国已代替四氯化碳、六氯乙烷等传统治疗药而用于临床。硝氯酚能抑制虫体琥珀酸脱氢酶，从而影响肝片吸虫代谢而发挥作用。

本品是驱除牛、羊肝片吸虫较理想的药物，治疗量一次内服，对肝片吸虫成虫驱虫率几乎达 100%。对未成熟虫体，无实用意义。硝氯酚对各种前后盘吸虫移行期幼虫也有较好效果。

【不良反应】 硝氯酚对动物比较安全，治疗量一般不出现不良反应。剂量过大可能出现中毒症状。用药后 9d 内乳禁止上市；休药期 15d。

【用法用量】 内服：一次量，每 1kg 体重，黄牛 3～7mg；水牛 1～3mg；乳牛 5～8mg；牦牛 3～5mg；羊 3～4mg；猪 3～6mg。

【制剂规格】 硝氯酚片 0.1g。

氯生太尔（氯氰碘柳胺钠）

【作用应用】 本品对肝片吸虫、胃肠道线虫及节肢动物的幼虫阶段均有驱杀活性，对阿维菌素类、苯并咪唑类、左咪唑、甲噻嘧啶和氯苯碘柳胺具有抗药性的虫株，本品仍有良好驱虫效果。主用于防治牛、羊肝片吸虫病、胃肠道线虫病及羊鼻蝇蛆病，也可用于预防或减少马胃蝇蛆和普通圆线虫的感染。本品通过提高吸虫虫体线粒体的通透性而起氧化磷酸化解偶联剂作用。用药后28d内乳禁止上市；休药期28d。

【制剂用法用量】氯氰碘柳胺钠片，内服：一次量，每1kg体重，牛5mg；羊10mg；氯氰碘柳胺钠注射液，皮下注射：一次量，每1kg体重，牛2.5mg；羊5mg。

硝碘酚腈（氰碘硝基苯酚）

黄色晶粉，微溶于水。为较新型杀肝片吸虫药，注射给药较内服更有效，硝碘酚腈能阻断虫体的氧化磷酸化作用，降低ATP浓度，减少细胞分裂所需的能量而导致虫体死亡。一次皮下注射，对牛羊肝片吸虫、大片形吸虫成虫有100%驱杀效果。但对未成熟虫体效果较差。本品对阿维菌素类和苯并咪唑类药物具有抗药性的羊捻转血矛线虫虫株的驱虫率超过99%。药物排泄缓慢，重复用药应间隔4周以上。药液能使羊毛黄染，泌乳动物禁用；休药期60d。皮下注射：一次量，每1kg体重，牛、猪、羊、犬10mg。制剂有25%硝碘酚腈注射液。

三氯苯达唑（三氯苯咪唑）

为新型苯并咪唑类驱虫药，对各种日龄的肝片吸虫均有明显杀灭效果，是比较理想的杀肝片吸虫药。本品对牛羊大片形吸虫、前后盘吸虫亦有良效，对鹿肝片吸虫有高效。毒性低，治疗量无不良反应，与左咪唑、甲噻嘧啶联合应用时，亦安全有效。内服：一次量，每1kg体重，牛12mg；羊、鹿10mg。休约期28d。

四、抗血吸虫药

血吸虫病是人畜共患的寄生虫病，疫区内耕牛患病率颇高，对人的健康造成很大威胁。在药物治疗方面，抗血吸虫药的研究发展很快，锑剂（如酒石酸锑钾等）原是传统应用最有效药物，但因毒性太大，已逐渐被其他药物取代。

现在常用的抗血吸虫药，包括吡喹酮、硝硫氰醚、硝硫氰胺、六氯对二甲苯和呋喃西胺。其中吡喹酮为目前首选的抗血吸虫药，主用于人和动物血吸虫药，也用于绦虫病和囊尾蚴病，为较理想的新型广谱驱绦虫药、驱吸虫药和抗血吸虫药。

硝硫氰醚

【理化特性】无色或浅黄色微细结晶性粉末。不溶于水，极微溶于乙醇，溶于丙酮和二甲基亚砜。

【作用应用】是新型广谱驱虫药，国外多用于犬、猫驱虫，中国主要用于耕牛血吸虫病和肝片吸虫病治疗。对弓首蛔虫、各种带绦虫、犬复孔绦虫、钩口线虫有高效。对细粒棘球绦虫未成熟虫体也有良好效果。本品对猪姜片吸虫亦有较好疗效。耕牛血吸虫病必须用第三胃注射法才能获得良好效果。对牛肝片吸虫应用第三胃注射法的驱虫效果亦明显优于内服法。

本品颗粒愈细，作用愈强，并对胃肠道有刺激性。作第三胃注射应配成3%油溶液。

【用法用量】内服：一次量，每1kg体重，牛30～40mg；猪15～20mg；犬、猫50mg；禽50～70mg。第三胃注射：一次量，每1kg体重，牛15～20mg。

六氯对二甲苯（血防-846）

【作用应用】本品对血吸虫幼虫及成虫均有抑制作用，是一广谱驱虫药，除对血吸虫有抑制作用外，对牛、羊肝片吸虫、前后盘吸虫、复腔吸虫均有较高疗效，对猪姜片吸虫也有一定效果。对童虫和成虫均有抑制作用，对童虫作用优于成虫。主要用于治疗血吸虫病及其他吸虫病。

【注意事项】本品毒性较锑剂小，但亦损害肝脏，导致变性或坏死。本品有蓄积作用，在脂肪和类脂质丰富的组织含量最高。停药 2 周后，血中才检不出药物。尚可通过胎盘到达胎儿体内，孕畜和哺乳母畜慎用。

【用法用量】治疗血吸虫病，内服：一次量，每 1kg 体重，黄牛 120mg；水牛 90mg。1 次/d（每日极量：黄牛 28g，水牛 36g），连用 10d。治疗肝片吸虫病，内服：一次量，每 1kg 体重，牛 200mg，羊 200 ~250mg。

硝硫氰胺（7505）

是近年来合成的抗血吸虫新药，已广泛用于医学临床，据试验报道是目前抗血吸虫病药物中疗效最高的一种。但兽医上供静脉注射用的混悬剂，毒性较大，剂型有待进一步改进。对日本血吸虫、曼氏血吸虫和埃及血吸虫都有较强的杀灭作用。内服：一次量，每 1kg 体重，牛 60mg。

第三节　抗原虫药

家畜原虫病主要有球虫病、锥虫病、梨形虫病及弓形虫病等。临床多表现急性和亚急性过程。对畜禽危害较严重，有时会造成畜禽大批死亡，直接危害畜牧业的发展。

抗原虫药可分为抗球虫药、抗锥虫药、抗梨形虫药。

一、抗球虫药

在畜禽球虫病中，以鸡、兔、牛和羊的球虫病危害最大，不仅流行广，而且死亡率高，目前球虫病主要还是依靠药物预防，将抗球虫药混在饲料、饮水中定期使用，可在极大程度上减少球虫病造成的损失。

自从 1939 年 LevineP. P. 首次提出在生产中使用氨苯磺胺控制球虫病以来，用于预防鸡球虫病的药物达 50 余种，其中一些药物（如早期应用的呋喃类、四环素类和大多数磺胺药）由于疗效不佳、毒性太大已逐渐被淘汰。目前在不同国家中，应用于生产的只有 20 余种，一般为广谱抗球虫药。

抗球虫药的合理选用

1. 合理选用不同作用峰期的药物

作用峰期是指对药物最敏感的球虫生活史阶段，或药物主要作用于球虫发育的某生活周期，即为其作用峰期，也可按球虫生活史的第几日来计算。抗球虫药绝大多数作用于球虫的无性周期，但其作用峰期并不相同。一般说来，作用峰期在感染后第 1、第 2d 的药物，其抗球虫作用较弱，多用作预防和早期治疗。而作用峰期在感染后第 3、第 4d 的药物，其抗球虫作用较强，多作为治疗药应用。由于球虫的致病阶段是在发育史的裂殖生殖和配子生殖阶段，尤其是第二代裂殖生殖阶段，因此，应选择作用峰期与球虫致病阶段相一致的抗球虫药作为治疗性药物。属于这种类型的抗球虫药有尼卡巴嗪、托曲珠利、磺胺氯吡嗪钠、磺胺喹啉、磺胺二甲氧嘧啶、二硝托胺。

2. 注意药物对球虫免疫力的影响

由于抗球虫药抑制球虫发育阶段的不同，会直接影响鸡对球虫产生免疫力。一般认为，球虫的第二代裂殖体具有刺激机体产生免疫力的作用。因此，作用于第一代裂殖体的药物影响鸡产生免疫力，这些药物适宜用作商品肉鸡球虫病的预防，不宜用于蛋鸡和种鸡。作用于第二代裂殖体的药物，不影响鸡产生免疫力，故可用于蛋鸡和种鸡。

3. 防止球虫产生耐药性

在球虫病的药物预防中，如果长期低剂量使用，可以诱发球虫产生耐药性。实践证明，有计划地采用轮换用药、穿梭用药或联合用药，可减少或避免耐药性的产生。轮换用药是季节性的或定期的合理变换用药，即每隔 3 个月或半年或在一个肉鸡饲养期结束后，改换一种抗球虫药，但不能换用属于同一化学结构类型的抗球虫药，也不要换用作用峰期相同的药物。穿梭用药是在同一个饲养期内，换用两种或三种不同性质的抗球虫药，即开始时使用一种药物，至生长期时使用另一种药物。在穿梭或轮换用药时，一般先使用作用于第一代裂殖体的药物，再换用作用于第二代裂殖体的药物，这样不仅可减少或避免耐药性的产生，而且可提高药物防治的效果。

联合用药：是在同一个饲养期内合用两种或两种以上抗球虫药，通过药物间的协同作用既可延缓耐药虫株的产生，又可增强药效和减少用量。如氯羟吡啶与苯甲氧喹啉联合。

4. 选择适当的给药方法

由于球虫病患鸡通常食欲减退，甚至废绝，但是饮欲正常，甚至增加，因而通过饮水给药可使患鸡获得足够的药物剂量，而且混饮给药比混饲更方便，治疗性用药宜提倡混饮给药。

5. 注意药物对产蛋的影响和药物残留

抗球虫药使用时间一般较长，有些药物如磺胺类、氯苯胍、尼卡巴嗪等能影响鸡的产蛋量，或在肉、蛋中出现药物残留，危害人体健康。因此这些药物应禁用于产蛋鸡，并在屠宰前遵守休药期。

氨丙啉

【理化特性】 常用盐酸氨丙啉，为白色结晶性粉末。在水中易溶。

【作用应用】 本品属抗硫胺类抗球虫药，其化学结构与硫胺相似。能抑制球虫硫胺代谢而发挥抗球虫作用。本品对各种鸡球虫均有作用，其中对柔嫩和堆型艾美耳球虫的作用最强，对毒害、布氏和巨型艾美耳球虫的作用较弱，所以最好联合用药，以增强其抗球虫药效。氨丙啉主要作用于第一代裂殖体，其作用峰期在感染后第三天。

本品具有高效、安全、球虫不易耐药等优点，故被广泛应用。是产蛋鸡的主要抗球虫药。

【注意事项】 剂量过大或混饲浓度过高，易导致雏鸡患硫胺素缺乏症。禁止与维生素 B_1 同时使用，或在使用期间，每 1kg 饲料维生素 B_1 的添加量应控制在 10mg 以下。产蛋期禁用。

【用法用量】 治疗鸡球虫病，混饲：每 1kg 饲料 125 ~ 250mg，连喂 3 ~ 5d；每 1kg 饲料 60mg 混饲，再喂 1 ~ 2 周。混饮：加入饮水的氨丙啉浓度为每 1L 饮水 60 ~ 240mg。预防球虫病，常与其他抗球虫药一起制成预混剂。

【制剂】 盐酸氨丙啉、乙氧酰胺苯甲酯预混剂，混饲：每 1 000kg 饲料，鸡 500g，休药期3d。盐酸氨丙啉、乙氧酰胺苯甲酯、磺胺喹啉预混剂，混饲：每1 000kg 饲料，鸡500g，休药期7d。

氯羟吡啶（克球粉、可爱丹）

本品属吡啶类抗球虫药。曾是中国使用最广泛的抗球虫药之一。对鸡各种艾美耳球虫均有效，尤其对柔嫩艾美耳球虫的作用最强。主要作用于子孢子，其作用峰期是感染后第一天。本品能抑制鸡对球虫产生免疫力，过早停药往往导致球虫病暴发。球虫对此药易产生耐药性。用于预防禽、兔球虫病。产蛋期禁用，休药期鸡5d，兔5d。

氯苯胍

属胍类抗球虫药，该药生产成本高，耐药性产生快，会使畜产品带异臭味等缺点，国内近年已基本不用。

常山酮（速丹）

是从药用植物常山中提取的一种生物碱，现已能人工合成。为广谱抗球虫药。主要作用于第一代和第二代裂殖体。本品用量小，抗球虫谱广，对鸡多种球虫有效。按推荐预防剂量使用后鸡无不良反应，与其他抗球虫药无交叉耐药性。产蛋期禁用，休药期肉鸡4d。常山酮预混剂（0.6%），混饲：每1 000kg 饲料，鸡500g。

地克珠利（杀虫灵）

化学名为氯嗪苯乙氰。为新型广谱、高效、低毒的抗球虫药。抗球虫效果优于莫能菌素、氨丙啉、拉沙菌素、尼卡巴嗪和氯羟吡啶等抗球虫药。是目前混饲浓度最低的一种抗球虫药，其作用峰期可能在子孢子和第一代裂殖体早期阶段。长期用药可出现耐药性，因此，可与其他药交替使用。本品药效期短，应连续用药，以防球虫病再度暴发。由于混饲浓度低，必须充分混匀。地克珠利预混剂（0.2%和0.5%两种预混剂），混饲：每1 000kg 饲料，禽1g（按原料药计）。地克珠利溶液（含地克珠利0.5%），混饮：每1L 水，鸡0.5～1mg（按原料药计）。

托曲珠利（甲苯三嗪酮）

市售2.5%托曲珠利溶液称百球清。

抗球虫谱广，作用于所有艾美耳球虫在鸡、火鸡机体细胞内的各个发育阶段；对鹅、鸽球虫也有效，而且对其他抗球虫药耐药的虫株也十分敏感。对哺乳动物球虫、住肉孢子虫和弓形虫也有效。作用峰期是球虫裂殖生殖和配子生殖阶段。安全范围大。用药动物可耐受10倍以上的推荐剂量，不影响鸡对球虫产生免疫力，用于预防和治疗鸡球虫病。制成饮水剂混饮：每1L 水，鸡25mg，连用2d。鸡休药期8d。

尼卡巴嗪（力更生）

【理化特性】 为淡黄色粉末。几乎无味。微溶于水、乙醚及氯仿。性质稳定。

【作用应用】 本品对鸡柔嫩、堆形、巨型、毒害、布氏艾美耳球虫均有良好预防效果。其作用峰期为第二代裂殖体（即感染第四天）。推荐量不影响鸡对球虫产生免疫力，且安全性较高，但混饲浓度超过800～1 600mg/kg 时，可引起轻度贫血。高温季节慎用，产蛋期禁用。本品对蛋的质量和孵化率有一定影响。球虫对其产生耐药性的速度很慢，故本品是一种具有使用价值的抗球虫药。

【制剂用法用量】 尼卡巴嗪，混饲：每1 000kg 饲料，禽125g。休药期4d。尼卡巴嗪、乙氧酰胺苯甲酯预混剂，混饲：每1 000kg 饲料，鸡500g。休药期9d。

二硝托胺（球痢灵）

【理化特性】为白色结晶。无味。难溶于水，能溶于乙醇、丙酮。性质稳定。

【作用应用】本品为良好的抗球虫药，对多种球虫有抑制作用，尤其对鸡危害最大的毒害艾美耳球虫效果最佳。主要作用于鸡球虫第一和第二代裂殖体。有预防和治疗作用。治疗量毒性小，较安全，球虫一般不易产生耐药性。故适用于蛋鸡和肉用种鸡。产蛋期禁用，休药期3d。

【制剂用法用量】25%二硝托胺预混剂，混饲，每1 000kg饲料，鸡500g。

莫能菌素（瘤胃素、莫能星）

【理化特性】是由肉桂链霉菌的发酵产物中分离而得。一般用其钠盐，白色结晶性粉末。稍有特殊臭味。难溶于水，易溶于有机溶剂中。

【作用应用】是较理想的抗球虫药，广泛用于世界各地。对鸡柔嫩、毒害、堆形、巨型、布氏、变位艾美耳球虫6种常见鸡球虫均有高效杀灭作用，作用峰期为感染后第二天。其预混剂添加于肉鸡或育成期蛋鸡饲料中，用于预防鸡球虫病。

除了杀球虫作用外，莫能菌素对动物体内产气荚膜芽胞梭菌亦有抑制作用，可预防坏死性肠炎的发生；对肉牛有促生长作用。

在应用较低剂量时，机体可逐渐产生较强的免疫力。对蛋鸡只能应用较低剂量，这样既能预防鸡球虫病，又不影响免疫力的产生。

【注意事项】①产蛋期禁用，鸡休药期3d；②马属动物禁用；③禁与泰妙菌素、竹桃霉素及其他抗球虫药伍用；④工作人员搅拌配料时，应防止本品与皮肤和眼睛接触。

【制剂用法用量】莫能菌素钠预混剂（含莫能菌素钠20%），莫能菌素钠预混剂混饲：每1 000kg饲料，禽90～110g；兔20～40g。

盐霉素（沙利霉素）

【理化特性】是由白色链霉菌的发酵产物中分离而得。一般用其钠盐。理化性质与莫能菌素相似。

【作用应用】本品与莫能菌素相似，用于预防禽球虫病。盐霉素能杀灭多种鸡球虫，对巨型和布氏艾美耳球虫作用较弱。

【注意事项】① 配伍禁忌与莫能菌素相似；②安全范围较窄，应严格控制混饲浓度。若浓度过大或使用时间过长，会引起采食量下降、体重减轻、共济失调和腿无力；③成年火鸡和马禁用。休药期禽5d。

【制剂用法与用量】盐霉素钠预混剂（含盐霉素钠10%），混饲：每1 000kg饲料，禽60g。

马杜霉素（加福、抗球王、马杜米星）

【理化特性】本品是由一种马杜拉放线菌的发酵产物中分离而得。常用其铵盐。理化性质与莫能菌素相似。

【作用应用】为一种较新型的聚醚类离子载体抗生素，本品抗球虫谱广，对子孢子和第一代裂殖体具有抗球虫活性。（作用峰期为感染后第1～2d）。其抗球虫活性较其他聚醚类抗生素强，能有效控制6种致病的鸡艾美耳球虫，而且也能有效控制对其他聚醚类离子载体抗生素耐药的虫株。广泛用于预防鸡球虫病。此外，本品对大多数革兰氏阳性菌和部分真菌有杀灭作用，并能促进生长和提高饲料利用率。

【注意事项】本品安全范围窄。毒性较大。为保证药效和防止中毒，药料应充分混匀。只用于肉鸡。

【制剂用法用量】马杜霉素铵预混剂（含马杜霉素铵1%）混饲，每1 000kg饲料，鸡5g。休药期肉鸡5d。

拉沙菌素（拉沙洛西）

是由拉沙链霉菌的发酵产物中分离而得。一般用其钠盐。理化性质与莫能菌素相似。

【作用应用】拉沙菌素为二价聚醚类离子载体抗生素，用于预防禽球虫病。对6种常见的鸡球虫均有杀灭作用，其中对柔嫩艾美耳球虫的作用最强，对毒害和堆型艾美耳球虫的作用稍弱。拉沙菌素对子孢子、早期和晚期无性生殖阶段的球虫有杀灭作用。

【注意事项】严格按规定剂量给药，饲料中药物浓度超过150mg/kg会导致生长抑制和动物中毒。产蛋期禁用。休药期5d。

【制剂用法用量】拉沙菌素预混剂（有15%和45%两种预混剂），混饲：每1 000kg饲料，鸡75～125g。

二、抗锥虫药

危害中国家畜的主要锥虫病是马、牛、骆驼伊氏锥虫病（病原为伊氏锥虫）和马媾疫（病原为马媾疫锥虫）等。防治本类疾病，除应用抗锥虫药物外，平时应重视消灭其传播媒介——吸血昆虫，才能减少或杜绝本病的发生。

苏拉明（萘磺苯酰脲、那加宁、那加诺）

【理化特性】其钠盐为白色、淡玫瑰色或带酪色粉末。在水中易溶，水溶液呈中性，不稳定，宜新鲜配制。

【作用应用】本品能抑制虫体代谢，影响其同化作用，从而导致虫体分裂和繁殖受阻，最后溶解死亡。对马、牛、骆驼的伊氏锥虫和马媾疫锥虫均有效。不仅有治疗作用，还有预防作用，一般于静脉注射后9～14h血中锥虫虫体消失，约24h出现疗效，动物体温下降，血红蛋白尿消失和食欲改进。预防期马1.5～2个月，骆驼4个月。用药量不足虫体可产生耐药。

【注意事项】本品安全范围较小，马属动物对本品较敏感，静脉注射治疗量，病马常出现不良反应，如荨麻疹、浮肿、肛门及蹄冠糜烂、跛行、食欲减退等，但较轻，经1h至3d可逐渐消失。同时使用钙剂可提高疗效并减轻其不良反应。

临用前以生理盐水配成10%溶液煮沸灭菌。预防可采用一般治疗量，皮下或肌肉注射。治疗须采用静脉注射。治疗伊氏锥虫病时，应予20d后再注射一次；治疗马媾疫时，1～1.5个月后重复注射。

【用法用量】静脉注射、皮下或肌肉注射：一次量，每1kg体重，马10～15mg；牛15～20mg；骆驼8.5～17mg。

喹嘧胺（安锥赛）

本品有甲基硫酸盐和氯化物两种。前者又称甲硫喹嘧胺，常用于治疗；后者又称喹嘧氯胺，多用于预防。

【理化特性】甲基硫酸盐易溶于水，氯化物难溶于水。均为白色或带微黄色的结晶粉末。无臭，味苦，有引湿性。几乎不溶于有机溶剂。

【作用应用】喹嘧胺的抗锥虫谱较广，对伊氏锥虫和马媾疫最有效，能抑制锥虫的代谢，使之不能分裂。主要用于治疗马、牛、骆驼的伊氏锥虫病以及马媾疫。当使用剂量不足时，锥虫易产生耐药性。此药疗效略低于苏拉明，毒性也略大。按规定剂量应用，较为安全。但马属动物较为敏感。注射后15min至2h可出现兴奋不安、肌肉震颤、疝痛、呼吸迫促、排便、心率增数、全身出汗等不良反应，一般在3~5h消失。

【用法用量】肌肉、皮下注射：一次量，每1kg体重，马、牛、骆驼4~5mg。

【制剂规格】注射用喹嘧胺为两种喹嘧胺的混合盐，临用前以注射用水配成10%无菌混悬液，用时摇匀。本品有刺激性，注射局部能引起肿胀和硬结，大剂量时，应分点注射。

三、抗梨形虫药（抗焦虫药）

家畜梨形虫病是一种寄生于红细胞内，由蜱传播的原虫病。多以发热、黄疸和贫血为主要症状。

三氮脒（贝尼尔、血虫净）

【理化特性】为黄色或橙色结晶性粉末。味微苦。在水中溶解，乙醇中几乎不溶。遇光、热变成橙红色。

【作用应用】三氮脒对锥虫、梨形虫和鞭虫均有作用，是治疗梨形虫病和锥虫病的高效药。主要用于治疗，预防效果较差。对各种巴贝斯虫病和泰勒虫病治疗作用较好，对轻症病例用药1~2次即可。对泰勒梨形虫病需用药1~2个疗程，每3~4d为一疗程。严重病例可配合对症治疗。剂量不足时锥虫和梨形虫都可产生耐药性。本品与同类药物相比，具有用途广、使用方便等优点，是目前治疗梨形虫病较为理想的药物。

【注意事项】本品毒性大、安全范围较小，应用治疗量有时也会出现起卧不安，频频排尿，肌肉震颤等不良反应。骆驼敏感，不用为宜；马较敏感，忌用大剂量；水牛较敏感，连续应用时应谨慎；大剂量能使乳牛产奶量减少。注射液对局部组织有刺激性，宜分点深部肌肉注射。食品动物休药期28~35d。

【制剂用法用量】注射用三氮脒，肌肉注射：一次量，每1kg体重，马3~4mg；牛、羊3~5mg；犬3.5mg。临用时用注射用水或生理盐水配成5%~7%溶液深层肌肉注射：一般用1~2次，连用不超过3次，每次间隔24h。

双脒苯脲（咪唑苯脲）

【性质性状】为双脒唑啉苯基脲，又名咪唑苯脲，常用其二盐酸盐和二丙酸盐，均为无色粉末。易溶于水。

【作用应用】为兼有预防和治疗作用的新型抗梨形虫药。对巴贝斯虫病和泰勒虫病均有治疗作用，而且还具有较好的预防作用。本品的疗效和安全范围均优于三氮脒和间脒苯脲。毒性较其他抗梨形虫药小，但应用治疗量时，仍约有半数动物出现类似抗胆碱酯酶作用的不良反应。临床上多用于治疗或预防牛、马、犬的巴贝斯虫病。

【注意事项】对注射局部组织有一定刺激性；本品不能静脉注射，因动物反应强烈，甚至引起死亡。马属动物较敏感，忌用高剂量。本品在食用组织中残留期较长，休药期为28d。

【制剂用法用量】二丙酸双脒苯脲注射液，配成10%无菌水溶液，皮下、肌肉注射：一次量，每1kg体重，马2.2~5mg；牛1~2mg（锥虫病3mg）；犬6mg。

硫酸喹啉脲（阿卡普林、抗焦虫素）

为传统应用的抗梨形虫药。对巴贝斯属虫所引起的各种巴贝斯虫病均有效。毒性较大，家畜用药后出现不良反应，常持续30~40min后消失。为减轻不良反应，可将总剂量分成2份或3份，间隔几小时应用，也可在用药前注射小剂量阿托品或肾上腺素。制剂有硫酸喹啉脲注射液。皮下注射：一次量，每1kg体重，马0.6~1mg；牛1mg；猪、羊2mg；犬0.25mg。

第四节　杀虫药

对外寄生虫具有杀灭作用的药物称杀虫药。

螨、蜱、虱、蚤、蚋、库蠓、蚊、蝇、蝇蛆、伤口蛆等均属外寄生虫，它们不仅引起畜禽外寄生虫病，严重影响动物健康，给畜牧业造成经济损失，而且传播许多寄生虫病、传染病和许多人畜共患病。可见应用杀虫药及时防治外寄生虫病，对保护动物和人类健康、发展畜牧业具有重要意义。

一、有机磷类杀虫药

常用的杀虫药包括有机磷类、拟除虫菊酯类和其他杀虫药。

本类为传统杀虫药，仍广泛用于畜禽外寄生虫病。具有杀虫谱广、残效期短的特性，其杀虫机理是抑制虫体胆碱酯酶活性，但对宿主也有此作用，所以在使用过程中动物会经常出现胆碱能神经兴奋的中毒症状，故过度衰弱及妊娠动物禁用。若遇严重中毒，宜用阿托品或胆碱酯酶复活剂进行解救。

敌百虫

除驱除家畜消化道各种线虫外，对畜禽外寄生虫亦有杀灭作用，可用于杀灭蝇蛆、螨、蜱、蚤、虱等。每1kg体重50~75mg内服，或1.5%~2%溶液喷鼻，或2.4%溶液喷雾对羊鼻蝇第一期幼虫均有良好杀灭作用。每1kg体重40~75mg混入饲料内，对马胃蝇蛆有良好杀灭作用。2%溶液涂擦背部，对牛皮蝇第三期幼虫有良好杀灭作用。杀螨可配成1%~3%溶液局部应用或0.2%~0.5%溶液药浴。杀灭虱、蚤、蜱、蚊和蝇，配成0.1%~0.5%溶液喷洒。

敌敌畏（DDVP）

市售为80%敌敌畏乳油，其杀虫效力比敌百虫高8~10倍，所以可减少应用剂量，相对较安全。本品广泛用作环境杀虫剂，以杀灭厩舍及畜体的蚊、虱、蜱等外寄生虫。内服还可用于驱除消化道线虫及杀灭马胃蝇蛆和羊鼻蝇蛆，国内已将敌敌畏制成犬、猫用规格的灭虱项圈，戴用后可驱灭虱、蚤达三个月之久。但对人、畜毒性也较大，且易被皮肤吸收，应注意。喷淋用0.1%~0.5%溶液。

皮蝇磷（芬氯磷）

皮蝇磷是专供兽用的有机磷杀虫剂。皮蝇磷对双翅目昆虫有特效，内服或皮肤给药有内吸杀虫作用，主要用于牛皮蝇蛆。喷洒用药对牛羊锥蝇蛆、蝇、虱、螨等均有良好的效果。对人和动物毒性较小。泌乳期乳牛禁用；母牛产犊前10d内禁用；肉牛休药期10d。

内服：一次量，每1kg体重，牛100mg。皮蝇磷乳油（含皮蝇磷24%），外用：喷淋，每100L水加1L配制成2.4%的皮蝇磷溶液使用。

倍硫磷（百治屠）

倍硫磷是一种速效、高效、低毒、广谱、性质稳定的杀虫药。为防治牛皮蝇蛆的首选药物，对其他外寄生虫也有杀灭作用。喷淋，配成2%溶液，每1kg体重，0.5～1ml。

二嗪农（螨净）

在酸、碱溶液中均迅速分解。为新型有机磷杀虫、杀螨剂。是触毒、胃毒，无内吸作用。外用对蜱、螨、虱、蝇均有良好杀灭作用。药浴浓度，羊0.02%溶液，牛0.06%溶液；喷淋，猪0.025%溶液，牛、羊0.06%溶液。

本品对家畜毒性较小，但猫、鸡、鹅、鸭等动物较敏感，对蜜蜂剧毒。用药后牛乳禁止上市期限3d；休药期14d。

二、拟菊酯类杀虫药

拟菊酯类杀虫药，是根据植物杀虫药除虫菊的有效成分——除虫菊酯的化学结构合成的一类杀虫药。本类药物具有杀虫谱广、高效、速效、残效期短、毒性低以及对其他杀虫药耐药的昆虫也有杀灭作用的优点。因此，广泛用于卫生、农业、畜牧业等，是一类有发展前途的新型杀虫药。

本类药物性质均不稳定，进入机体后，即迅速降解灭活，因此，不能用内服或注射给药。现有使用资料证明，虫体对本类药物能迅速产生耐药性。

溴氰菊酯（敌杀死、倍特）

溴氰菊酯是使用最广泛的一种拟菊酯类杀虫药。溴氰菊酯对虫体有胃毒和接触毒，无内吸作用，具广谱、高效、残效期长、低残留等优点。对有机磷、有机氯耐药的虫体，用之仍然有高效。对蚊、蝇及牛、羊各种虱、牛皮蝇、羊痒螨、禽虱均有良好杀灭作用，一次用药药效能维持近一个月。溴氰菊酯乳油（含溴氰菊酯5%），药浴或喷淋，每1 000L水加100～300ml。本品对鱼有剧毒，蜜蜂、家蚕亦敏感。对皮肤、呼吸道有刺激性，用时注意防护。

氯菊酯（扑灭司林、除虫精）

氯菊酯在空气和阳光中稳定，在碱性溶液中易水解。为常用的卫生、农业、畜牧业杀虫药。对蚊、蝇、血虱、蜱、螨、虻等均有杀灭作用。具广谱、高效、击倒快，残效期长等特点。并且对虱卵也有杀灭作用。一次用药能维持药效1个月左右。氯菊酯对鱼剧毒。氯菊酯乳油含氯菊酯10%或40%，喷淋时，配成0.2%～0.4%乳液；氯菊酯气雾剂，环境喷雾。

胺菊酯（四甲司林）

性质稳定，在高温和碱性溶液中易分解。是对卫生昆虫最常应用的拟菊酯类杀虫药。对蚊、蝇、蚤、虱、螨等虫体都有杀灭作用，对昆虫击倒作用的速度居拟菊酯类之首，由于部分虫体又能复活，一般多与苄呋菊酯并用，因后者的击倒作用虽慢，但杀灭作用较强，因而有互补增效作用。对人、畜安全，无刺激性。胺菊酯、苄呋菊酯喷雾剂，用于环境杀虫。

三、其他杀虫药

双甲脒（虫螨脒、阿米曲士）

为新型甲脒类杀虫剂，具有广谱、高效、低毒等特点。对牛、羊、猪、兔的体外寄生虫，如疥螨、痒螨、蜱、虱等的各阶段虫体均有极佳杀灭效果。但产生作用较慢，用药后24h才使虱、蜱等寄生虫解体，一次用药能维持药效6~8周。对人、畜毒性极小，甚至可用于妊娠、泌乳母畜。马较敏感，应慎用。12.5%双甲脒乳油，药浴、喷淋或涂擦动物体表，每1 000L水加3~4L。

氯苯脒（杀虫脒）

氯苯脒是一种高效、低毒、内吸、残效长的甲脒类杀虫剂。用于防治家畜的各种螨病，并有较强的杀螨卵作用。擦洗、喷淋或药浴，配成0.1%~0.2%溶液。

复习思考题

1. 常用的抗螨虫药有哪些？比较其作用与应用的异同点。
2. 常用的抗球虫药有哪些？比较其作用特点。当鸡群出现球虫性血痢时，请写出一个抗球虫药物给药方案。
3. 抗锥虫药与抗梨形虫药各有哪些品种？怎样选用？

第六章

作用于消化系统的药物

各种动物消化系统的疾病十分常见，其原因主要是饲料和饲养失宜，也可继发于某些器官疾病、传染病、寄生虫病或其他疾病。由于动物种类不同，其消化系统的结构和功能各异，因而不同动物消化系统疾病的发病情况和疾病种类亦不相同。例如马常发生便秘，牛常发生前胃疾病，家兔常发生腹泻。治疗消化系统疾病，除加强饲养管理以外，还应注意原发病的治疗。如能适时给药，则更有利于患病动物消化机能的恢复。

作用于消化系统的药物，主要用来解除胃肠道的机能障碍，使其恢复到正常的机能水平。

作用于消化系统的药物可分为健胃药、助消化药、泻药、止泻药、瘤胃兴奋药、制酵药和消沫药。

第一节　健胃药与助消化药

健胃药系指能促进唾液、胃液等消化液的分泌，加强胃的消化机能，从而提高食欲的一类药物。临床上主要用于治疗食欲不振和消化不良。

助消化药是一类促进胃肠道消化过程的药物，本类药物多数就是消化液的主要成分，如胃蛋白酶、淀粉酶、胰酶、稀盐酸等。这些药物针对胃酸过低，萎缩性胃炎，胰液、胆汁等消化液分泌不足，食物消化发生障碍等病症，起补偿替代作用，增进消化功能。并对过食或某些肠道传染病恢复期等功能性消化不良进行治疗，增强消化能力，改善症状。临床上常与健胃药配合应用。

一、常用健胃药

健胃药可分为苦味健胃药、芳香健胃药和盐类健胃药3种。

（一）苦味健胃药

苦味健胃药多来源于植物，如龙胆、马钱子、大黄等，主要作用在于其苦味。苦味刺激口腔的味觉感受器，通过神经反射提高食欲中枢的兴奋性，反射性地增加唾液与胃肠液的分泌，促进动物的食欲，增强消化机能。

20世纪初通过采用食道瘘和胃瘘的狗进行假饲试验，科学地阐明了苦味健胃药的作用机理。苦味健胃药必须经口投药才能有效；苦味健胃药对消化液分泌机能低弱的动物的效果比健康动物强；与口腔接触的时间越长促进唾液和胃液分泌的作用越显著。

根据苦味健胃药的作用机理，为充分发挥苦味健胃药的健胃作用，临床应用本类药物时应注意：①制成合理的剂型，如散剂、酊剂、舔剂、溶液剂；②必须经口给药，使药物接触味觉感受器，不能用胃管投药；③给药时间合理，一般应在饲前 5～30min 给药为宜；④不宜长期反复使用一种苦味健胃药，应与其他健胃药交替使用防止药效降低；⑤药量不宜过大，因为服用过量苦味健胃药反而会抑制胃液分泌。

苦味健胃药主要用于大家畜的食欲不振及消化机能不良，中、小动物较少使用。

龙胆

【理化特性】龙胆为龙胆科植物龙胆或三花龙胆的干燥根部，其有效成分为龙胆苦苷（约2%）、龙胆三糖（约4%）、龙胆碱（约0.15%）。

【作用应用】龙胆苦苷为主要有效成分，有较强的苦味，口服可作用于舌的味觉感受器，反射性地兴奋食欲中枢，从而增进食欲，促进消化。

常与其他健胃药配伍制成散剂、酊剂、舔剂等剂型，如龙胆酊。用于食欲不振及某些热性疾病引起的消化不良等。

【制剂用法用量】龙胆酊，内服：一次量，猪 3～8ml；牛、马、骆驼 50～100ml；羊 5～15ml；狗、猫 1～3ml。

马钱子

【理化特性】为马钱科植物马钱的干燥成熟的种子醇制剂。其有效成分主要有番木鳖碱，亦称士的宁、马钱子碱等，以士的宁计，每毫升含量应为 1.19～1.31mg。

【作用应用】因味极苦，故口服后主要发挥苦味健胃剂作用。本品的作用主要是兴奋中枢神经系统，尤其对脊髓具有选择性兴奋作用。

作健胃药，常用于治疗消化不良、食欲不振、前胃弛缓、瘤胃积食等疾病。

【注意事项】本药安全范围小，应严格控制剂量，而且连续用药不能超过 1 周，以免发生蓄积性中毒。中毒时，可用巴比妥类药物或水合氯醛解救，并保持环境安静，避免各种刺激。

【制剂用法用量】马钱子酊，内服：一次量，马 10～20ml；牛 10～30ml；羊、猪 1～2.5ml；犬 0.1～0.6ml。马钱子流浸膏，内服：一次量，马 1～2ml；牛 1～3ml；羊、猪 0.1～0.25ml；犬 0.01～0.06ml。

（二）芳香性健胃药

芳香健胃药为含有挥发油的一类植物健胃药。口服这类药物均能刺激消化道黏膜，增加消化液的分泌，促进胃肠蠕动。另外，还有轻度抑菌制止发酵的作用。药物吸收后，其中一部分经呼吸道排出，增加呼吸道腺体分泌，可稀释痰液，有轻度祛痰作用。因此，本类药物具有健胃、制酵、驱风、祛痰作用。健胃作用强于单纯苦味健胃药而且作用持久。

芳香性健胃药常配成复方制剂，常用的芳香性健胃药有陈皮、桂皮、豆蔻、小茴香、八角茴香、姜、辣椒、蒜等。这些药物常制成酊剂，可单味也可作成复方制剂。

陈皮（橙皮）

【理化特性】为芸香科植物橘及其栽培变种的干燥成熟果皮。含挥发油、川皮酮、橙皮苷、维生素 B_1 和肌醇等。

【作用应用】本品内服发挥芳香性健胃药作用。能刺激消化道黏膜，增强消化液的分泌及胃肠蠕动，显现健胃驱风的功效。用于消化不良、积食气胀等。

【制剂用法用量】陈皮酊，内服：一次量，马、牛 30～100ml；羊、猪 10～20ml；犬、猫 1～5ml。

桂皮（肉桂）

【理化特性】 为樟科植物肉桂的干燥树皮。含挥发性桂皮油1%～2%，主要成分为桂皮醛。

【作用应用】 本品对胃肠黏膜有温和的刺激作用，可增强消化机能，排除积气，缓解胃肠痉挛性疼痛，因有扩张末梢血管作用，故能改善血液循环。

主要用于消化不良、风寒感冒、产后虚弱等。孕畜慎用。

【制剂用法用量】 桂皮粉，内服：一次量，马、牛15～45g；羊、猪3～9g。桂皮酊，内服：一次量，马、牛10～30ml；羊、猪10～20ml。

豆蔻（白豆蔻）

【理化特性】 为姜科植物白豆蔻的干燥成熟果实。挥发油中含有右旋龙脑、右旋樟脑等成分。

【作用应用】 具有健胃、驱风、制酵等作用。用于消化不良、前胃弛缓、胃肠气胀等。

【制剂用法用量】 豆蔻粉，内服：一次量，马、牛15～30g；羊、猪3～6g；兔、禽0.5～1.5g。复方豆蔻酊，内服：一次量，马、牛10～30ml；羊、猪10～20ml。

姜

【理化特性】 本品为姜科植物姜的干燥根茎。含姜辣素、姜烯酮、姜酮、挥发油（0.25%～3%），挥发油含龙脑、桉油精、姜醇、姜烯等成分。

【作用应用】 本品温中散寒。内服能显著刺激胃肠道黏膜，引起消化液分泌和胃肠蠕动增强，增加食欲。并能通过反射兴奋中枢神经系统，加强血液循环和促进发汗。还具有抑制胃肠道异常发酵及促进气体排出的作用。用于消化不良、食欲不振、胃肠气胀等。

【注意事项】 孕畜禁用。

【制剂用法用量】 姜酊，内服：一次量，马、牛15～30g；羊、猪3～10g；犬、猫1～3g；兔、禽0.3～1g。

大蒜

【理化特性】 本品为百合科植物大蒜的球茎。含挥发油、蒜素，气味特异、辛辣。

【作用应用】 本品内服，发挥芳香性健胃药作用。由于内含大蒜素，具明显抑菌作用。实验证明，本品对多种革兰氏阳性菌与阴性菌均有一定的抑制作用，对白色念珠菌、隐球菌等真菌和滴虫等原虫也有作用。

主要用于食欲不振，积食气胀；禽及幼畜肠炎、下痢等。

【制剂用法用量】 大蒜酊，内服：一次量，马、牛30～90g；羊、猪15～30g；犬、猫1～3g；家禽每只2～4g；鱼用，每1kg体重10～30g（拌入饵料投喂）。

（三）盐类健胃药

盐类健胃药主要有中性盐氯化钠、复方制剂人工盐、弱碱性盐碳酸氢钠等。

氯化钠

【理化特性】 为无色结晶或白色结晶性粉末，味咸，易溶于水，水溶液呈中性，易潮解，应密封保存。

【作用应用】

（1）健胃作用　内服少量食盐，首先以其咸味刺激味觉感受器，同时轻微地刺激口腔黏膜，反射地增加唾液和胃液分泌，增进食欲；到达胃肠道后，能刺激胃肠黏膜，增加消化液分泌，增强胃肠蠕动。

氯化钠还参与胃酸的形成，促进消化过程。可混入饲料或饮水中，用于治疗食欲减退，消化不良等。

（2）*消炎作用* 1%～3%的氯化钠溶液常用于洗涤创伤，有轻度刺激和防腐作用，并有引流和促进肉芽生长的功效；5%～10%溶液可用于洗涤化脓创；0.9%等渗溶液（生理盐水）可作为多种药物的溶媒，用于洗眼、冲洗子宫等。

（3）*等渗溶液静脉注射能补充体液* 高渗溶液（10%）静脉注射能促进瘤胃蠕动。

【注意事项】应用大剂量盐类健胃药做泻下药时，应予大量饮水。猪和禽对氯化钠敏感。猪食盐中毒时表现厌食、腹痛、惊厥和昏迷，严重时可导致死亡。禽类中毒主要表现软弱及瘫痪。

饲喂大量含食盐的饲料如酱渣、卤菜、咸鱼粉、肉汤等，易发生中毒，应予以注意。一旦发生中毒，可给予溴化物、脱水药或利尿药进行解救并对症治疗。

【制剂用法用量】健胃：内服，一次量，马、牛 10～50g；羊、猪 2～10g。内服致泻量：马 250～350g。用时配制成 3%～4%的溶液灌服。

人工盐

【理化特性】人工盐又名人工矿泉盐、卡尔斯泉盐。由干燥硫酸钠 44%、氯化钠 18%、碳酸氢钠 36%及硫酸钾 2%混合制成。白色粉末，易溶于水，水溶液呈弱碱性（pH 值为 8～8.5）。

【作用应用】口服小剂量人工盐，能轻微地刺激消化道黏膜，反射性地增强消化液分泌，增强唾液淀粉酶的活性，促进胃肠蠕动，增进营养物质的吸收，故有健胃的作用。也有微弱中和胃酸作用。内服大量人工盐，并大量饮水，有缓泻作用。常配合制酵药应用于便秘初期。

多用于马属动物的一般性消化不良、胃肠弛缓、便秘等。

【注意事项】人工盐禁与酸性物质或酸类健胃药、胃蛋白酶等药物配合应用。

【制剂用法用量】健胃：内服，一次量，马 50～100g；牛 50～150g；羊、猪 10～30g；兔 1～2g；猫、狗 1～5g。

缓泻：内服，一次量，马、牛 200～400g；羊、猪 50～100g；兔 4～6g；猫、狗 5～10g。

另外，碳酸氢钠也可与其他健胃药合用，用于治疗动物消化不良和其他消化道疾病。

二、常用助消化药

稀盐酸

【理化特性】含盐酸约 10%（g/ml），无色澄明液体，无臭，呈强酸性反应。应置玻璃塞瓶内密封保存。

【作用应用】本品可激活胃蛋白酶原变为胃蛋白酶，供给胃蛋白酶活动所需的酸度，并能调节幽门紧张度及胰腺的分泌。可使十二指肠内容物呈酸性，有利于铁与钙的吸收。有轻度杀菌作用，可抑制细菌繁殖。主要用于因胃酸减少造成的消化不良，胃内发酵，马、骡急性胃扩张，牛前胃弛缓，食欲不振，碱中毒等。

【注意事项】忌与碱类、有机酸盐类及洋地黄等制剂配伍。用量不宜过大。

【制剂用法用量】内服：一次量，马 10～20ml；牛 15～20ml；羊 2～5ml；猪 1～2ml；犬、禽 0.1～0.5ml。用前需加水 50 倍稀释（配制成 0.2% 溶液）。

稀醋酸

【理化特性】稀醋酸含醋酸 5.5%～6.5%，无色澄清液体，有臭，味酸。

【作用应用】有防腐、制酵及助消化作用。用于马、骡急性胃扩张，消化不良，牛瘤胃臌胀等。

【注意事项】本品忌与苯甲酸盐、水杨酸盐、碳酸盐、碱类等配伍。

【制剂用法用量】内服：一次量，马、牛 10～40ml；羊、猪 2～10ml。临用前稀释成 0.5% 左右。

乳酸

【理化特性】含乳酸量 85%～90%（g/g）。为澄清无色或微黄色黏性液体，几乎无臭，味酸。有引湿性，显强酸性反应。可与水、乙醇或醚任意混合，氯仿中不溶。

【作用应用】内服具防腐、制酵作用，促进消化液分泌。多用于幼畜消化不良、马属动物急性胃扩张及牛、羊前胃弛缓，亦可外用（以 1% 溶液冲洗阴道，治疗滴虫病）。其蒸汽可做室内消毒（$1ml/m^3$，稀释 10 倍后加热熏蒸 30min）。

【注意事项】禁与氧化剂、氢碘酸、蛋白质溶液及重金属盐配伍。

【制剂用法用量】内服，一次量，马、牛 5～25ml；羊、猪 0.5～3ml（用前稀释成 2% 溶液）。

胃蛋白酶（胃蛋白酵素、胃液素）

【理化特性】本品是自牛、羊、猪的胃黏膜合成的一种含有蛋白分解酶的物质，每 1g 中含蛋白酶活力不得少于 3 800U。为白色或淡黄色粉末。有引湿性，水溶液显酸性反应。

【作用应用】内服本品可使蛋白质初步水解成蛋白际，蛋白胨，有助消化。常用于胃液分泌不足及幼畜胃蛋白酶缺乏引起的消化不良。本品在 0.2%～0.4%（pH 值为 1.6～1.8）盐酸环境中作用最强。因此，用胃蛋白酶时，必须与稀盐酸同用，以确保充分发挥作用。

【注意事项】禁与碱性药物、鞣酸、金属盐等配伍。宜饲前服用。

【制剂用法用量】内服：一次量，马、牛4 000～8 000U；羊、猪800～1 600U；驹、犊 1 600～4 000U；犬 80～800U；猫 80～240U。

胰酶

【理化特性】由猪、牛、羊的胰脏提取，为多种酶的混合物。主要含有胰蛋白酶、胰淀粉酶和胰脂肪酶。淡黄色或类白色粉末。有肉臭，能溶于水，不溶于乙醇。有引湿性，遇酸、碱、重金属盐及加热均易失效。

【作用应用】本品在中性或弱碱性环境中活性较强，能促进蛋白质和淀粉的消化，对脂肪亦有一定的消化作用。主要用于消化不良，食欲不振及肝、胰腺疾病所致的消化障碍。

【注意事项】不宜与酸性药物同服。与等量碳酸氢钠同服疗效好。

【制剂用法用量】内服，一次量，猪 0.5～1g；犬 0.2～0.5g。

乳酶生（表飞鸣）

【理化特性】为乳酸杆菌的干燥制剂，每 1g 含活乳酸杆菌在 1 000 万以上。白色粉末。无臭无味，难溶于水。受热后药效下降，应于冷暗处保存。

【作用应用】本品为活性乳酸杆菌制剂，能分解糖类生成乳酸，使肠内酸度提高，抑制肠内病原菌繁殖。

主要用于胃肠异常发酵、腹泻和肠臌气等。

【注意事项】应用时不宜与抗菌药物、吸附药、收敛药、酊剂配伍，以免失效。

【用法用量】内服：一次量，驹、犊10～30g；羊、猪2～4g；犬0.3～0.5g；禽0.5～1g；水貂1～1.5g；貂0.3～1g。

干酵母（食母生）

【理化特性】为麦酒酵母菌或葡萄汁酵母菌的干燥菌体。为淡黄白色或淡黄棕色的颗粒或粉末。有酵母的特臭，味微苦。

【作用应用】干酵母含多种B族维生素等生物活性物质。每克酵母中约含维生素B_1 0.1～0.2mg、核黄素0.04～0.06mg、烟酸0.03～0.06mg。此外，尚含有维生素B_6、维生素B_{12}、叶酸、肌醇及转化酶、麦糖酶等。上述物质是机体内某些酶系统的重要组成部分，能参与糖、蛋白质、脂肪的生物转化和转运。用于食欲不振、消化不良和B族维生素缺乏的辅助治疗。

【注意事项】本品含有大量对氨苯甲酸，与磺胺药合用时可使其抗菌作用减弱。另用量过大可发生轻度下泄。

【制剂用法用量】内服：一次量，马、牛30～100g；羊、猪5～10g。

麦芽

麦芽为大麦或小麦成熟籽实经发芽后在适当温度（60℃以下）下干燥而得。

【作用应用】本品含有淀粉水解酶、糖转化酶、蛋白质水解酶、脂肪酶、麦芽糖及维生素B等。这些成分均参与淀粉水解，增强胃肠蠕动，为消化不良的良好辅助治疗药。大量内服可用于动物回乳。

【注意事项】哺乳母畜慎用。

【制剂用法用量】内服：一次量，马、牛20～50g；猪、羊10～15g。

第二节　泻药与止泻药

一、泻药的定义、分类和使用原则

1. 泻药的定义与分类

泻药是一类促进粪便顺利排出的药物。按作用机理可分为3类：①容积性泻药（亦称盐类泻药），如硫酸钠、硫酸镁、氯化钠等；②滑润性泻药（亦称油类泻药），如液体石蜡、植物油、动物油等；③刺激性泻药，如大黄、芦荟、番泻叶、蓖麻油等植物类。甘汞、酚肽等刺激性泻药现已少用。

另外，拟胆碱药，通过对肠道M受体作用，使肠管蠕动加强，促使排便，一般称神经性泻药（详见有关章节）。

2. 泻药的使用原则

（1）不能反复应用（只用1～2次），用药前后应注意给予充分饮水。

（2）对患肠炎的病畜和孕畜，应选用油类泻药，禁用刺激性泻药。

（3）排除毒物时，应选用盐类泻药，禁用油类泻药。

（4）单用泻药不奏效时，应进行综合治疗。

二、止泻药的定义和分类与使用原则

1. 止泻药的定义

止泻药是一类能制止腹泻的药物。腹泻是诸多疾病的一种症状。在一定意义上，腹泻是机体保护性防御机能的表现，可将毒物排出体外，但腹泻却影响了营养成分的吸收，尤其持久而剧烈的下泻导致机体脱水和钾、钠、氯等电解质紊乱和严重酸中毒。治疗时，应根据病因和病情，结合各药作用特点，采取综合措施，对因治疗与对症治疗并举。腹泻多因病原微生物引起，故一般常与抗微生物药、消炎药和制酵药配合应用。

2. 止泻药的分类

依据药理作用特点，止泻药可分为3类：① 保护性止泻药，如鞣酸、鞣酸蛋白、碱式硝酸铋、碱式碳酸铋等，通过凝固蛋白质形成保护层，使肠道免受有害因素刺激，减少分泌，起收敛保护黏膜作用；② 吸附性止泻药，如药用炭、高岭土等通过表面吸附作用，可吸附水、气、细菌、病毒、毒素及毒物等，减轻其对肠黏膜的损害；③ 苯乙哌啶、复方樟脑酊、阿托品等通过抑制肠道平滑肌蠕动而止泻。

三、常用泻药

（一）盐类泻药

常用盐类泻药有硫酸钠与硫酸镁。该类泻药的水溶液中有硫酸根离子，或者还有镁离子。两者在肠壁内均不被吸收，在肠道内形成高渗溶液。保持大量的水分，使肠道容积扩大，进而对肠道感受器产生强烈刺激，促进肠道蠕动，引起腹泻。

盐类泻药的致泻作用与给水量有关，临床常用5%溶液灌服，再让动物足量饮水。浓度过高或限制动物饮水，可导致幽门痉挛和诱发肠炎。该类药物仅适用于不完全大肠便秘及清除肠道毒物。禁用于急性胃扩张、小肠阻塞及大肠便秘后期。

影响盐类泻药泻下效果的因素如下：① 与盐类离子在消化道内吸收的难易程度有关，一般难吸收者，泻下作用强，反之就弱；② 与内服溶液的浓度相关，一般只有达到微高渗的浓度，才有利于产生快而强的泻下作用，故硫酸钠、硫酸镁应配成4% ~6%或6% ~8%的溶液（硫酸钠等渗溶液为3.2%，硫酸镁等渗溶液为4%）；③ 泻下作用与动物体内含水量多少有关，若机体内水量多，则能提高泻下作用，反之泻下效果差，因此，用药前应进行补液或大量饮水。

硫酸钠（芒硝）

【理化特性】 硫酸钠（$Na_2SO_4 \cdot 10H_2O$），为无色晶体。干燥失去结晶水称无水硫酸钠（又称玄明粉），易溶于水（1∶15），有风化性。

【作用应用】 内服小剂量硫酸钠发挥盐类健胃药作用。当内服大剂量硫酸钠时，在肠内解离成硫酸根和钠离子而发挥泻下作用。单胃动物服用硫酸钠后，一般经3 ~8h产生泻下作用，而复胃动物内服本品后约经18h左右产生泻下作用。另外，口服硫酸钠后，进入十二指肠时，刺激肠黏膜，可反射性引起胆管入肠处欧第氏括约肌松弛，胆囊收缩，促使胆汁排出。

主要应用：① 用于马属动物大肠便秘，反刍动物瓣胃及皱胃阻塞；② 作健胃药多与其他盐类配伍应用；③ 用于排出消化道内毒物、异物，配合驱虫药排出虫体等；④10% ~20% 高渗溶液外用治疗化脓创、瘘管等。

【注意事项】①治疗大肠便秘时，硫酸钠合适的浓度为4% ~6%，因浓度过低效果较差，浓度过高害处更大（可阻碍泻下作用，可继发肠炎，加重机体脱水）；②硫酸钠不适用于小肠便秘治疗，因易继发胃扩张；③硫酸钠禁与钙盐配合应用。

【制剂用法用量】用于健胃，内服：一次量，马、牛 15 ~50g；羊、猪 3 ~10g；犬 0.2 ~0.5g；兔1.5 ~2.5g；貂1 ~2g。用于导泻，内服：一次量，马200 ~500g；牛400 ~800g；羊40 ~100g；猪25 ~50g；犬10 ~25g；猫2 ~5g；鸡2 ~4g；鸭10 ~15g；貂5 ~8g（配成4% ~6%溶液使用）。

硫酸镁（泻盐、硫苦）

【理化特性】硫酸镁（$MgSO_4 \cdot 7H_2O$），为针状结晶，干燥硫酸镁为白色粉末。味苦而咸，易溶于水。

【作用应用】本品对消化道及创伤的作用、用法及用量均与硫酸钠相同。

硫酸镁还可缓解胆管痉挛和促进胆汁排出。高浓度硫酸镁能刺激十二指肠黏膜反射性地引起胆总管括约肌松弛，胆囊收缩，故可用于胆囊炎、阻塞性黄疸等。

【制剂用法用量】导泻：内服，一次量，马200 ~500g；牛300 ~800g；羊50 ~100g；猪20 ~50g；犬10 ~20g；猫2 ~5g（配成6% ~8%溶液使用）。

（二）刺激性泻药

刺激性泻药内服后在肠内代谢分解出有效成分，并对肠黏膜感受器产生化学性刺激作用，促使肠管蠕动，引发泻下作用。本类药物亦能加强子宫平滑肌收缩，可使孕畜流产，故不宜用于孕畜、弱小动物。作用易受瘤胃微生物的影响，对反刍动物疗效不明显。

本类药物种类繁多，包括含蒽醌苷类的大黄、芦荟、番泻叶等；刺激性油类的蓖麻油、巴豆油等；树脂类的牵牛子等；化学合成品酚酞等。其中大黄为兽医临床常用。

大黄（川军）

【理化特性】药用其干燥块茎。味苦，性寒。大黄末为黄色，不溶于水。大黄主要有效成分为苦味质、鞣质及蒽醌苷类的衍生物（大黄素、大黄酚、大黄酸等）。

【作用应用】大黄的作用与所含成分有关。内服小剂量的大黄，呈现苦味健胃作用。中等剂量的大黄，发挥鞣质效能，产生收敛作用，致使肠蠕动减弱，分泌减少，出现止泻效果。大剂量时，蒽醌苷类衍生物大黄素等起主要作用，产生致泻作用，其下泻作用部位在大肠。大黄下泻作用缓慢（约在用药后8 ~24h 排出软便），而且有时排便后继发便秘，这与所含鞣质有关。大黄与硫酸钠配合应用，可产生较好的泻下效果。体外试验证明，大黄素、大黄酸等具有一定的抗菌作用。

兽医临床主要作健胃剂，可与其他健胃药合用；可与硫酸钠配合作泻剂；作撒布剂外用治疗创伤、火伤及烫伤。

【注意事项】孕畜慎用。

【制剂用法用量】大黄末用于健胃，内服：一次量，马10 ~25g；牛20 ~40g；羊2 ~4g；猪2 ~5g；犬0.5 ~2g。用于止泻，内服：一次量，马25 ~50g；牛50 ~100g；猪5 ~10g；犬3 ~7g。用于下泻，内服：一次量，马60 ~100g；牛100 ~150g；驹、犊10 ~30g；

仔猪2~5g；犬2~7g。大黄酊 用于健胃，内服（酊）：一次量，马25~50ml；牛40~100ml；羊10~20ml。

蓖麻油

【理化特性】本品为大戟科植物蓖麻的成熟种子经压榨而得的一种脂肪油。为淡黄色澄明黏稠液体，味淡带辛，不溶于水。

【作用应用】蓖麻油本身无刺激性，只有润滑作用。内服后在肠内受胰脂肪酶作用，分解生成甘油与蓖麻油酸，后者又转成蓖麻油酸钠，刺激小肠黏膜感受器，引起小肠蠕动，导致泻下。蓖麻油下泻作用部位是小肠，故临床主要用于幼畜及小动物小肠便秘。

【注意事项】① 本品不宜做排除毒物及驱虫药，以免中毒；② 孕畜、肠炎病畜不得用本品做泻剂；③ 不能长期反复应用，以免妨碍消化功能。

【制剂用法用量】内服：一次量，马、牛200~300ml；驹、犊30~80ml；羊、猪20~60ml；犬5~25ml；猫4~10ml；兔5~10ml。

（三）润滑性泻药

本类药物来源于动物、植物和矿物。属中性油，无刺激性。如植物油类的豆油、花生油、棉籽油、菜籽油；动物油类的豚油、酥油、獾油以及矿物油类的液体石蜡。该类药物如口服量过大，由于吸收不完全或完全不吸收而以原型通过肠道，起润滑肠管、促进粪便排出的作用。

该类药物作用缓和，无刺激性，且对肠道有保护作用。适用于患肠炎的动物以及孕、弱、病、老动物便秘的治疗。其缺点是可增强脂溶性毒物、毒素及驱虫药的溶解性，促进吸收，增强毒性。临床使用时，应予注意。

液状石蜡（石蜡油）

【理化特性】为无色或微黄色的透明中性油状液。无臭，无味。在日光下不显荧光。中性反应。不溶于水和乙醇，在氯仿、乙醚或挥发油中溶解。能与多种油任意混合。

【作用应用】内服后不被吸收，以原型通过肠管，而且能阻止肠内水分的吸收，故起软化粪便、润滑肠腔的作用。本品作用温和，无刺激性，应用较安全。

用于小肠阻塞、便秘、瘤胃积食等。患肠炎病畜、孕畜亦可应用。

【注意事项】本品不宜长期反复应用，因有碍维生素A、维生素D、维生素E、维生素K和钙、磷的吸收，降低物质消化及减弱肠蠕动。

【制剂用法用量】内服：一次量，马、牛500~1 500ml；驹、犊60~120ml；羊100~300ml；猪50~100ml；犬10~30ml；猫5~10ml；兔5~15ml；鸡5~10ml（可加温水灌服）。

植物油

包括豆油、花生油、棉籽油、菜籽油等。

【作用应用】本品内服大部分以原型通过肠道，起润滑肠腔、软化粪便、利于粪便排出的作用。适用于大肠便秘、小肠阻塞、瘤胃积食等。

【注意事项】本品不用于排出脂溶性毒物；慎用于孕畜、患肠炎病畜，因一小部分植物油可被皂化，具有刺激性。

【制剂用法用量】内服：一次量，马、牛500~1 000ml；羊100~300ml；猪50~100ml；犬10~30ml；鸡5~10ml。

四、常用止泻药

鞣酸（鞣质、单宁、单宁酸）

【理化特性】系由五倍子中得到的一种鞣质。为黄色或淡棕色轻质无晶性粉末或鳞片；有特异微臭，味极涩。溶于水及乙醇，易溶于甘油，几乎不溶于乙醚、氯仿或苯。其水溶液与铁盐溶液相遇变蓝黑色，加亚硫酸钠可延缓变色。

【作用应用】本品为收敛药。内服后鞣酸与胃黏膜蛋白结合生成鞣酸蛋白薄膜，被覆于胃黏膜表面起保护作用，使之免受各种因素刺激，在局部达到消炎、止血、镇痛及制止分泌作用。形成的鞣酸蛋白到小肠后再被分解，释出鞣酸，呈现止泻作用，故内服做收敛止泻药。外用5%～10%溶液或20%软膏治疗湿疹、褥疮等。另外，鞣酸能与士的宁、奎宁、洋地黄等生物碱和重金属铅、银、铜、锌等发生沉淀，当因上述物质中毒时，可用鞣酸溶液（1%～2%）洗胃或灌服解毒，但需及时用盐类泻药排出。

【注意事项】鞣酸对肝有损害作用，不宜久用。

【制剂用法用量】内服：一次量，马、牛10～20g；羊2～5g；猪1～2g；犬0.2～2g；猫0.15～2g。洗胃：配成0.5%～1%溶液。外用：配成5%～10%的溶液。

鞣酸蛋白

【理化特性】淡黄色或棕色粉末，几乎无味，无臭，不溶于水和乙醇。

【作用应用】本品内服无刺激性，其蛋白成分在肠内消化后释出的鞣酸起收敛止泻作用。常用于急性肠炎与非细菌性腹泻。

【制剂用法用量】内服：一次量，马、牛10～20g；羊、猪2～5g；犬0.2～2g；猫0.15～2g；兔1～3g；禽0.15～0.3g；水貂0.1～0.15g。

碱式硝酸铋（次硝苍，次硝酸铋，硝酸氧铋）

【理化特性】本品为白色结晶性粉末，无臭，无味，不溶于水及乙醇，溶于稀盐酸及硝酸。

【作用应用】内服难吸收。在胃肠内小部分缓慢地解离出铋离子，然后铋离子与蛋白质结合，呈收敛保护黏膜作用。大部分次硝酸铋覆于肠黏膜表面，而且在肠内能与硫化氢结合，形成不溶性硫化铋，覆盖在黏膜表面，表现出机械性保护作用，并减少硫化氢对肠黏膜的刺激。另外，本品还具有止泻作用，用于肠炎和腹泻。

另外，次硝酸铋在炎性组织中，能缓慢地解离出铋离子，其离子能同组织的蛋白质和细菌蛋白质结合，产生收敛与抑菌作用。而且，铋盐的抑菌作用还和铋离子结合细菌酶系统中的巯基有关，故用于湿疹、烧伤的治疗，可用本品撒布剂或10%软膏涂布。

【注意事项】对由病原菌引起的腹泻，应先用抗微生物药控制其感染后再用本品。次硝酸铋在肠内溶解后可产生亚硝酸盐，用量大时能引起吸收中毒。

【制剂用法用量】内服：一次量，马、牛15～30g；羊、猪、驹、犊2～4g；犬0.3～2g；猫、兔0.4～0.5g；禽0.1～0.3g；水貂0.1～0.5g。

碱式碳酸铋

【理化特性】为白色或淡黄色粉末，无臭无味；遇光慢慢分解变质，加热分解成碱式盐，灼烧分解为二氧化碳和氧化铋。不溶于水、乙醇及其他有机溶剂；易溶于硝酸、盐酸、浓乙酸，也可以溶于氯化铵溶液中；微溶于碱式碳酸盐溶液。

【作用应用】 本品作用、应用基本同碱式硝酸铋，副作用较轻。内服剂量同碱式硝酸铋。

药用炭

【理化特性】 黑色，质轻而细的粉末。无臭，无味。

【作用应用】 本品颗粒小，表面积大（1g 药用炭总表面积达 $500 \sim 800m^2$），具有多数疏孔，因而吸着力强，可做吸附药。用于腹泻、肠炎和阿片、马钱子等生物碱类药物中毒的解救药。外用做创伤撒布剂。百草霜（锅底灰）、木炭末可代替药用炭应用，但吸着力差。

【制剂用法用量】 内服：一次量，马、牛 100～300g；羊、猪 10～25g；犬 0.3～5g；猫 0.15～0.25g。

盐酸地芬诺酯（苯乙哌啶、止泻宁）

【理化特性】 为人工合成止泻药。

【作用应用】 本品属非特异性止泻药，是哌替啶的衍生物，通过对肠道平滑肌的直接作用，抑制肠黏膜感受器，减弱肠蠕动，同时增加肠道的节段性收缩，延迟内容物后移，以利于水分吸收。大剂量呈镇痛作用。长期使用能产生依赖性，若与阿托品配伍使用可减少依赖性发生。主要用于急慢性功能性腹泻、慢性肠炎等对症治疗。

【制剂用法用量】 复方地芬诺酯片，内服：一次量，犬 2.5mg，3 次/d。

高岭土（白陶土）

【理化特性】 本品取自天然的含水硅酸铝，主要成分为硅酸铝（$Al_2O_3 \cdot 2SiO_2 \cdot 2H_2O$）。

【作用应用】 内服呈吸附性止泻作用，吸附力弱于药用炭，可用于幼畜腹泻。

【制剂用法用量】 内服：一次量，马、牛 100～300g；羊、猪 10～30g。

第三节 抗酸药

抗酸药是一类能降低胃内容物酸度的弱碱性无机物质，可直接中和胃酸而不被肠道吸收。

碳酸钙

【理化性质】 本品为白色极微细的结晶性粉末。无臭，无味。几乎不溶于水，不溶于乙醇。

【作用应用】 本品抗酸作用产生快、强而持久。在中和胃酸反应时产生 CO_2，可引起嗳气。Ca^{2+} 进入小肠能促使胃泌素分泌，易出现胃酸分泌增多的反跳现象。临床主要用于治疗单胃动物的胃酸过多症。

若用量过大、使用时间过长，可引发便秘和腹胀等现象。

【用法用量】 内服：一次量，马、牛 30～80g；羊、猪 3～20g。

氧化镁

【理化性质】 本品为白色粉末。无臭，无味。几乎不溶于水，不溶于乙醇，可溶于稀酸。在空气中可缓慢吸收 CO_2。

【作用应用】 本品抗酸作用产生慢，但强而持久。中和胃酸反应时不产生 CO_2 气体，但可形成氯化镁，释放镁离子，刺激肠管蠕动而致泻。氧化镁又有吸附作用，能吸附 CO_2 等气体。临床主要用于治疗动物的胃酸过多、急性瘤胃臌气和胃肠臌气。

【用法用量】内服：一次量，马、牛 50～100g；羊、猪 2～10g。

氢氧化镁

【理化性质】本品为白色粉末。无臭，无味。不溶于水和乙醇，溶于稀酸。

【作用应用】本品为抗酸作用较快、较强的难吸收性抗酸药。可快速把 pH 值调至 3.5。中和胃酸时不产生 CO_2，临床主要用于胃酸过多与胃炎等病症。若持久大量应用，可引发便秘和腹胀等现象。

【制剂用法用量】镁乳。内服：一次量，犬 5～30ml；猫 5～15ml。

氢氧化铝

【理化性质】本品为白色无晶形粉末。无臭，无味。不溶于水或乙醇。在稀盐酸或氢氧化钠溶液中溶解。

【作用应用】本品为弱碱性化合物，抗酸作用较强，缓慢而持久。中和胃酸时产生的氧化铝有收敛作用，有局部止血作用，也会引起便秘，还能影响磷酸盐、四环素、强的松、氯丙嗪、普萘洛尔、维生素、巴比妥类、地高辛、奎尼丁、异烟肼等药物的吸收或消除。临床主要用于胃酸过多与胃溃疡等病症的治疗。

【用法用量】内服：一次量，马 15～30g；猪 3～5g。

溴丙胺太林（普鲁本辛）

【理化性质】本品为白色或类白色结晶粉末。无臭，味极苦。极易溶于水、乙醇或氯仿中，不溶于乙醚和苯。

【作用应用】本品为节后抗胆碱药，对胃肠道 M 受体选择性高，有类似阿托品样作用，治疗剂量对胃肠道平滑肌的抑制作用强而持久，也会减少唾液、胃液和汗液的分泌。还有神经节阻断作用。中毒剂量时，可阻断神经肌肉传导，引起呼吸麻痹。弱碱性化合物，抗酸作用较强，缓慢而持久。中和胃酸时产生的氧化铝有收敛作用，有局部止血作用，也会引起便秘，还能影响磷酸盐、四环素、强的松、氯丙嗪、普萘洛尔、维生素、巴比妥类、地高辛、奎尼丁、异烟肼等药物的吸收或消除。

临床主要用于胃酸过多及缓解胃肠痉挛。可延缓呋喃妥因与地高辛在肠内的停留时间，增加药物的吸收量。

【制剂用法用量】溴丙胺太林片。内服：一次量，小犬 5～7.5mg；中犬 15mg；大犬 30mg；猫 5～7.5mg。每 8h 1 次。

第四节　止吐药与催吐药

一、止吐药

止吐药是一类通过不同环节抑制呕吐反应的药物。兽医临床主要用于制止犬、猫、猪及灵长类动物呕吐反应。因为长期剧烈的呕吐，容易造成机体脱水和电解质平衡紊乱。

氯苯甲嗪（敏可静）

【理化性质】为白色或淡黄色结晶粉末。无臭，几乎无味。溶于水。

【作用与应用】是组胺受体的颉颃剂，具有制止变态反应性及晕动病所致呕吐的作用，止吐作用持久，可维持12～24h。止吐机理是抑制前庭神经、迷走神经兴奋传导，对中枢也有一定抑制作用。主要用于犬、猫等动物的呕吐症。

【制剂用法用量】盐酸氯苯甲嗪片。口服：一次量，犬25mg；猫12.5mg。

甲氧氯普安（胃复安，灭吐灵）

【物理性质】白色结晶性粉末。遇光变成黄色，毒性增强，勿用。

【作用应用】甲氧氯普安具有强大的止吐作用。其作用机理是阻断多巴胺 D_2 受体作用，抑制延髓催吐化学感受区，反射性地抑制呕吐中枢而达到止吐的效果。可用于胃肠胀满、恶心呕吐及药物性呕吐等。犬猫妊娠时禁用。禁止与阿托品、颠茄等制剂合用，以防止药效降低。

【制剂用量用法】甲氧氯普安片，每片5mg，内服：1次量，犬、猫10～20mg。甲氧氯普安注射液，10mg（1ml），肌肉注射，一次量，犬、猫10～20mg。

舒必利（止吐灵）

【性状】本品为白色或类白色结晶性粉末；无臭，味微苦。本品在乙醇或丙酮中微溶，在氯仿中极微溶解，在水中几乎不溶；在氢氧化钠溶液中极易溶解。

【药理作用】本品为中枢性止吐药，止吐作用强大。

【适应症】为中枢性止吐药，有很强的止吐作用。口服比氯丙嗪强166倍，皮下注射时强142倍；比甲氧氯普安强5倍。兽医临床常用作犬的止吐药，用于犬呕吐症。止吐效果优于胃复安。

【制剂用量用法】舒必利片。内服：一次量，5～10kg体重，犬0.3～0.5mg。

二、催吐药

催吐药是一类能引起呕吐的药物。催吐作用可由兴奋呕吐中枢化学敏感区引起，如阿朴吗啡；此外，也可以通过刺激食道、胃等消化道黏膜，反射性地兴奋呕吐中枢，引起呕吐，如硫酸铜。催吐药主要用于犬猫等能够呕吐的动物，可用于中毒急救，及时排出胃内未吸收的毒物，减少有毒物质的吸收。

阿朴吗啡（去水吗啡）

【理化性质】为吗啡脱水后形成的产物，不稳定，易氧化增强毒性，通常制成盐酸盐。盐酸阿朴吗啡为白色或浅灰色的光泽结晶或结晶性粉末，无臭。能溶于水和乙醇，水溶液呈中性。置空气中遇光会变成绿色，勿用。

【作用应用】本品系合成的吗啡生物碱的衍生物，为中枢反射性催吐药，其抑制中枢作用较吗啡弱而催吐作用增强。主要通过刺激催吐化学感受区的多巴胺受体而引起呕吐。作用快而强，给犬皮下注射或点眼后约经3～10min即可出现作用，间断性的呕吐可持续20～40min。静脉注射阿朴吗啡出现呕吐更快，通常在1min之内显效，其他给药方法也较为可靠。常用于犬，主要用于清除胃内毒物。不用于猫。

【注意】剂量过大可抑制中枢神经系统并引起呼吸抑制，同样因呕吐中枢也处于抑制状态，对阿朴吗啡的反应性降低，往往不出现呕吐。因此，阿朴吗啡不可与中枢抑制药并用。

【用法用量】皮下注射：一次量，猪10～20mg；犬2～3mg。

第五节　瘤胃兴奋药

瘤胃兴奋药，又称反刍促进药，是能促使瘤胃平滑肌收缩，加强瘤胃运动，促进反刍动作，消除瘤胃积食与气胀的一类药物。

可促进瘤胃兴奋的药物有氨甲酰甲胆碱、氨甲酰胆碱、毛果芸香碱、新斯的明、毒扁豆碱等拟胆碱药以及浓氯化钠注射液、吐酒石和甲氧氯普安等。本节仅介绍氨甲酰甲胆碱。

氨甲酰甲胆碱（乌拉胆碱）

【理化性质】 为白色结晶或结晶性粉末。稍有氨味。极易溶于水，易溶于乙醇，不溶于氯仿和乙醚。

【作用与应用】 本品属季铵类化合物，内服极少吸收。不易被胆碱酯酶水解。主要兴奋M胆碱受体，呈现M样作用，N样作用甚微或没有。对胃肠道平滑肌呈明显的收缩作用，而心血管系统的抑制作用较弱为其特点。阿托品可快速阻止或消除M样作用，临床应用较安全，但肠道完全阻塞、创伤性网胃炎及孕畜禁用。主要用于胃肠弛缓等。

【制剂用法用量】 氨甲酰甲胆碱注射液。皮下注射：一次量，每1kg体重，马、牛0.05～0.1mg；猫0.25～0.5mg。

第六节　制酵药与消沫药

制酵药就是通过抑制或杀灭微生物，阻止胃肠内容物异常发酵、气体产生过多的一类药物。该类药物主要用于反刍动物瘤胃臌胀和马属动物的肠臌气。常用药物有甲醛溶液、鱼石脂和大蒜酊等。

消沫药是一类表面张力低，又不与起泡液互溶，能迅速降低泡沫的局部表面张力，使气泡破裂或不断融合，扩大汇成游离气体而逸出的一类药物。反刍动物的瘤胃泡沫性臌胀，多因采食含大量皂苷的饲料，如紫花苜蓿等豆科植物所致。皂苷能降低瘤胃内液体表面张力，形成大量稠黏性小泡，夹杂于瘤胃内容物中使气体难以排出而使瘤胃膨胀。消沫药主要用于治疗瘤胃泡沫性臌胀。常用药物有二甲硅油、松节油、各种植物油（如豆油、花生油、菜籽油、麻油、棉籽油等），它们的表面张力皆较低。

一、常用制酵药

甲醛溶液

【理化特性】 本品为36%～40%甲醛溶液，又称福尔马林。

【作用应用】 该溶液有强大的杀菌力，制酵作用可靠。3%～4%溶液就能杀死多种细菌、芽孢和病毒。临床上使用20～30倍稀释液内服可以迅速制止瘤胃内发酵。

【注意事项】 过高浓度或过大剂量可引起流涎、腹痛、中枢性昏迷、惊厥或死亡。

本品仅适用于严重瘤胃臌胀，而一般轻度症状不宜选用。用药后可因广泛杀灭瘤胃内多种微生物或纤毛虫，而继发消化机能障碍。

【制剂用法用量】 内服：一次量，牛8～25ml；羊1～5ml。用20～30倍的水稀释后应用。

鱼石脂（依克度）

【理化特性】为棕黑色浓厚的黏稠性膏体药物，有特臭。易溶于乙醇，在热水中溶解，呈弱酸性反应。

【作用应用】具轻度防腐、制酵、祛风作用，可促进胃肠蠕动。常用于瘤胃臌胀，前胃弛缓，急性胃扩张。外用有温和刺激作用，可消肿促使肉芽新生，故10%～30%软膏用于慢性皮炎、蜂窝织炎等。

内服时，先用倍量的乙醇溶解，然后加水稀释成2%～5%的溶液。

【制剂用法用量】内服：一次量，马、牛10～30g；羊、猪1～5g；兔0.5～0.8g。

大蒜酊

【理化特性】生大蒜捣成蒜泥加酒精制成。

【作用应用】大蒜酊剂，能刺激胃黏膜，促进蠕动，消除胀气。可用于治疗前胃弛缓、胃扩张、肠胀气等，临床上多用于轻度胃肠胀气。

【制剂用法用量】大蒜酊（20g蒜泥70%乙醇的100ml浸泡液），内服：一次量，马、牛40～80ml，猪、羊15～25ml。内服时应加4倍水稀释。

二、常用消沫药

植物油类

植物油有豆油、花生油、菜籽油及松节油等。

【作用应用】这些药物都有较低的表面张力，不与水混溶，来源广泛，疗效可靠，无不良反应。为治疗瘤胃泡沫性臌胀的有效药物。

【制剂用法用量】内服：一次量，牛500～1 000ml；羊100～300 ml。

二甲硅油（聚甲基硅）

【理化特性】无色透明油状液体。无臭或几乎无臭，无味。在水和乙醇中不溶。能与氯代烃类、乙醚、苯、甲苯等混溶。

【作用应用】发挥消沫药作用。能消除胃肠道内的泡沫，使被泡沫贮留的气体得以排除，缓解气胀。用于瘤胃泡沫性臌胀病。本品作用迅速，约在用药后5min起作用，15～30min时作用最强。

临用时配成2%～3%酒精溶液或2%～5%煤油溶液，最好采用胃管投药。灌服前后应灌少量温水，以减轻局部刺激。

【制剂用法用量】二甲硅油片，内服：一次量，牛3～5g；羊1～2g。二甲硅油气雾剂（每瓶总量18g，内含二甲硅油0.15g），用量同上。

三、制酵药与消沫药的合理应用

应用制酵药和消沫药时要严格掌握适应症，首先要进行确诊，通过临床听诊、叩诊等手段判断家畜胃肠臌胀的原因，如是胃肠内容物异常发酵引起，应在穿刺放气的基础上灌服制酵药，阻止内容物继续发酵产气。而对反刍动物的瘤胃泡沫性臌胀在实施穿刺放气时无气体排出，应考虑泡沫性臌胀，应灌服消沫药后，再穿刺放气，直至臌胀缓解。用药量不宜过大，以免影响正常胃肠功能。

复习思考题

1. 健胃药包括哪几类？各自的作用特点是什么？
2. 简述助消化药的作用及适应症。
3. 泻药分哪几类？其作用特点和适应症。
4. 止泻药的作用机制、特点及适应症分别是什么？应用原则如何？
5. 制酵药适应症是什么？消沫药的作用机制、特点及适应症又是什么？

第七章

呼吸系统药物

呼吸系统是由呼吸道和肺组成，在呼吸中枢调节下，进行正常的气体交换，对维持机体内环境的平衡具有十分重要的作用。因其直接与外界环境接触，环境的剧烈变化，如寒冷、潮湿、烟尘及微生物等，对呼吸系统有着直接的影响，常导致呼吸系统疾病的发生。其症状有咳、痰、喘，三者往往同时存在，互为因果。如痰多可引起咳嗽，也可阻塞支气管引起喘息；喘息可引起咳嗽，又往往会增加痰液。过度的痰、咳、喘可严重影响呼吸和循环机能。引起呼吸系统疾病的原因很多，常见的是病原微生物和寄生虫感染、化学刺激、过敏反应、神经功能失调、气候骤变等。临床上主要对因治疗，并配合祛痰、镇咳、平喘药等对症治疗。

根据药物作用特点，可将呼吸系统药物分为祛痰药、镇咳药和平喘药3类。这3类药物常配伍应用。

第一节　祛痰药

凡能促进气管与支气管黏液分泌，使痰液变稀而易于排出的药物叫祛痰药。

在正常生理情况下，呼吸道内不断有少量痰液分泌，在呼吸道内形成稀薄的黏液层，对黏膜起保护作用。在病理情况下，由于炎症对黏膜的不良刺激，使分泌物增多，并因黏膜上皮的病理变化，使纤毛运动减弱，黏液不能顺利排出。于是滞留在呼吸道内的黏液，因水分被吸收，加上呼吸气流的影响，使黏液更加黏稠，黏着于呼吸道内壁不能排出，因而导致咳嗽，严重的引起喘息。此时，除对患畜进行祛痰治疗以缓解和减轻症状外，还应使用抗菌药物进行治疗。

氯化铵

【理化特性】 为白色结晶性粉末。无臭，味咸。易溶于水。有吸湿性。密封干燥保存。

【作用应用】 本品内服能刺激胃黏膜，通过迷走神经反射，引起支气管腺体分泌增加。同时，吸收后的氯化铵有一部分经呼吸道排出，可带出一定量水分，使稠痰变稀，黏度下降，易于咳出。临床上主要用于呼吸道炎症的初期痰液黏稠不易咳出的病例，也可用于纠正碱中毒。此外，氯化铵还有酸化体液、尿液及轻微的利尿作用。

【注意事项】 本品禁与磺胺类药物并用，以免磺胺在酸性尿中析出结晶，损害泌尿道；胃、肝、肾机能障碍时慎用；氯化铵与碱或重金属盐配合时会分解而失效。

【制剂用法用量】 氯化铵片，0.3g/片，祛痰，内服：一次量，牛10～25g；马8～15g；猪1～2g；羊2～5g；犬、猫0.2～1.0g。酸化剂，内服：一次量，牛15～30g；马4～15g；羊1～2g；猫0.8g（或每1kg体重用20mg）；犬0.2～0.5g（3～4次/d）。

碘化钾（灰碘）

【理化特性】为无色透明结晶或白色颗粒状粉末。易溶于水，水溶液呈中性反应。有潮解性，应遮光、密封保存。

【作用应用】本品内服可刺激胃黏膜，反射性地增加支气管腺体分泌。同时，吸收后有一部分碘离子迅速从呼吸道排出，直接刺激支气管腺体，促进分泌，稀释痰液，易于咳出。但本品刺激性强，不适用于急性支气管炎治疗。另外，碘化钾进入机体后，缓慢游离出碘，一部分成为甲状腺素的成分参与代谢，另一部分进入病变组织中，溶解病变组织和消散炎性产物。本品还能使机体代谢旺盛，改善血液循环。用于慢性或亚急性支气管炎；局部病灶注射，可治疗牛放线菌病；作为助溶剂，用于配制碘酊和复方碘溶液，并可使制剂性质稳定。

【制剂用法用量】碘化钾片（1）10mg（2）200mg。内服：一次量，马、牛5～10g，猪、羊1～3g，犬0.2～1g。

乙酰半胱氨酸（痰易净、易咳净）

【理化特性】本品为白色结晶性粉末，为半胱氨酸的N-乙酰化物，易溶于水及乙醇。有吸湿性，性质不稳定，有类似蒜的臭气，味酸。应避光密闭保存。

【作用与应用】本品为黏痰溶解性祛痰剂，有降低痰液黏度使之易于咳出的作用。对脓性和非脓性痰液均有效。

本品临床上主要适用于治疗急慢性支气管炎、支气管扩张、喘息、肺炎、肺气肿及眼的黏液溶解药等。特别适用于痰液黏稠引起的呼吸、咳嗽困难等。也用于小动物（犬、猫）扑热息痛中毒的救治。

【注意事项】①本品对呼吸道黏膜有一定的刺激作用，偶尔可引起支气管痉挛，如与异丙肾上腺素配合应用，能防止支气管痉挛，还能提高疗效；②本品可降低青霉素、四环素、头孢菌素等药物的疗效，必要时应交替使用，间隔4h；③本品与碘化钾、糜蛋白酶、胰蛋白酶有配伍禁忌；④小动物喷雾后宜运动，以利痰液咳出；⑤喷雾容器宜用玻璃或塑料制品。

【制剂用法用量】用10%～20%溶液喷至咽喉部，中等动物2～5ml，2～3次/d；气管滴入：用5%溶液自气管插管或直接滴入气管内，牛、马3～5ml，2～4次/d；喷雾用：乙酰半胱氨酸（用于呼吸道病治疗）犬50ml/h（30～60min内喷完），2次/d；口服：猫每1kg体重140mg/次，随后每1kg体重70mg/次，4次/d。对乙酰氨基酚中毒时解毒用，口服、静脉注射：每1kg体重140mg/次，4h/次，连用5次。

第二节　镇咳药

凡能降低咳嗽中枢兴奋性，减轻或制止咳嗽的药物称镇咳药。咳嗽是呼吸道受异物或炎性产物的刺激而引起的防御性反应，能使异物或炎性产物咳出。故轻度咳嗽有助于祛痰，对机体有利，此时不宜镇咳，特别是呼吸道存在大量痰液，更不应镇咳。但频繁而剧烈的干咳或胸膜炎等引起的频咳，易加重呼吸道损伤，造成肺气肿、心功能障碍等不良后果，此时，除积极对因治疗外，还应配合镇咳。

对剧咳而有痰者，可在应用祛痰剂的同时，配合少量作用较弱的镇咳药，如甘草制剂、喷托维林等，以减轻咳嗽，但不应使用作用强烈的可待因等。临床常用的镇咳药有喷托维林、可待因、甘草、杏仁、二氧丙嗪等。

喷托维林（咳必清，维静宁）

【理化特性】人工合成镇咳药。为白色结晶性粉末，味苦、无臭，有吸湿性，易溶于水，水溶液呈酸性。应密封保存于干燥处。

【作用应用】本品可选择性抑制咳嗽中枢。同时，吸收后有部分药物从呼吸道排出，对呼吸道黏膜产生轻度的局部麻醉作用。大剂量有阿托品样作用，可使出现痉挛的平滑肌松弛。常与祛痰药合用治疗伴有剧烈干咳的急性呼吸道炎症。多痰性咳嗽不宜单独使用。

【制剂用法用量】枸橼酸喷托维林片，25mg。内服：一次量，马、牛 0.5～1g；猪、羊 0.05～0.1g，3 次/d。复方枸橼酸喷托维林糖浆，100ml，枸橼酸喷托维林 0.2g：氯化铵 3g：薄荷油 0.008ml。内服：一次量，马、牛 100～150ml；猪、羊 20～30ml，3 次/d。

可待因（甲基吗啡）

【理化特性】本品从阿片中提取，也可由吗啡甲基化而得。为无色细微结晶。味苦，易溶于水。

【作用应用】本品能直接抑制咳嗽中枢，产生较强的镇咳作用，也有镇痛作用。对呼吸中枢也有一定的抑制作用。对各种原因引起的咳嗽均有效。临床上多用于无痰、剧痛性咳嗽及胸膜炎等疾患引起的干咳。对多痰的咳嗽不宜应用。

【制剂用法用量】磷酸可待因片（1）15mg（2）30mg。内服：一次量，马、牛 0.2～2g，猪、羊 15～60mg，犬 15～30mg，猫 0.25～4mg。

甘草

【作用应用】甘草的有效成分为甘草甜素，即甘草酸。甘草酸内服后水解产生甘草次酸及葡萄糖醛酸。甘草次酸有镇咳作用，还能促进咽喉及支气管腺体分泌，发挥祛痰作用；葡萄糖醛酸有解毒及抗炎作用。适用于一般性咳嗽。

【制剂用法用量】复方甘草合剂，内服：一次量，马、牛 50～100ml，猪、羊10～30ml。

二氧丙嗪（克咳敏，双氧丙嗪，双氧异丙嗪）

【理化特性】白色或微黄色粉末或结晶性粉末。无臭，味苦。在水中溶解，在乙醇中微溶解。

【作用与应用】本品具有较强的镇咳作用，并具有抗组胺、解除平滑肌痉挛、抗炎和局部麻醉作用。是一种作用迅速持久，安全范围较大的新药。临床上用于慢性支气管炎，镇咳疗效显著。尚可用于过敏性哮喘、荨麻疹、皮肤瘙痒症等病的治疗。

【制剂用法用量】盐酸二氧丙嗪片，5mg/片。内服：一次量，犬 2～10mg，3 次/d。

第三节　平喘药

凡能解除支气管平滑肌痉挛，扩张支气管，缓解喘息的药物称平喘药。另外，有些抗组胺药，亦能减轻或消除因变态反应而引起的气喘。

氨茶碱

【理化特性】 是茶碱和乙二胺的复盐。为白色或淡黄色的颗粒或粉末。微有氨臭，味苦。易溶于水，水溶液呈碱性。露置于空气中吸收二氧化碳并析出茶碱，应遮光、密闭保存。

【作用应用】 氨茶碱的作用与咖啡因相似，对支气管平滑肌有直接松弛作用。其作用机制是通过抑制磷酸二酯酶，使 cAMP 的水解速度减慢，升高组织中 cAMP/cGMP 比值，抑制组胺和慢反应物质等过敏介质的释放，促进儿茶酚胺释放，使支气管松弛；同时具有直接松弛支气管平滑肌的作用，从而解除支气管平滑肌痉挛，缓解支气管黏膜的充血水肿，发挥平喘功效。此外，本品还有比较弱的强心和利尿作用。

本品具有扩张血管、松弛平滑肌、兴奋中枢神经系统、强心和利尿作用。松弛支气管平滑肌作用较强，当支气管平滑肌处于痉挛状态时作用更明显。临床上用于痉挛性支气管炎，急、慢性支气管哮喘和心力衰竭时气喘的治疗。也可作为心性水肿的辅助治疗药。

【注意事项】 本品对局部有刺激性，应深部肌肉注射或静脉注射；静脉注射量不要过大，并以葡萄糖溶液稀释至 2.5% 以下浓度，缓慢注入；不宜与维生素 C 等酸性药物配伍使用。

【制剂用法用量】 氨茶碱片，（1）0.05g（2）0.1g（3）0.2g。内服：一次量，每 1kg 体重，马、牛 5～10mg；犬、猫 10～15mg。氨茶碱注射液（1）2ml：0.25g（2）2ml：0.5g（3）5ml：1.25g。肌肉、静脉注射：一次量，马、牛 1～2g，猪、羊 0.25～0.5g，犬 0.05～0.1g。

麻黄碱

【理化特性】 为从麻黄科植物麻黄中提取的一种生物碱，也可人工合成。本品为白色结晶。无臭，味苦。易溶于水，能溶于醇。应密封保存。

【作用应用】 麻黄碱的作用与肾上腺素相似，均能松弛平滑肌、扩张支气管，但作用比肾上腺素缓和而持久。另外，吸收后易透过血脑屏障，有明显的中枢兴奋作用。临床上用于轻度的支气管哮喘；也常配合祛痰药用于急性和慢性支气管炎，以减轻支气管痉挛及咳嗽。

【注意事项】 本品中枢兴奋作用较强，用量过大，动物易产生躁动不安，甚至发生惊厥等中毒症状。严重时可用巴比妥类药物等缓解。

附：祛痰、镇咳与平喘药的合理选用

呼吸道炎症初期，痰液黏稠而不易咳出，可选用氯化铵祛痰；呼吸道感染，伴有发热等全身症状，应以抗菌药控制感染为主，同时选用刺激性较弱的祛痰药如氯化铵；当痰液黏稠度高、频繁咳嗽亦难以咳出时，选用碘化钾或其他刺激性药物如松节油等蒸汽吸入治疗。

痰多咳嗽或轻度咳嗽，不应选用镇咳药止咳，要选用祛痰药将痰液排出，咳嗽就会减轻或停止；对长时间频繁而剧烈的疼痛性干咳，应选用镇咳药如可待因等止咳，或选用镇咳药与祛痰药配伍应用，如复方甘草合剂、复方枸橼酸喷托维林糖浆等；对急性呼吸道炎症初期引起的干咳，可选用喷托维林；小动物干咳可选用二氧丙嗪。

对因细支气管积痰而引起的气喘，镇咳、祛痰后气喘可得到缓解；因气管痉挛引起的气喘，可选平喘药治疗；一般轻度气喘，可选氨茶碱或麻黄碱平喘，辅以氯化铵、碘化钾等祛痰药进行治疗。但不宜应用可待因或喷托维林等镇咳药，因其能阻止痰液的咳出反而加重喘息。糖皮质激素、异丙肾上腺素等均有平喘作用，适用于过敏性喘息。祛痰、镇咳和平喘药均为对症治疗。用药时要先考虑对因治疗，并有针对性的选用对症药治疗。

复习思考题

1. 什么叫祛痰药、镇咳药、平喘药？
2. 如何合理选用祛痰、镇咳、平喘药？
3. 氯化铵为什么不能与磺胺类药物合并使用？

第八章

血液循环系统用药

第一节　强心药

一、强心药简介

血液循环的原动力是心肌的收缩。只有心脏输出足量的血液满足机体代谢需求时，才可保障机体的生理机能正常。心脏的功能正常与否，不仅影响健康动物的生产效率、使役能力等，而且关系到患病动物的病情进展情况或愈后的判断。因此，无论对心脏本身的疾病还是心脏以外原因引起的心脏机能障碍，选用恰当的药物来保护心脏功能、纠正心力衰竭、增加心输出量具有重要的临床意义。

凡是能提高心肌兴奋性，增强心肌收缩力，改善心脏功能，在临床上用于治疗急、慢性心功能不全的药物，均可称之为强心药。具有强心作用的药物很多，如强心苷（洋地黄、地高辛等）、黄嘌呤类（咖啡因、茶碱）、儿茶酚胺类（肾上腺素）等，必须根据其药理学的作用机理，结合疾病性质合理选用。

咖啡因、樟脑属中枢兴奋药，具有一定的强心作用。其作用迅速，维持时间短，适用于过劳、高热、中毒、中暑（如日射病、热射病）等过程中的急性心脏衰弱。在这种情况下，机体的主要矛盾不在心脏，而在于这些急性疾病引起畜体机能障碍，血管紧张力下降，回心血流量减少，心输出量不足，心脏搏动加快，心肌疲劳，造成心力衰竭。在使用咖啡因或樟脑调整畜体机能、增强心肌收缩力、改善血液循环的同时，应积极治疗原发病。消除病因后畜体机能就可逐渐恢复，也就解除了心脏的过重负担。

肾上腺素的强心作用快而有力，它能提高心肌的兴奋性，扩张冠状血管，改善心肌的缺血、缺氧状态。但肾上腺素提高组织的耗氧量，并在剂量较大时可能诱发心律不齐或心室颤动。因此，肾上腺素不用于心力衰竭的治疗，而用于心跳骤停使心脏复苏。

黄嘌呤类（咖啡因、茶碱）、儿茶酚胺类（肾上腺素）虽然也能影响心血管的功能，但因为它们还具有其他重要的药理作用，故分别在有关章节讨论，本章主要介绍强心苷类药物。

强心苷有较严格的适应症，主要用于慢性心力衰竭及慢性心衰的急性发作。慢性心功能不全（充血性心力衰竭）的主要病因是由于毒物或细菌毒素、过劳、重症贫血、维生素 B_1 缺乏、心肌炎症及瓣膜病损等因素损害了心肌，导致心肌收缩力减弱，心输出量下降，最终不能满足机体组织代谢的需要。初期，心脏发挥其代偿适应功能，来弥补输出量的不足。若病因不除，时间一久，心脏则失去代偿能力，即发生心功能不全。此病以静脉系统充血为特征，故又称充血性心力衰竭，同时伴有呼吸困难、水肿和发绀等为主的综合症状。

强心苷对心脏有高度选择性作用，它能直接加强心脏收缩力，有效地解决心力衰竭时心肌收缩减弱这一主要矛盾。用药后使心肌收缩期缩短，心输出量增加，心室排空完全，舒张期相对延长，这样既可减少心肌的耗氧量，提高心脏工作效率，也改善了静脉充血和动脉血量不足的状态，最终减轻或消除呼吸困难、水肿和紫绀等症状。

二、常用药物

各种强心苷类药物，对心脏的作用在本质上是一样的，都是加强心肌收缩力，减慢心率，抑制传导，使心输出量增加，减轻淤血症状，消除水肿，但在作用特点上则有快慢、久暂的不同。临床上分为慢效类和速效类。慢效类显效慢，代谢和排泄也慢，作用持续时间长，适用于慢性心功能不全，如洋地黄叶和洋地黄毒苷等。速效类奏效快，代谢和排泄也快，作用持续时间短，适用于急性心功能不全或慢性心功能不全的急性发作，如毛花丙苷、毒毛花苷 K、铃兰毒苷、西地兰、地高辛、黄夹苷和福寿草总苷等。

洋地黄

【理化特性】本品系玄参科植物紫花洋地黄的干叶或叶粉。叶内有效成分是洋地黄毒苷、吉妥辛、原级苷毛花洋地黄毒苷（毛花丙苷）和二级苷地高辛等，二者均可以提纯，已广泛应用于临床。

【体内过程】单胃动物内服洋地黄，在肠内吸收良好，约 2h 呈现作用，6～10h 作用达最高峰。洋地黄有一部分经胆汁排至肠腔，经肝肠循环被再吸收，故作用时间持久，停药两周后，作用才完全消除。成年反刍动物内服洋地黄，在前胃内易遭破坏，因此，不宜内服。洋地黄在骨骼肌和肝脏中浓度最高，但在心肌附着比较牢固，破坏和排泄较慢，加之心肌对洋地黄敏感性高于其他脏器，连续用药易引起蓄积中毒。洋地黄主要在肝脏中代谢为无活性的产物，由肾脏排出，少部分以原型从粪、尿中排除。

【作用应用】洋地黄所含的强心苷对心脏有加强心肌收缩力、减慢心率等作用。用药后加强心肌收缩力，舒张期延长，心室充盈完全，使心输出量增加，从而减轻淤血症状，消除水肿，增加尿量，缓解呼吸困难；还能消除因心功能不全引起的代偿性心率过快；并使扩张的心脏体积减小，张力降低，使心肌总的耗氧量降低，提高心脏工作效率。故用于治疗慢性心功能不全（充血性心力衰竭）。此外，洋地黄对心脏传导系统有一定抑制作用，可用于治疗心房纤颤和阵发性心动过速。

洋地黄制剂一般分为两个步骤给药。第一步，在短期内应用足够剂量，使其发挥充分的疗效。此剂量称作全效量或洋地黄化量。达到全效量的指征是心脏情况改善，心率减慢接近正常，尿量增加。第二步，即在达到全效量后，每天再给予一定剂量，补充每日的消耗量以维持疗效。此剂量称作维持量。全效量的给药方法有以下 2 种。

（1）缓给法　用于慢性、病情较轻的病畜。将洋地黄全效量分为 8 剂，每 8h 内服一剂。首次投药量为全效量的 1/3，第二次为全效量的 1/6，第三次及以后每次为全效量的 1/12。

（2）速给法　用于急性、病情较重的病畜。可静脉注射洋地黄毒苷注射液。首次注射全效量的 1/2，以后每隔 2h 注射全效量的 1/10。达到洋地黄化后，每天投予一次维持量（全效量的 1/10）。应用维持量的时间长短随病情而定，往往需要维持用药 1～2 周或更长时间，其量也可按病情作适当调整。

在整个用药过程中，应密切观察症状的变化，以防中毒。2 周内用过洋地黄等强心苷的，忌用速给法，更忌用其他快速强心苷类药物静脉注射。

【注意事项】

（1）洋地黄排泄慢，易蓄积中毒。用药前应详细询问病史，对 2 周内未曾用过洋地黄者，才能按常规给药。

（2）用药期间，不宜合用肾上腺素、麻黄碱及钙剂，以免增强毒性。

（3）禁用于急性心肌炎、心内膜炎、牛创伤性心包炎以及主动脉瓣闭锁不全等。

（4）洋地黄安全范围窄，易于中毒。胃肠道反应往往是中毒的早期征兆，如食欲减退、腹泻等，在猪、犬等动物可出现恶心、呕吐。此时可减少用量或暂时停药。心脏反应是洋地黄中毒的危险症状，严重时可引起死亡。主要表现为早搏、阵发性心动过速等异位自律点兴奋症状。此时应及时补充钾盐，内服或静脉注射氯化钾（静脉注射须稀释为 0.1% ~0.3% 的浓度）。中毒也可因抑制窦房结而出现窦性心动过缓，此时可皮下注射阿托品。

（5）遮光，密封，干燥阴凉处保存。

【制剂用法用量】洋地黄片，内服：全效量，每 1kg 体重，马、犬 0.03 ~ 0.04mg；维持量为内服全效量的 1/10。洋地黄毒苷注射液，静脉注射：全效量，每 1kg 体重，马、牛、犬 0.006 ~ 0.012mg，维持量为全效量的 1/10。

地高辛（狄戈辛）

【理化特性】白色细小片状结晶或结晶性粉末。无臭，味苦。不溶于水和乙醚，微溶于稀醇。

【作用应用】属中效类强心苷，增强心肌收缩力的作用较洋地黄强而迅速，能显著地减缓心律，具有较强的利尿作用。常用于各种原因引起的慢性心功能不全、阵发性室上性心动过速、心房颤动等。

【注意事项】不能以任何方式与任何药物配伍注射，也不能与酸、碱类药物配伍。其他同洋地黄。

【制剂用法用量】地高辛片，内服：全效量，每 1kg 体重，马 0.08mg；犬 0.026 ~ 0.08mg（犬内服应用时，按每 1kg 体重，第一天 0.08mg 分成 3 个剂量服用，以后每天继续用 0.026mg 的维持量）。地高辛注射液，静脉注射：全效量，每 1kg 体重，马 0.026 ~ 0.04mg；牛 0.01mg；犬 0.005 ~ 0.008mg。

毒毛旋花子苷 K（毒毛花苷 K）

【理化特性】白色或微黄色结晶粉末，溶于水和乙醇，内服吸收不良，常用针剂静脉注射。

【作用应用】本品作用与洋地黄相似，但本品排泄迅速，蓄积作用小，比洋地黄快而强，维持时间短。适用于急性心功能不全或慢性心功能不全的急性发作，特别是心衰而心率较慢的危急病例。

【注意事项】本品虽然蓄积性较小，但用过洋地黄的动物，必须经 1 ~ 2 周后才能应用，否则会增加洋地黄在体内的蓄积，引起中毒。另外，本品口服吸收不佳，皮下注射可引起局部炎症反应，只宜静脉注射。心血管有严重病变、急性心肌炎、细菌性心内膜炎忌用。

【制剂用法用量】毒毛旋花子苷 K 注射液，静脉注射：一次量，每 1kg 体重，马、牛 0.25～3.75mg；犬 0.25～0.5mg；猫 0.08mg。用葡萄糖溶液或生理盐水稀释 10～20 倍，缓慢注射，必要时 2～4h 后再以小剂量重复注射一次。

福寿草总苷

【作用应用】其强心作用与洋地黄相似。静脉注射作用迅速，10min 内即可显效，且较温和而稳定，蓄积作用小，不良反应较少。此外，还有轻度的镇静作用。适用于急性、慢性心力衰竭，心房颤动及心动过速。

【注意事项】

（1）本品排泄慢，易蓄积中毒。用药前应详细询问病史，对 2 周内未曾用过本品者，才能按常规给药。

（2）用药期间，不宜合用肾上腺素、麻黄碱及钙剂，以免增强毒性。

（3）禁用于急性心肌炎、心内膜炎、牛创伤性心包炎以及主动脉瓣闭锁不全等。

（4）本品安全范围窄，易于中毒。胃肠道反应往往是中毒的早期征兆，如食欲减退、腹泻等，在猪、犬等动物可出现恶心、呕吐，此时可减少用量或暂时停药。心脏反应是本品中毒的危险症状，严重时可引起死亡。主要表现为早搏、阵发性心动过速等异位自律点兴奋症状。此时应及时补充钾盐，内服或静脉注射氯化钾（静脉注射须稀释为 0.1%～0.3% 的浓度）。中毒时也可因抑制窦房结而出现窦性心动过缓，此时可皮下注射阿托品。

【制剂用法用量】福寿草总苷注射液，静脉注射全效量：马、牛 3～6mg，犬 0.25～0.5mg，用 5% 葡萄糖注射液稀释 10～20 倍，分 3～4 次，间隔 6～12h 缓慢注入。维持量，马、牛 1～2mg；犬 0.1～0.15mg，1 次/d。

第二节　促凝血药与抗凝血药

一、促凝血药与抗凝血药简介

促凝血药是指能加速血液凝固、抑制血凝块溶解或影响小血管壁功能，降低毛细血管通透性，加强其收缩功能而制止出血的药物。抗凝血药是指通过干扰凝血过程中某一或某些凝血因子而延缓血液凝固时间或防止血栓形成和扩大的药物。

凝血过程是一个复杂的生化反应过程，它的重要环节首先是形成凝血酶原激活物——凝血活素，促使凝血酶原转变为凝血酶。在凝血酶的催化下，将纤维蛋白原由液态转变为密集的纤维蛋白丝网，网住血小板和血细胞，形成血凝块，堵住创口，制止出血。

正常血液中还存在着纤维蛋白溶解系统，简称纤溶系统。其主要包括纤维蛋白溶酶原（纤溶酶原）及其激活因子，能使血液中形成的少量纤维蛋白再溶解。机体内的凝血和抗凝之间相互作用，保持着动态平衡。

二、常用促凝血药

按照临床应用可将促凝血药分为全身性促凝血药和局部性促凝血药 2 类。根据全身性促凝血药的作用机理，可将其分为 3 类：第一类是通过促进各类凝血因子活性，加速血液凝固过程而发挥作用的药物，如酚磺乙胺、亚硫酸氢钠甲萘醌；第二类是通过抑制纤维蛋白的溶解过程而发挥作用的药物，如6-氨基己酸、凝血酸等；第三类是通过改善血管壁的正常结构，加强其收缩功能，维持其完整性而发挥促凝作用的药物，如安络血、垂体后叶制剂等。

明胶海绵

【理化特性】本品属于局部性促凝血药，是将5%~10%明胶溶液加热（约45℃）搅拌至形成泡沫状，加入少量甲醛硬化冻干，切成适当大小及形状，经灭菌后供使用。本品为白色或微黄色、质轻软而多孔的海绵状物品，具有吸水性强，在水中不溶，在胃蛋白酶溶液中能完全被消化的特点。

【作用应用】具有多孔和表面粗糙的特点，敷于出血部位，可形成良好的凝血环境，血液流入其中，血小板被破坏，促进血浆凝血因子的激活，加速血液凝固。适用于小出血和渗出性出血，临床上用于外伤出血及各种外科手术的止血。在止血部位经4~6周即可完全被吸收。

【注意事项】本品系灭菌制剂，拆开包装后，在使用过程中要求无菌操作。打开纸包后不宜再行消毒，以免延长明胶海绵被组织吸收的时间。

【制剂用法用量】可按出血创面的面积，将本品切成所需大小，经揉后敷于创口渗血区，再用纱布按压即可止血。

氧化纤维素（止血纤维素）

【理化特性】本品属于局部性促凝血药，外观为白色或乳白色纤维状物或其纺织物。味酸，略有焦臭，不溶于水及酸，可溶于稀碱。

【作用应用】与明胶海绵相同，使用时以无菌操作法敷于出血处，本品可被组织吸收，不必取出。

淀粉海绵

【理化特性】属于局部性促凝血药，外观为白色多孔海绵状物，不溶于水。

【作用应用】其作用原理与明胶海绵相同，用于局部止血，由于质地较硬脆，在软的脑组织上使用时不能施压，故不适用于脑部止血。临用时，以灭菌生理盐水浸软后，取出，挤去水分，敷于出血处。

另外，0.1%盐酸肾上腺素溶液、5%明矾溶液、5%~10%鞣酸溶液等，也常用作局部止血药。

酚磺乙胺（止血敏）

【理化特性】本品为白色粉末，水中易溶，乙醇中溶解。有引湿性。遇光易变质，遮光密封保存。

【作用应用】能促进血小板增生，促使凝血活性物质及血小板释放，增强血小板机能及血小板黏合力，缩短凝血时间，加速凝血块收缩；还能增强毛细血管的抵抗力，减少毛细血管壁通透性，从而发挥止血效果。止血作用迅速，毒性低，无副作用。适用于各种出血，如手术前后预防出血及止血、鼻出血、消化道出血、膀胱出血、子宫出血等，也可与其他止血药合用。

【注意事项】密闭，在凉暗处保存。

【制剂用法用量】酚磺乙胺注射液（1）1ml：0.25g（2）2ml：0.5g。肌肉注射、静脉注射：一次量，马、牛0.25～2.5g，猪、羊0.25～0.5g。用于预防外科手术出血时，一般在手术前15～30min用药。

维生素K

【理化特性】维生素K，由苜蓿叶中提出的称维生素K_1，由腐败的鱼粉中提出的称维生素K_2，它是细菌的代谢产物，动物胃肠道细菌也能合成。它们都是结构比较复杂的萘醌类。亚硫酸氢钠甲萘醌称维生素K_3，乙酰甲萘醌称维生素K_4。后两者是人工合成的结构简单的萘醌类。兽医临床上常用的是维生素K_3与维生素K_1，外观为白色结晶性粉末，无臭或微有特臭，有吸湿性，遇光分解，易溶于水，微溶于乙醇。

【作用应用】天然维生素K（维生素K_1，维生素K_2）为脂溶性，需要胆汁协助吸收，作用较强且持久；合成维生素K（维生素K_3，维生素K_4）为水溶性，不需要胆汁协助即可吸收，作用较弱。

维生素K的主要作用是促进肝脏合成凝血酶原，并能促进血浆凝血因子Ⅶ、Ⅸ、Ⅹ在肝脏内合成。如维生素K缺乏，则肝脏合成凝血酶原和上述凝血因子的机制发生障碍，引起凝血时间延长，容易发生出血不止现象。

主要用于治疗维生素K缺乏所引起的出血性疾病。如动物因肝脏病引起胆汁缺乏，致使维生素K难于吸收而缺乏凝血酶原所致的出血性疾患；由于长期使用抗菌药物抑制肠内细菌引起维生素K缺乏所造成的出血；长期使用水杨酸钠及其制剂，因能妨碍肝脏合成凝血酶原，使血中凝血酶原浓度降低而引起的出血；牛、猪患“甜苜蓿”病时，由于霉烂的苜蓿干草或青贮料中含有双香豆素，能与维生素K竞争作用底物，抑制凝血酶原的合成，而发生的出血症。

临床上用于毛细血管性及实质性出血，如胃肠、子宫、鼻及肺出血，抗凝血性杀鼠药中毒，反刍动物饲喂甜苜蓿引起双香豆素类和磺胺喹啉中毒；患阻塞性黄疸及急性肝炎时，凝血酶原合成障碍；长期内服肠道广谱抗菌药的病畜。为预防雏鸡因缺乏维生素K所引起的出血性疾病，可在8周龄以前按每1kg饲料拌入维生素K_3 0.4mg饲喂。其他出血性疾患在对因治疗的同时，可用本品作辅助治疗，如禽兔球虫病可用其配合治疗。

【注意事项】

（1）天然的维生素K_1和维生素K_2无毒性，人工合成的维生素K_3和维生素K_4则具有刺激性，长期应用可刺激肾脏而引起蛋白尿，还能引起溶血性贫血和肝细胞损害。

（2）本品用生理盐水稀释后，宜缓慢进行静脉注射，成年家畜不超过10mg/min，幼畜不超过5mg/min。

（3）巴比妥类药物可使维生素K_3加速代谢；另外也不能与维生素C、维生素B_{12}、苯妥英钠配伍使用。

（4）临产母畜大剂量应用可使新生幼畜出现溶血、黄疸和胆红素血症。

（5）肝功能不良的病畜应改用维生素K_1。

（6）遮光，密封保存。

【制剂用法用量】亚硫酸氢钠甲萘醌注射液：（1）1ml∶4mg（2）10ml∶40mg（3）10ml∶150mg，肌肉注射：一次量，马、牛100～300mg；羊、猪30～50mg；犬10～30mg；禽2～4mg，2～3次/d。

6-氨基己酸（氨己酸）

【理化特性】本品为白色或黄白色结晶性粉末，无臭，味苦，能溶于水，其3.52%水溶液为等渗溶液。

【作用应用】低浓度时能抑制纤维蛋白溶解酶原的激活因子，从而减少纤维蛋白的溶解，达到止血的目的；高浓度时还可直接抑制纤维蛋白溶解酶的活性。适用于纤维蛋白溶解症所致的出血，如大型外科手术出血、肺出血、子宫出血及消化道出血等。因为肺、子宫等脏器中存在有大量纤维蛋白溶解酶原的激活因子，当这些脏器手术或损伤时，激活因子便大量释放出来，使血液不易凝固，此时，可使用氨己酸。

【注意事项】

（1）密闭保存。

（2）对一般出血不宜使用。

（3）对泌尿系统手术后的血尿，因易发生血凝块阻塞尿道，故禁忌使用。

【制剂用法用量】氨己酸注射液，10ml：1g。静脉滴注：首次用量，马、牛20～30g；骆驼25～40g，加于500～600ml生理盐水或葡萄糖溶液中；羊、猪4～6g，加于100～200ml生理盐水或葡萄糖溶液中。维持量，一次量，马、牛3～6g，骆驼4～8g，羊、猪1～1.5g，1次/h。

氨甲苯酸（对羧基苄胺、PAMBA）

【理化特性】本品为白色结晶性粉末，无臭，味微苦，有吸湿性，溶于水。

【作用应用】属于抗纤维蛋白溶解药。止血机理与6-氨基己酸相同，但没有6-氨基己酸易于排泄的特点。止血效力较6-氨基己酸强4～5倍。毒性低，副作用小。适应症同6-氨基己酸。对一般渗出性出血疗效较好，对严重出血则无止血作用。

【注意事项】与6-氨基己酸相同。

【制剂用法用量】氨甲苯酸注射液，10ml：0.1g。静脉注射：一次量，马、牛0.5～1g；羊、猪0.1～0.3g。与葡萄糖溶液或生理盐水混合后缓慢注入。

氨甲环酸（凝血酸、AMCA）

【理化特性】白色结晶性粉末，能溶于水，不溶于酒精。

【作用应用】与6-氨基己酸、对羧基苄胺的止血机理相同。止血效果比对羧基苄胺高。适应症与注意事项同6-氨基己酸。

【制剂用法用量】氨甲环酸注射液，5ml：0.25g。注射：一次量，马、牛1～3g，骆驼3～5g，羊、猪0.25～0.75g。加入葡萄糖溶液或生理盐水中，缓慢注入或滴注。

安络血（安特诺新，肾上腺色腙，卡巴克洛）

【理化特性】本品是肾上腺色素缩胺脲与水杨酸钠的复合物，为橙红色粉末，易溶于水及乙醇。遇光易变质。

【作用应用】没有拟肾上腺素样作用，因而，对机体的血压和心率并无任何影响。但它可以促进断裂的毛细血管断端回缩，增加毛细血管壁的抵抗力，增强毛细血管壁的弹力并降低其通透性，减少血液渗出。常用于因毛细血管损伤或通透性增高引起的出血，如衄血、肺出血、血尿、产后出血、手术后出血等。

【注意事项】

（1）遮光，密闭保存。

（2）本品注射液禁止与青霉素G、脑垂体后叶素混合使用；抗组胺药和抗胆碱药可抑制本品的止血作用，合用时应间隔48h，否则应将本品的首次用量增加。

（3）本品不影响凝血过程，对大出血、动脉出血疗效较差。

【制剂用法用量】

（1）肾上腺色素缩胺脲片，2.5mg，5mg，内服：一次量，马、牛25～50mg；骆驼30～60mg；羊、猪、犬5～10mg，2～3次/d。

（2）肾上腺色素缩胺脲注射液（1）2ml：10mg（2）5ml：25mg。肌肉注射：一次量，马、牛50ml；骆驼15～25ml；羊、猪、犬2～4ml，2～3次/d。

新凝灵（双乙酰氨乙酸乙二胺）

【作用应用】为中国自行合成的一种新型止血药，能促使纤维蛋白原变为纤维蛋白，并能促进血小板释放凝血活性物质，加速凝血进程，缩短凝血时间。对于多种出血均有较好的止血作用，但对肝功能高度损害、血小板数量极低以及肺咯血者的止血效果不佳。

【制剂用法与用量】新凝灵注射液，2ml：2g。肌肉注射：一次量，大动物10～20ml；羊、猪、犬2～10ml。

凝血质（凝血活素）

【理化特性】淡黄色软脂状块或粉末，易溶于醚，与水能形成胶状混悬液。

【作用应用】能促进凝血酶原转变为凝血酶，加速纤维蛋白原转变为纤维蛋白，因而加速血液凝固过程。外用治疗创伤或外科手术的出血，可用灭菌纱布或脱脂棉浸润凝血质注射液，敷于局部出血处。内用可治疗鼻出血、肺出血、便血、尿血等。

【注意事项】

禁止静脉注射，以免引起血管栓塞。遮光，密闭保存。

【制剂用法用量】凝血质注射液（1）2ml：15mg（2）20ml：150mg，皮下或肌肉注射：一次量，马、牛、骆驼20～40ml，羊、猪、犬5～10ml。注射前必须摇匀。如有沉淀，可放入60℃水中温热5min，摇匀后使用。

速血凝M（止血凝，复方凝血质）

【理化特性】本品为凝血质与6-氨基己酸配制的复方制剂。

【作用应用】使凝血酶原变为凝血酶，能抑制纤维蛋白溶解酶的激活因子，抑制纤维蛋白溶解而起止血作用，用于各种出血症。可用速血凝注射液浸泡灭菌纱布和脱脂棉，敷于出血局部，也可肌肉或皮下注射，用于治疗各种出血性疾病。

【注意事项】

（1）遮光，密闭保存。

（2）禁止静脉注射，以免引起血管栓塞。肌肉或皮下注射宜缓慢进行。

【制剂用法用量】速血凝M注射液，2ml：脂质凝血质25mg，6-氨基己酸100mg。皮下或肌肉注射：马、牛20～30ml，羊、猪5～10ml。

三、常用抗凝血药

根据抗凝血药物的临床应用，抗凝作用包括体外抗凝和体内抗凝。如在输血或血样检验时，为了防止血液在体外凝固，需加入抗凝剂，称为体外抗凝。当手术后或患有形成血栓倾向的疾病时，为防止血栓形成和扩大，向体内注射抗凝剂，称为体内抗凝。

常用的有枸橼酸钠、肝素、草酸钠、依地酸二钠等。

枸橼酸钠（柠檬酸钠）

【理化特性】 无色或白色结晶粉末，味咸，易溶于水，难溶于醇。在湿空气中微有潮解性，在热空气中有风化性。

【作用应用】 钙离子参与凝血过程的每一个步骤，缺乏钙离子时，血液便不能凝固。枸橼酸钠能与血浆中钙离子形成难解离的可溶性复合物，使血浆钙离子浓度迅速降低而使血液凝固受阻。本品主要用于体外抗凝血，如输血或化验室血样抗凝时，配成2.5%～4%灭菌溶液，每100ml全血中加10ml。采用静脉滴注输血时，所含枸橼酸钠并不引起血钙过低反应，因为枸橼酸钠在体内易氧化，机体氧化速度已接近其输入速度。

【注意事项】

（1）输血时，若枸橼酸钠用量过大，可引起血钙降低，导致心功能不全，遇此情况，可静脉注射钙剂以防治低血钙症；

（2）枸橼酸钠碱性较强，不适于血液生化检查。

【制剂用法用量】 枸橼酸钠注射液10ml∶0.4g。体外抗凝用量，每100ml血液中加此注射液10ml。

肝素（肝素钠）

【理化特性】 本品是从牛、猪、羊的肝脏和肺中提取的一种含黏多糖的硫酸酯，白色无定形粉末，无味，有吸湿性，易溶于水，不溶于乙醇、丙酮等有机溶剂。水溶液在pH值为7时较稳定。

【作用应用】 本品作用于内源性和外源性凝血途径的凝血因子，在体内体外都有抗凝血作用。肝素的作用机理是在较低浓度时对抗凝血活素，阻碍凝血酶原转变为凝血酶；高浓度时可抑制凝血酶的活性，阻碍纤维蛋白原转变为纤维蛋白，阻止血小板的凝集和裂解。所以，肝素影响血液凝固过程的各个环节，最终使纤维蛋白不能形成。主要用于：①作为体外抗凝剂，用于输血和血样保存；②作为体内抗凝剂，防治血栓栓塞性疾病。如马和小动物的弥散性血管内凝血症，肾综合征、心肌疾病的治疗；③低剂量给药可用于防治马的蹄叶炎。

【注意事项】

（1）肝素口服无效，需注射法给药。由于其在体内半衰期较短，每次用药仅维持4～6min。用药时防止过量而引起自发性出血。轻度过量时，停药即可，不必做特殊处理，如因过量发生严重出血，除停药外，还需注射肝素特效解毒剂鱼精蛋白，用量与肝素最后一次用量相当。

（2）本品刺激性强，肌肉注射可形成高度血肿，应酌情加2%盐酸普鲁卡因。

（3）快速给药引起血管扩张和动脉压下降。

（4）禁用于出血性素质和血液凝固延缓的各种疾病，如肝功能不全、肾功能不全、妊娠及产后疾病等。

（5）马连续应用可引起红细胞的显著减少。

（6）禁止与阿米卡星、庆大霉素、卡那霉素、青霉素、链霉素等抗生素及麻醉性镇痛药、氢化可的松等配伍使用。

【制剂用法用量】 肝素钠注射液，1ml∶12 500U。治疗血栓栓塞症，皮下注射、静脉注射：一次量，每1kg体重，犬150～250 IU；猫250～375IU。3次/d。治疗弥散性血管内凝血，马25～100U；小动物75U。

藻酸双酯钠

【理化特性】本品为白色或类白色冻干块状物或粉末。

【作用应用】藻酸双酯钠是以海藻提取物为基础原料，属多糖类化合物，类肝素药。本品能降低血液黏度，扩张血管，改善微循环并能使凝血酶失活，具有抗凝血和降血脂的作用。用于体内抗凝，防止血栓栓塞性疾病。

【注意事项】

（1）肝、肾功能不全者禁用。

（2）藻酸双酯钠注射液不得静脉推注或肌肉注射。

【制剂用法用量】藻酸双酯钠片，50mg。口服：一次量，马、牛、骆驼300～500mg；羊、猪、犬30～50mg。藻酸双酯钠注射液，2ml：100mg。静脉滴注：一次量，每1kg体重1～2mg，1次/d。

草酸钠（乙二酸钠）

【理化特性】白色无臭结晶性粉末，能溶于水，不溶于醇，其水溶液近中性。

【作用应用】草酸根离子能与血液中钙离子结合成不溶性的草酸钙，从而降低血液中钙离子浓度，阻止血液凝固。可用作实验室血样的抗凝剂。每毫升血液中加草酸钠2mg即可抗凝。实际应用时，每100ml血液中加入2%草酸钠溶液10ml即可。

【注意事项】草酸钠毒性很大，仅供外用，严禁用于输血或体内抗凝。

华法林钠（苄丙酮香豆素钠）

【理化特性】白色结晶性粉末，无臭，味微苦，极易溶于水，易溶于乙醇，几乎不溶于氯仿和乙醚。

【作用应用】维生素K颉颃剂，可抑制肝合成有功能的凝血因子Ⅱ、Ⅶ、Ⅸ、Ⅹ。本品服后，2～7d起效，停药后药效仍可维持4～14d。与肝素不同，本药在体外无抗凝作用。本品能通过胎盘，不能进入乳汁。临床上用来长期治疗或预防血栓性疾病，通常用于犬、猫等。

【注意事项】

（1）因乙酰水杨酸、保泰松、羟基保泰松、水合氯醛、奎尼丁、蛋白同化激素、四环素类、磺胺类等药物能增强本品的抗凝血作用，从而增加出血倾向，故禁止合并使用。

（2）因苯巴比妥、格鲁米特和苯妥英钠能加速本品的代谢，减弱其抗凝血作用，因此合并使用时应慎用。

（3）维生素K对本品过量引起的出血有特效。

【制剂用法用量】华法林片，2.5mg。内服：1日量，每1kg体重，犬、猫0.2～0.3mg，分2～3次内服。

双香豆素

【理化特性】白色或乳黄色结晶性粉末，微有香气，味稍苦，在水中几乎不溶，在强碱溶液内易溶，形成可溶性盐。

【作用应用】为口服抗凝药，在体外无效。抗凝作用及注意事项同华法林，与肝素相比，其作用特点是缓慢、持久。内服后约经1～2d才能发挥作用，1次用药后可维持4d左右。主要用于预防与治疗血管内栓塞、术后血栓性静脉炎等。

【制剂用法用量】双香豆素片，50mg。内服：犬、猫第一天每 1kg 体重 4mg，以后每天每 1kg 体重 2.5mg，每天用量分 2～3 次内服。

第三节　抗贫血药

一、抗贫血药简介

1. 抗贫血药的概念

抗贫血药是指能增进机体造血机能、补充造血必需物质、改善贫血状态的药物，又称为补血药。

2. 贫血分类及药物选用

临床上常按其病因和发病原理，分为出血性贫血、营养性贫血（包括缺铁所致的低色素性小红细胞性贫血和缺乏维生素 B_{12} 或叶酸所致的巨幼红细胞性贫血，或称大红细胞性贫血）、溶血性贫血及再生障碍性贫血。出血性贫血在治疗时以输血、扩充血容量为主，辅助给予造血物质。营养性贫血多是由于造血物质丢失过多，或造血物质摄入量不足引起，如寄生虫引起的慢性贫血、哺乳期仔猪缺铁性贫血、缺乏维生素 B_{12} 或叶酸所造成的巨幼红细胞性贫血等。在治疗时除消除病因外，还需要补充铁、铜、维生素 B_{12} 及叶酸等造血物质。溶血性贫血多因细菌毒素、蛇毒、化学毒物中毒及梨形虫、血孢子虫感染及异型输血等导致体内红细胞大量崩解，超过机体造血代偿能力。治疗时以除去病因为主，再补充造血物质，以促进红细胞生成。再生障碍性贫血是因机体受到外界物理（X 光的过量照射）、化学因素（苯、重金属等）刺激或骨髓造血机能受到损害，所引起的红细胞、白细胞及血小板减少症。治疗较为困难，在除去病因的同时可输血，并采用中西医结合的综合治疗手段，也可试用氯化钴、皮质激素、同化激素（如苯丙酸诺龙）等治疗。

二、常用药物

铁制剂

【理化特性】临床常用的有硫酸亚铁、葡萄糖铁和葡聚糖铁钴注射液（铁钴注射液）。

【作用应用】铁是血红蛋白构成的必需物质，同时也是肌红蛋白、细胞色素、血红素酶和金属黄素蛋白酶的重要成分。一般情况下，动物每日因体内代谢而损失的铁可完全由饲料中含有的铁补充而维持体内铁的平衡。但吮乳期或生长期的幼畜、妊娠期或泌乳期的母畜因需铁量增加而摄入量不足；胃酸缺乏、慢性腹泻等而致肠道吸收铁的功能减退；慢性失血使体内贮铁耗竭；急性大出血后的恢复期，铁作为造血原料需要增加时，都必须补铁。因此，铁制剂主要应用于缺铁性贫血的治疗和预防。

【注意事项】

（1）铁盐可与许多化学物质或药物发生反应，故不应与其他药物同时或混合内服给药，并且在服用铁剂时，应避免饲喂高钙、高磷及含鞣质较多的饲料。

（2）对胃肠道黏膜有刺激性，可致恶心、呕吐、上腹痛等，故宜饲后投药。

（3）铁与肠道内硫化氢结合，生成硫化铁，使硫化氢减少，减少了对肠蠕动的刺激作用，可致便秘，并排黑便。

（4）刺激性较强，故应作深部肌肉注射。静脉注射时，切不可漏出血管外。注射量若超过血浆结合限度时，可发生毒性反应。急性中毒可见发热、呼吸困难、大汗，甚至休克。解毒可肌肉注射去铁敏。

【制剂用法用量】硫酸亚铁片，内服：一次量，马、牛 2～10g；羊、猪 0.5～3g；犬 0.05～0.5g；猫 0.05～0.1g。葡聚糖铁钴注射液（1）2ml：0.2g（Fe）（2）10ml：1g（Fe）。肌肉注射：一次量，仔猪 100～200mg。右旋糖酐铁注射液，深部肌肉注射：一次量，驹、犊 200～600mg；仔猪 100～200mg；犬每千克体重 10～20mg；猫 50mg。

维生素 B_{12}

【理化特性】维生素 B_{12}是一类含钴的化合物，在动物体内有多种形式，如氰钴胺、羟钴胺、甲基钴胺等。通常药用的是氰钴胺，含钴 4.5%，为深红色结晶或结晶性粉末，无臭，无味，吸湿性强，在水或乙醇中略溶。

【作用应用】维生素 B_{12}具有广泛的生理作用。参与机体的蛋白质、脂肪和糖类代谢，帮助叶酸循环利用，促进核酸的合成，在动物生长发育、造血、上皮细胞生长及保持神经髓鞘脂蛋白的合成及保持其功能的完整性等方面发挥作用。维生素 B_{12}缺乏可引起猪的巨幼红细胞性贫血，犊牛发育停滞，猪、犬、鸡等生长发育障碍，鸡蛋孵化率降低，猪运动失调等。

本品主要用于治疗维生素 B_{12}缺乏所致的病症，如巨幼红细胞性贫血。也可用于神经炎、神经萎缩、再生障碍性贫血、放射病、肝炎等的辅助治疗。

【制剂用法用量】维生素 B_{12}注射液，（1）1ml：0.1mg（2）1ml：0.5mg（3）1ml：1mg。肌肉注射，一次量，马、牛 1～2mg；猪、羊 0.3～0.4mg；犬、猫 0.1mg。每日或隔日一次，持续 7～10 次。

叶酸

【理化特性】叶酸广泛存在于酵母、绿叶蔬菜、豆饼、苜蓿粉、麸皮和籽实类中；动物内脏、肌肉和蛋类含量很高。药用叶酸多为人工合成品。为黄橙色结晶粉，极难溶于水。遇光失效，应遮光贮存。

【作用应用】叶酸是核酸和某些氨基酸合成所必需的物质。当叶酸缺乏时，红细胞的成熟和分裂停滞、造成巨幼红细胞性贫血和白细胞减少；病猪表现生长迟缓、贫血；雏鸡发育停滞，羽毛稀疏，有色羽毛褪色；母鸡产蛋率和孵化率下降，食欲不振、腹泻等。家畜消化道内微生物能合成叶酸，一般不易发生缺乏症。但雏鸡、猪、狐、水貂等必须从饲料中摄取补充叶酸。长期使用磺胺类等肠道抗菌药时，家畜也可能发生叶酸缺乏症。

临床上主要用于叶酸缺乏所引起的巨幼红细胞性贫血、再生障碍性贫血和母畜妊娠期等。亦常作为饲料添加剂，用于鸡和皮毛动物狐、水貂的饲养。叶酸与维生素 B_{12}、维生素 B_6 等联用可提高疗效。

【制剂用法用量】叶酸片：5mg。内服，一次量，犬、猫 2.5～5mg。叶酸注射液：1ml：15mg。肌肉注射，一次量，雏鸡 0.05～0.1mg，育成鸡 0.1～0.2mg。

复习思考题

1. 强心类药物根据作用可分为哪几类？强心苷的作用特点是什么？
2. 全身类止血药主要有哪几类？各自作用特点如何？
3. 抗凝血药有哪些临床应用？

第九章

泌尿生殖系统用药

第一节 利尿药与脱水药

一、利尿药

利尿药是指直接作用于肾脏促进电解质和水的排出，使尿量增加的药物。临床一般用于水肿和腹水的对症治疗，也可用于促进体内毒物的排出及尿道上部结石的排出。

利尿药是通过增加肾小球的滤过作用，抑制肾小管与集合管对电解质及水的重吸收而产生利尿作用的。因增加肾小球滤过作用的药物利尿作用极弱，目前常用的利尿药不是作用于肾小球，而是直接作用于肾小管，通过减小对电解质、水的重吸收而发挥作用。

常用利尿药按其作用强度和作用部位分为3类：

（1）高效能利尿药。该药主要作用于髓袢升支粗段，利尿作用强大，如呋噻米（速尿）、依他尼酸（利尿酸）等。

（2）中效能利尿药。该药主要作用于远曲小管近端，利尿效能中等，如氢氯噻嗪、氯噻酮、苄氟噻嗪等。

（3）低效能利尿药。该药主要作用于远曲小管和集合管，利尿作用弱于上述两类，如螺内酯、氨苯蝶啶等以及作用于近曲小管的碳酸酐酶抑制药如乙酰唑胺等。

呋噻米（呋喃苯胺酸、速尿）

【理化特性】为白色或类白色的结晶性粉末；无臭，无味；在丙酮中溶解，乙醇中略溶，水中不溶。

【作用应用】本品主要作用于髓袢升支的髓质部与皮质部，抑制 Cl^- 的主动重吸收和 Na^+ 被动重吸收。使管腔中离子浓度增加，排出大量等渗尿液而呈现利尿作用。此外，本品尚能降低肾血管阻力，增加肾皮质部血流量，促进肾小球的滤过。因而有强大的利尿作用，而且不易导致酸中毒，是目前最有效的利尿药。本品适用于各种动物、各种原因引起的水肿（尤其对肺水肿疗效较好）及其他利尿药无效的病例；还可用于治疗牛产后乳房水肿；在苯巴比妥、水杨酸盐等药物中毒时可加速毒物的排出。本品作用强大，疗效快，持久而安全。

【注意事项】本品用量过大或反复使用，可出现脱水、低血钾与低血氯症，应用时应注意掌握剂量，可与氯化钾或保钾性利尿药配伍应用；本品忌与洋地黄、氨基苷类抗生素配伍；本品禁用于无尿症。

【制剂用法用量】呋噻米片（1）20mg（2）50mg，内服：一次量，每1kg体重，马、牛、猪、羊 2mg；犬、猫 2.5～5mg，2 次/d，连服 3～5d，停药 2～4d 后可再用。呋噻米注射液（1）2ml∶20mg（2）10ml∶100mg，肌肉注射或静脉注射，一次量，每 1kg 体重，马、牛、猪、羊 0.5～1mg；犬、猫 1～5mg，每日或隔日 1 次，用时以生理盐水稀释。

双氢克尿噻（氢氯噻嗪）

【理化特性】为白色结晶性粉末；无臭，味微苦。在丙酮中溶解，在乙醇中微溶，在水、三氯甲烷或乙醚中不溶；在氢氧化钠溶液中溶解。

【作用应用】本品主要作用于髓袢升支皮质部（远曲小管开始部位），抑制 Na^{+} 的主动重吸收和 Cl^{-} 被动重吸收，促进肾脏对 Cl^{-} 和 Na^{+} 的排出，同时带走大量水分而使尿量增多，产生较强的利尿作用。由于 Na^{+} 重吸收减少，促进了远曲小管与集合管的 Na^{+}-K^{+} 交换，使 K^{+} 排出量也随之增多。本品可用于轻度及中度全身或局部组织水肿，对心性水肿效果较好，对肾性水肿的疗效与肾功能损害程度有关。还可用于牛的产后乳房水肿。

【注意事项】长期大量用药，可引起低血钾、低氯性碱血症等，故用药期间应注意补钾；禁与洋地黄合用，以防洋地黄毒性增加。

【制剂用法用量】氢氯噻嗪片（1）25mg（2）250mg，内服：一次量，每 1kg 体重，马、牛 1～2mg；羊、猪 2～3mg；犬、猫 3～4mg，2 次/d，连服 3～5d，停药 2～4d 后可再用。氢氯噻嗪注射液（1）1ml∶25mg（2）5ml∶125mg（3）10ml∶250mg，肌肉注射或静脉注射：一次量，每 1kg 体重，牛 100～250mg；马 50～150mg；猪、羊 50～75mg；犬、猫 10～25mg，每日或隔日 1 次，用时以生理盐水稀释。

螺内酯（安体舒通）

【理化特性】为淡黄色粉末，味稍苦，可溶于水和酒精中。

【作用应用】螺内酯是醛固酮的竞争性颉颃药。其作用部位在远曲小管和集合管，螺内酯与醛固酮受体有很强的亲和力，能与受体结合，使 Na^{+}-K^{+} 交换减少，尿中 Na^{+}、Cl^{-} 排出增加，K^{+} 的排出减少，故称为保钾利尿药。本品作用较弱，很少单独作利尿药，常与高效、中效利尿药合用，以纠正过分失钾的不良反应，并减少用药剂量，从而提高疗效。

【制剂用法用量】螺内酯片，内服：一次量，每 1kg 体重，犬、猫 2～4mg。

二、脱水药

脱水药又称渗透性利尿药，是指在体内不被代谢或不易代谢，静脉注射后能迅速提高血浆渗透压而使组织脱水的一类药物。当这些药物通过肾脏时，增加水和部分离子的排出，产生渗透性利尿作用。该类药一般具有如下特点：①静脉注射后不易通过毛细血管进入组织；②易经肾小球滤过；③不易被肾小管再吸收。

常用的脱水药有甘露醇、山梨醇、尿素、高渗葡萄糖等。尿素不良反应较多，高渗葡萄糖虽有脱水及渗透性利尿作用，但因其部分可从血管弥散进入组织中，且易被代谢，故作用弱而不持久，停药后，可出现颅内压回升而引起反跳，现已少用。

甘露醇

【理化特性】为白色结晶性粉末，无臭，味甜。在水中易溶，在乙醇中略溶，在乙醚中几乎不溶。

【作用应用】本品静脉注射后不易从毛细血管渗入组织，能迅速提高血浆渗透压，使组织间液向血浆转移而产生组织脱水作用，可降低颅内压和眼内压；甘露醇口服则造成渗透性腹泻，可促进某些毒物的排出；该药经肾小球滤过后，在肾小管不易被重吸收，影响水和电解质的再吸收产生利尿作用。临床常用作脑水肿的首选药，亦用于治疗脊髓外伤性水肿、肺水肿、大面积烧伤引起的水肿及急性肾衰竭引起的少尿或无尿症。

【注意事项】静脉注射速度慢，不能漏出血管外；本品气温低时常析出结晶，可用热水温热溶解后用；严重脱水、肺充血或肺水肿、心水肿以及心力衰竭的患畜禁用；禁与生理盐水或高渗盐水合用，因氯化钠可促进其迅速排出，降低疗效。

【制剂用法用量】甘露醇注射液（1）100ml：20g（2）250ml：50g（3）500ml：100g，静脉注射，一次量，马、牛1 000～2 000ml；猪、羊100～250ml；犬、猫，每1kg体重，0.25～0.5mg，2～3次/d，稀释成5%～10%溶液。

山梨醇

【理化特性】为白色结晶性粉末；无臭，味甜；有引湿性。在水中易溶，乙醇中微溶，三氯甲烷或乙醚中不溶。

【作用应用】山梨醇是甘露醇的同分异构体，作用与应用同甘露醇，大部分在肝内转化为果糖，故作用较弱。因价格便宜，且溶解度高，一般可制成25%的高渗液使用。主要用于降低颅内压和消除水肿。

【注意事项】同甘露醇，但局部刺激比甘露醇大。

【制剂用法用量】山梨醇注射液（1）100ml：25g（2）250ml：62.5g（3）500ml：125g，静脉注射：25%浓度，一次量，马、牛1 000～2 000ml；猪、羊100～250ml；犬、猫，每1kg体重，0.25～0.5mg，稀释成5%～10%溶液。

三、利尿药与脱水药的合理选用

（1）轻度心性水肿按常规应用强心苷外，一般选氢氯噻嗪；中度心性水肿按常规应用强心苷的同时，可选用速尿或氢氯噻嗪；重度心性水肿除用强心苷外，首选速尿，且与保钾利尿药合用。

（2）严重、急性肾功能衰竭，一般首选大剂量速尿，急性肾炎所引起的水肿，一般不选利尿药，宜选高渗糖及中药。

（3）各种原因引起的肺水肿，首选甘露醇，次选速尿。肺充血引起的肺水肿，选甘露醇。

（4）心功能降低、肾循环障碍且肾小球滤过率下降，可用氨茶碱。

（5）无论哪种水肿，如较长时间应用利尿药、脱水药，都要补充钾或与保钾性利尿药合用。

第二节　子宫兴奋药

一、常用药物

子宫兴奋药亦称子宫收缩药，是一类能选择性兴奋子宫平滑肌引起子宫收缩的药物。临床常用的子宫兴奋药有缩宫素、垂体后叶素和麦角新碱等。

缩宫素（催产素）

【理化特性】从牛或猪的垂体后叶中提取，现已人工合成。为白色粉末或结晶。能溶于水，水溶液呈酸性，为无色澄明或几乎澄明的液体。

【作用应用】选择性兴奋子宫，加强子宫平滑肌的收缩，增加收缩频率。其收缩强度，因子宫所处激素环境和用药剂量不同而异。对非妊娠子宫，小剂量缩宫素能加强子宫的节律性收缩，大剂量可引起子宫的强直性收缩。对妊娠子宫，在妊娠早期，子宫处于孕激素环境中，对催产素不敏感。随着妊娠进行，雌激素浓度逐渐增加，子宫对催产素的反应逐渐增强，临产时达到高峰。对产后子宫的作用逐渐降低。本品小剂量能增加妊娠子宫（特别是妊娠末期）节律性收缩，其收缩性质和正常分娩相似，对子宫底部产生节律性收缩，对子宫颈则产生松弛作用，可促使胎儿顺利娩出。剂量较大时，使子宫肌的张力持续增高，舒张不完全，出现强直性收缩，不利于胎儿娩出。此外，催产素还能加强乳腺腺泡周围的肌上皮细胞收缩，松弛乳导管和乳池周围的平滑肌，促使腺泡腔内的乳汁迅速进入乳导管和乳池，促使排乳。

临床上主要用于：①催产与引产。用于子宫颈口开放，宫缩乏力的母畜；②治疗。产后子宫出血、胎盘滞留、子宫产后复位不全（但需在分娩后24h内用药）；③催乳。用于新分娩母畜的缺乳症。

【注意事项】产道狭窄、产道阻塞、胎位不正、骨盆狭窄、子宫颈口未完全开放的临产家畜忌用；严格掌握剂量，以免引起子宫强直性收缩造成胎儿窒息或子宫破裂。

【剂型用法用量】缩宫素注射液（1）1ml∶10U（2）5ml∶50U，静脉、肌肉或皮下注射：一次量，子宫收缩用量，马、牛30～100U；猪、羊10～50U，犬、猫2～10U；排乳用量，马、牛10～20U；猪、羊5～10U；犬2～5U。

垂体后叶素

【理化特性】从牛和猪脑垂体后叶中提取的一种多肽类化合物。为白色粉末或结晶，能溶于水，不稳定。主要含催产素和加压素（抗利尿素）。内服无效，肌肉注射吸收较好，经3～5min产生作用，可维持20～30min。

【作用应用】本品内含催产素和加压素，对子宫的作用与缩宫素相同，由于加压素（抗利尿素）可收缩血管，特别是收缩毛细血管及小动脉，使血压升高，在催产、引产、子宫复位等作用的同时，还具有抗利尿、收缩血管引起血压升高的作用。适用于产后出血或产后子宫复原；还可治疗尿崩症、肺出血等。

【注意事项】同缩宫素。

【制剂用法用量】垂体后叶素注射液（1）1ml∶10U（2）5ml∶50U，皮下或肌肉注射：一次量，马、牛30～100U；猪、羊10～50U；犬2～10U；猫2～5U，静脉注射时用5%葡萄糖500ml稀释后缓慢滴入。

麦角新碱

【理化特性】从麦角中提取出的生物碱，现已可用人工培养方法大量生产，主要含麦角胺、麦角毒碱和麦角新碱。临床常用麦角新碱的马来酸盐。为白色或类白色的结晶性粉末；无臭；微有引湿性；遇光易变质。在水中略溶，乙醇中微溶，三氯甲烷或乙醚中不溶。

【作用应用】本品对子宫平滑肌有很强的选择性兴奋作用，其作用比催产素强而持久，与催产素的主要区别在于它对子宫体和子宫颈同时收缩，对未妊娠子宫，小剂量能引起节律性收缩加快、加强，大剂量能使子宫产生强直性收缩；对妊娠子宫，小剂量亦可引起强烈收缩，甚至压迫胎儿，使之难以娩出而窒息，甚至引起子宫破裂。故不宜用于催产或引产。临床主要用于产后子宫复位、胎衣不下及产后出血等。

【注意事项】 禁用于催产及引产。

【制剂用法用量】 马来酸麦角新碱注射液（1）1ml：0.5mg（2）1ml：2mg，静脉注射或肌肉注射：一次量，马、牛 5～15mg；羊、猪 0.5～1mg；犬 0.1～0.5mg；猫 0.07～0.2mg。

二、子宫兴奋药的合理选用

1. 引产猪、羊可选用 PGF2α；难产选用小剂量缩宫素。
2. 产后出血首选麦角新碱，次选缩宫素；子宫脱：用麦角新碱或缩宫素，子宫肌分点注射。
3. 胎衣不下用大剂量缩宫素或小剂量麦角新碱。
4. 排出死胎选用缩宫素，也可用小剂量麦角新碱。
5. 子宫内膜炎冲洗子宫及子宫内投入抗菌消炎药后，配合使用麦角新碱，能促进炎性产物排出。

第三节　生殖激素类药物

生殖激素的分泌主要受下丘脑垂体前叶的调节。机体内外的刺激，通过感受器产生的神经冲动，传到下丘脑，引起促性腺激素释放激素（GnRH）分泌；GnRH 经下丘脑的门静脉系统运至垂体前叶，导致促性腺激素（卵泡刺激素和黄体生成素）释放；促性腺激素经血液循环到达性腺，促进性腺分泌，性腺分泌的激素称为性激素（雌激素、孕激素和雄激素）。血液中某种生殖激素的水平升高或降低，反过来对它的上级激素的分泌起抑制或促进作用，这种相互制约的调节称为反馈调节机制，使分泌减少的反馈调节称为负反馈（用-号表示），使分泌增多的反馈调节称为正反馈（用+号表示）。

目前临床应用的生殖激素制剂，多是人工合成品及其衍生物。应用此类药物的目的在于补充体内激素不足，防治产科疾病，诱导同期发情及促进畜禽繁殖等。

生殖激素类药物包括性激素类药物、促性腺激素类药物和促性腺激素释放激素类药物。

一、性激素类药物

苯甲酸雌二醇

【理化特性】 苯甲酸雌二醇为白色结晶性粉末。无臭。本品在丙酮中略溶，乙醇或植物油中微溶，水中不溶。

【作用应用】 对未成年母畜，能促进性器官形成及第二性征发育；对成年母畜，除维持第二性征外，还能促使生殖器官血管增生和腺体分泌，引起母畜发情。牛对雌激素很敏感。雌激素所诱导的发情不排卵，动物配种不怀孕；增强子宫的收缩活动，增强子宫对催产素的敏感性；可使子宫颈周围的结缔组织松软，子宫颈口松弛，但天然雌激素对牛子宫颈口的松弛作用不明显；可促进乳腺的发育和泌乳，与孕酮合用，效果更加显著。对泌乳母牛，大剂量雌激素因抑制催乳素的分泌而使泌乳停止；对抗雄激素，抑制公畜促性腺激素的分泌，使精子生成障碍，性兴奋降低，抑制第二性征发育；能加速骨盐的沉积和钙化；可增强食欲，促进蛋白质合成，增加体重。

由于肉品中残留的雌激素对人体有致癌作用并危害儿童及未成年人的生长发育，所以禁用雌激素作饲料添加剂和皮下埋植剂。

临床用于治疗子宫疾病，如子宫内膜炎、子宫蓄脓、胎衣不下、排出死胎等；用于卵巢机能正常而发情不明显家畜的催情，小剂量可催情，大剂量可抑制发情；配合催产素可用于分娩时子宫肌肉收缩无力的催产，预先注射本品，能提高催产素的效果；可用于诱导泌乳。

【注意事项】①用于催情时，应尽量配合原有的发情期，因本品不能促使卵泡成熟排卵；② 大剂量、长期使用或使用不当，可导致牛发生卵巢囊肿或慕雄狂，流产，母畜卵巢萎缩，性周期停止等不良反应；③反刍动物内服，部分在瘤胃内被破坏，吸收不完全，常肌肉注射给药。

【制剂用法用量】苯甲酸雌二醇注射液（1）1ml：1mg（2）1ml：2mg，肌肉注射：一次量，马、牛 10～20mg；猪 3～10mg；羊 1～3mg；犬、猫 0.2～0.5mg。休药期 28d，弃奶期 7d。

【附注】雌二醇、苯甲酸雌二醇和戊酸雌二醇禁止在饲料和动物饮水中应用；可以作治疗用，但不得在动物性食品中检出。

黄体酮（孕酮、黄体素、助孕酮）

由卵巢黄体分泌，现多用人工合成品。黄体酮内服后在肝脏中迅速被灭活，内服疗效甚微，多以肌肉注射给药，其代谢产物与葡萄糖醛酸结合后由尿中排出。

【理化特性】为白色或类白色的结晶性粉末。无臭，无味。在三氯甲烷中极易溶解，在乙醇、乙醚或植物油中溶解，在水中不溶。

【作用应用】

（1）对子宫的作用。在雌激素作用的基础上，促使子宫内膜增生，腺体分泌子宫乳，供受精卵和胚胎早期发育所需的营养；抑制子宫肌收缩，降低子宫肌对催产素的敏感性，起“安胎”作用；使子宫颈口关闭，分泌黏稠液，阻止精子通过，防止病原侵入。

（2）对卵巢的作用。大剂量使用黄体酮，反馈性抑制垂体促性腺激素和下丘脑促性腺激素释放激素分泌，从而抑制发情和排卵。一旦停药，孕酮的作用消除，动物又可出现发情，因此，本品可诱导母畜同期发情；能促进乳腺腺泡的发育，为泌乳做准备。

临床用于因黄体分泌不足引起的早产或习惯性流产，与维生素 E 同用效果更佳；牛卵巢囊肿引起的慕雄狂；牛、马排卵延迟；用于母畜的同期发情，用药后，母畜在数日内即可发情排卵，便于家畜品种改良和人工授精，提高繁殖率；用于抱窝母鸡的醒抱。

【注意事项】长期使用会延长动物的妊娠期；禁用于泌乳奶牛；动物宰前应停药 21d。

【制剂用法用量】黄体酮注射液（1）1ml：10mg（2）1ml：50mg，肌肉注射：一次量，马、牛 50～100mg；猪、羊 15～25mg；犬、猫 2～5mg。必要时，间隔 48h 可重复注射。

雄激素

天然品称睾丸酮（也称睾丸素或睾酮），由睾丸间质细胞分泌，肾上腺皮质及卵巢也能少量分泌，临床应用多为人工合成睾酮及其衍生物，如甲睾酮、丙酸睾酮、苯丙酸诺龙、去氢甲基睾丸素等。雄激素既有雄性样作用，又有蛋白质同化作用。把雄性样作用减弱而蛋白同化作用增强的雄激素称同化激素，如苯丙酸诺龙等。雄激素已禁止用于饲料添加。

甲睾酮（甲基睾丸素）

【理化特性】属人工合成品。为白色结晶性粉末，不溶于水。

【作用应用】促进雄性生殖器官发育，维持第二性征，促进性欲；保证精子的正常发育、成熟，维持精囊腺和前列腺的分泌功能；大剂量能抑制促性腺激素释放激素分泌，使促性腺激素分泌减少，从而抑制精子的生成；对抗雌激素，抑制母畜发情；增加蛋白质合成，促进肌肉与骨骼生长，使肌肉发达，骨质致密，体重增加；刺激骨髓的造血机能，使红细胞生成加快。

用于种公畜因雄激素分泌不足所致的性欲缺乏、隐睾症，诱导发情；治疗乳腺囊肿、抑制泌乳；治疗母犬的假妊娠；抑制母犬、母猫发情，但效果不如孕酮。

【注意事项】前列腺肿病畜、孕畜及泌乳母畜禁用；长期使用易引起肝脏损坏；食品动物宰前休药21d。

【制剂用法用量】甲基睾丸素片5mg，内服：一次量，马、牛10～40mg；猪300mg；犬10mg；猫5mg。

丙酸睾酮（丙酸睾丸素）

本品与甲睾酮相似，供肌肉注射，效力较持久，可使抱窝母鸡醒抱。针剂如有结晶析出，可加温溶解后注射。其余同甲睾酮。

丙酸睾酮注射液（1）1ml：25mg（2）1ml：50mg，肌肉或皮下注射：一次量，每1kg体重，家畜0.25～0.5mg。母鸡醒抱，肌肉注射12.5mg。

可以作治疗用，但不得在动物性食品中检出。

苯丙酸诺龙（苯丙酸去甲睾酮）

【理化特性】属人工合成药，为蛋白同化剂。同化作用比甲基睾丸素、丙酸睾丸素强而持久，其雄性激素作用较小。为白色或类白色结晶性粉末，有特殊臭味；在乙醇中溶解，植物油中略溶，水中几乎不溶。

【作用应用】本品为蛋白质同化激素。同化作用比甲基睾丸素、丙酸睾丸素强而持久，其雄激素作用较小。能促进蛋白质合成，抑制分解，增加氮的潴留，促进钙在骨质中沉积，因而具有增加体重、促进生长和促进骨骼形成的作用。

临床上主要用于热性病和各种消耗性疾病所引起的体质衰弱、严重营养不良、贫血和发育迟缓；也可促进组织修复，如大手术后、骨折、创伤愈合等。

【注意事项】本品长期使用可引起肝损坏和发情紊乱；用药时应多喂蛋白质和钙含量高的精料。可以作治疗用，不得在饲料和饮用水中使用，不得在动物性食品中检出。休药期28d，弃奶期7d。

【制剂用法用量】苯甲酸诺龙注射液（1）1ml：10mg（2）1ml：25mg，皮下或肌肉注射：一次量，马、牛200～400mg；猪、羊50～100mg；犬25～50mg；猫10～20mg，每10～14d注射1次。

二、促性腺激素类药物

促性腺激素分两类，一类是垂体前叶分泌的促卵泡素（FSH）和促黄体素（LH）；另一类是非垂体促性腺激素，有绒促性素和马促性素等。

卵泡刺激素

【理化特性】 又名促卵泡素、垂体促卵泡素，从猪、羊的脑垂体前叶中提取而得，为白色或类白色冻干块状物或粉末，易溶于水。

【作用应用】 本品能刺激卵泡的生长发育，在小剂量黄体生成素的协同作用下，可促使卵泡分泌雌激素，引起母畜发情。如与大剂量黄体生成素合用，可促进卵泡成熟和排卵，甚至引起超数排卵；可促进公畜精原细胞的增殖和精子形成。

临床用于不发情母畜的发情和排卵，提高受胎率和同期发情的效果；用于超数排卵，牛、羊在发情的前几天注射卵泡刺激素，出现超数排卵，可供受精卵或胚胎移植或提高产仔率；治疗持久黄体、卵泡发育停止、多卵泡症等卵巢疾病。

【注意事项】 用药前应先检查卵巢的变化，酌情决定用药剂量和次数；剂量过大或长期应用，可引起卵巢囊肿；对单胎动物超数排卵成为不良反应。

【制剂用法用量】 卵泡刺激素注射液，50mg，静脉注射、皮下或肌肉注射：一次量，马、牛 10～50mg；猪、羊 5～25mg；犬 5～15mg，临用时以 5～10ml 生理盐水稀释。

黄体生成素

【理化特性】 又名促黄体激素、垂体促黄体素，从猪、羊的脑垂体前叶中提取，属于一种糖蛋白，为白色或类白色的冻干块状物或粉末，易溶于水。

【作用应用】 本品与卵泡刺激素协同促进卵泡成熟、产生雌激素、引起排卵；排卵后形成黄体，分泌黄体酮，具有早期安胎作用；可使公畜性欲提高，促进精子形成。

临床主要用于促进排卵和治疗卵巢囊肿；精子生成障碍、性欲缺乏；产后泌乳不足或缺乏等。

【注意事项】 用作促进母马排卵时，应先检查卵泡的大小，卵泡直径在 2.5cm 以下时禁用；禁止与抗肾上腺素药、抗胆碱药、抗惊厥药、麻醉药和安定药等抑制促黄体素释放和排卵的药物同用；反复或长期使用，可导致抗体产生，降低药效。

【制剂用法用量】 黄体生成素注射液 25mg，静脉注射或皮下注射：一次量，马、牛 25mg；猪 5mg；羊 2.5mg；犬 1mg。临用时以 5ml 灭菌生理盐水溶解，可在 1～4 周内重复注射。

马促性素（孕马血清）

又称孕马血清、马血促性素、马促性腺激素。

【理化特性】 本品是由孕马子宫内膜杯状细胞产生的一种糖蛋白，以 45d 到 3 个月的孕马血清中含量最高，包括促卵泡素和促黄体素两种成分。为白色或类白色粉末，溶于水，水溶液不稳定。

【作用应用】 本品能促进卵泡发育和成熟，引起发情；促进成熟卵泡排卵甚至超数排卵；能促进雄激素分泌，提高性欲。

临床用于不发情或发情不明显母畜的诱导发情和排卵；可使母牛超数排卵，用于胚胎移植，用于绵羊、猪可促进多胎；提高公畜的性欲。

【注意事项】 配好的溶液应在数小时内用完；用于单胎动物时，因超数排卵，不要在本品诱发的发情期限配种；反复使用，可产生抗体，可降低药效，有时会引起过敏反应；直接用孕马血清时，供血马必须健康。

【制剂用法用量】马促性腺激素粉针（1）400U（2）1 000U（3）3 000U。皮下或肌肉注射，一次量，马、牛1 000～2 000U；猪、羊 200 ～1 000U，犬 25 ～200U，猫、兔 50～100U。

绒促性素

【理化特性】又名人绒毛膜促性腺激素、绒毛膜促性腺激素，是孕妇胎盘绒毛膜产生的一种糖蛋白，从孕妇尿中提取而得。为白色或类白色粉末，易溶于水。

【作用应用】主要作用与黄体生成素相似，也有较弱的卵泡刺激素样作用，能促使成熟的卵泡排卵并形成黄体，延长黄体持续时间，刺激黄体分泌孕酮；对公畜，能促进睾丸间质细胞分泌雄激素，提高性欲。

临床主要用于诱导排卵，提高受胎率，增强同期发情的排卵效果；对患卵巢囊肿并伴有慕雄狂症状的母牛，疗效显著；还可治疗家畜性机能减退及隐睾症等。

【注意事项】配好的溶液应在4h 内用完；治疗习惯性流产应在怀孕后期每周注射1次；提高受胎率，应于配种当天注射；治疗性功能障碍、隐睾症，每周注射2 次，连用4～6 周；多次使用，可产生抗体，降低药效，有时会产生过敏反应。

【制剂用法用量】注射用绒促性素（1）500U（2）1 000U（3）2 000U（4）5 000U。肌肉注射：一次量，马、牛 1 000～5 000U；猪 500～1 000U；羊 100～500U；犬 100～500U；猫 100～200U。用时以生理盐水或注射用水溶解。

【附注】绒毛膜促性腺激素禁止在饲料和动物饮水中应用（农业部 2002 年 176 号令）；可以作治疗用，但不得在动物性食品中检出。

三、促性腺激素释放激素类药

促性腺激素释放激素

【作用应用】对垂体前叶分泌的卵泡刺激素和黄体生成素均有促进合成和释放的作用，促进黄体生成素的作用更强，所以又有黄体生成素释放激素之称。促性腺激素释放激素（GnRH）无种间特异性，对于非繁殖季节的公羊，每日肌肉注射可使睾丸重量增加，精子活力增强，精液品质改善。大剂量或长期应用，可抑制排卵，阻断妊娠，引起睾丸或卵巢萎缩，阻止精子形成。

本品静脉注射或肌肉注射后 1～2h 内，持续 4～6d 不排卵的母马即可排卵，还可治疗卵巢囊肿。

【制剂用法用量】促性腺激素释放激素，静脉或肌肉注射：一次量，奶牛 100μg。

复习思考题

1. 区别利尿药与脱水药的功效异同；简述其主要用途；为何长时间应用利尿药要补钾？

2. 比较缩宫素与麦角新碱对子宫的作用特点，如何选用？

3. 简述垂体后叶素与麦角新碱的作用特点及应用时的注意事项。

4. 性激素分哪几类？其代表药物各有何作用与用途？

5. 根据卵泡刺激素、黄体生成素、马促性素及绒促性素的作用特点，比较其临床用途有何不同？

第十章

神经系统用药

第一节 中枢神经系统用药

中枢神经系统用药分为中枢抑制药和中枢兴奋药。中枢抑制药分为全身麻醉药、化学保定药、镇静药、安定药与抗惊厥药及解热镇痛与消炎抗风湿药。中枢兴奋药分为大脑兴奋药、延髓兴奋药及脊髓兴奋药。

一、全身麻醉药

（一）概念与分类

1. 概念

全身麻醉药，简称全麻药，是指能引起中枢神经系统产生广泛的抑制，暂时使机体的意识、感觉、反射活动和肌肉张力出现不同程度的减弱或完全丧失，但延髓生命中枢功能仍然保持的药物。全麻药主要用于比较复杂的外科手术。

全麻药的麻醉作用在中枢神经系统按一定顺序显现，最先抑制大脑皮层，其次是皮质下中枢，越过延髓，而抑制脊髓。麻醉的苏醒则按相反的顺序进行。

2. 分类

全麻药按其理化性质和用药方法的不同，可分为吸入性麻醉药和非吸入性麻醉药（或静脉麻醉药）2 类。

（二）麻醉机理

目前为止全麻药作用的机理尚未完全定论，其学说有 3 方面。

1. 脂溶性学说

认为全麻药的脂溶性与麻醉强度有密切关系，脂溶性高的药物，如乙醚，容易进入富有类脂质的神经细胞，并与其中的类脂成分发生物理性结合，从而干扰了整个细胞的功能。但此学说对许多非脂性全麻药，如水合氯醛，则难以解释。

2. 脑干网状激活系统抑制学说

认为脑干网状结构是维持苏醒状态的重要部位，脑干网状结构是由多种神经元突触传导系统组成，由此与大脑皮层进行上、下行激活系统联系。全身麻醉药对上行激活系统具有选择性抑制作用，使外周传入冲动受到阻抑并产生麻醉现象。

3. 神经突触学说

认为麻醉药进入以双层脂质分子为基础的膜结构时，吸附于疏水部分，使膜膨胀增厚，影响钠、钾离子通道，受体或酶等的构象发生变化，影响神经冲动在突触的传递而产生麻醉。

（三）麻醉的分期

麻醉药对动物的麻醉作用是一个由浅入深的连续过程，为了便于掌握麻醉的深度，得到满意的麻醉效果，防止死亡事故的发生，而人为地将麻醉过程分为三个时期。麻醉各期动物的体征变化见表 10－1。

第一期（兴奋期）也称诱导期，是麻醉的最初期，动物表现不随意运动性兴奋、挣扎、嘶鸣、呼吸不规则、脉搏频数、血压升高、瞳孔扩大、肌肉紧张，各种反射都存在。

第二期（麻醉期）又分为浅麻期和深麻期。

浅麻期：动物的痛觉、意识完全消失。肌肉松弛，呼吸浅而均匀，瞳孔逐渐缩小，痛觉反射消失，角膜和肛门反射仍存在，但较迟钝。一般手术可在此期进行或配合局部麻醉药进行大手术。

表 10－1　麻醉各期动物的体征变化

项目 分期	呼吸	脉搏	瞳孔	骨骼肌	痛觉反射	角膜肛门反射
诱导期	快而不规则	快而有力	张缩不定	紧张有力	有	有
麻醉期	由均匀规则到缓慢深而有力	由正常 ↓ 逐渐变慢	逐渐缩小	松弛无力	消失	有
苏醒期或麻痹期	均匀增加	逐渐增速	张缩不定↓ 复原	逐步恢复	弱	有
	逐渐减轻浅表无力	逐渐减轻最后停止	散失	松弛	消失	消失

深麻期：麻醉继续深入，动物出现以腹式呼吸为主的呼吸式，角膜和肛门反射也消失，舌脱出不能回缩，由于深麻期不易控制而易转入延脑麻痹期，使动物发生危险，故常避免进入此期。

第三期（苏醒期或麻痹期）麻醉由深麻期继续深入，动物瞳孔扩大，呼吸困难，呈现陈—施二氏呼吸，心跳微弱而逐渐停止，最后麻痹死亡，称延脑麻痹期。如动物逐渐苏醒而恢复，称苏醒期。苏醒过程中，动物虽然处于醒觉，但站立不稳，易于跌撞，应加以防护。

上述典型分期情况，一般出现于吸入麻醉，当前多采用复合麻醉后，已很难看到，为此在实践应用时，要仔细观察，综合分析，才能正确判断。

（四）麻醉方式

为了克服全麻药的不足，增强麻醉效果，减少毒副反应，增加麻醉安全性，扩大麻醉药应用范围，临床上常采用复合麻醉方式，即同时或先后应用两种以上麻醉药物或其他辅助药物，以达到理想的外科手术麻醉效果。常用的复合麻醉有下列几种。

1. 麻醉前给药

在实施全身麻醉前给予某种药物，以减少全麻药的副作用和用量，扩大安全范围。如在麻醉前给予氯丙嗪，可减少麻醉药的用量，防止呕吐，加强肌肉松弛作用；如在麻醉前给予阿托品，可以防止在麻醉中因唾液腺和支气管腺分泌过多而引起的异物性肺炎，并可阻断迷走神经对心脏的影响，防止发生心律不齐。

2. 诱导麻醉

为避免全麻药诱导期过长的缺点，一般选用诱导期短的硫喷妥钠或氧化亚氮，使之快速进入外科麻醉期，然后改用乙醚或甲氧氟烷等其他药物维持麻醉。

3. 基础麻醉

先用硫喷妥钠等巴比妥类药物、水合氯醛等，使动物达到浅麻醉状态，在此基础上再用其他药物麻醉，可减轻麻醉药不良反应及增强麻醉效果。

4. 混合麻醉

将数种麻醉药混合在一起进行麻醉，取长补短，往往可以达到较为安全可靠的麻醉效果。例如，水合氯醛—酒精麻醉、水合氯醛—硫酸镁麻醉等。

5. 配合麻醉

是以某种全麻药为主，配合局麻药进行的麻醉。先以水合氯醛造成浅麻醉，然后在术部使用局部麻醉药普鲁卡因等。这种方式麻醉安全范围大，用途广，是兽医临床较为常用的一种麻醉方式。

（五）应用全麻药的注意事项

全身麻醉药能引起动物生理机能的严重变化，稍有不慎，即可对动物造成严重损害甚至死亡。为了保证麻醉安全地进行，应注意以下事项。

1. 麻醉前的检查

麻醉前要仔细检查动物体况，对过于衰弱、消瘦或有严重心血管疾病或呼吸系统、肝脏疾病的病畜及怀孕母畜，不宜进行全身麻醉。

2. 麻醉过程中的观察

在整个麻醉过程中，要经常观察动物呼吸和瞳孔的变化情况，检查脉搏数和心搏的强弱及节律，以免麻醉过深。如发现瞳孔突然扩大、呼吸困难、黏膜发绀、脉搏微弱、心律紊乱时，应立即停止麻醉并进行对症处理，如打开口腔、引出舌头、进行人工呼吸或注射中枢兴奋药等。

3. 准确选用全麻药

根据动物种类和手术需要选择适宜的全麻药和麻醉方式。一般来说，马属动物和猪对全麻药较能耐受，但巴比妥类易引起马产生明显的兴奋过程。反刍动物在麻醉前宜停饲12h以上，且不宜单独使用水合氯醛作全身麻醉，多用水合氯醛造成浅麻，配合使用普鲁卡因进行麻醉。通常配合麻醉对各种动物都比较适宜而且安全。

（六）常用药物

1. 吸入性麻醉药

吸入性麻醉药包括挥发性液体和气体，前者如乙醚、氟烷、异氟烷、恩氟烷等，后者如氧化亚氮。吸入性麻醉药使用时比较复杂且需一定设备，而且动物在麻醉过程中具有兴奋期长的缺点，吸入麻醉药引起兴奋期的长短与其在血液中的溶解度有关，药物在血液中溶解度越大，麻醉时呈现兴奋的时间越长。乙醚在血液中的溶解度比甲氧氟烷大，所以，乙醚麻醉时，呈现的兴奋的时间比甲氧氟烷长。吸入麻醉在国内兽医临床较少应用。

麻醉乙醚

【理化特性】 为无色澄明易挥发性液体，有特异臭味，易燃易爆，易氧化生成过氧化物及乙醛，使毒性增加，应避光密封保存。乙醚开瓶后在室温中不能超过1d或冰箱内存放不超过3d。

【体内分布】乙醚首先分布到脑组织，然后再分布到血液流量较丰富的肝、肾和肌肉等组织。吸入的乙醚90%以上经肺排出。

【作用应用】乙醚的麻醉作用较弱。麻醉浓度的乙醚对呼吸功能和血压几乎无影响，对心、肝、肾的毒性也小。乙醚尚有箭毒样作用，故肌肉松弛作用较强。但此药的诱导期和苏醒期较长，易发生意外，现已少用。

乙醚主要用于犬、猫等中小动物或实验动物的全身麻醉。乙醚可用开放式、半封闭或封闭式的吸入麻醉法。

【用法用量】犬吸入乙醚前注射硫喷妥钠、硫酸阿托品（每1kg体重0.1mg），然后用麻醉口罩吸入乙醚，直至出现麻醉体征。猫、兔、大鼠、小鼠、蛙类、鸡、鸽等可直接吸入乙醚，至达到麻醉体征为止。

氟烷（三氟氯溴乙烷、氟罗生）

【理化特性】本品为无色透明液体，沸点50.2℃，不燃不爆，但化学性质不稳定，遇光、热与潮湿空气缓慢分解。

【体内分布】氟烷进入体内后只少量被转化，大部分以原型由呼气排出。余者可多次反复再分布。体内氟烷约有12%~20%在肝脏代谢成多种代谢产物，再与葡萄糖醛酸结合，随尿、汗与粪便排出。

【作用应用】氟烷的麻醉作用强，诱导期短，苏醒快，但肌肉松弛和镇痛作用较弱；使脑血管扩张，升高颅内压；增加心肌对儿茶酚胺的敏感性，诱发心律失常等。

用于马、犬、猴等大、小动物全身麻醉。麻醉前给予琥珀胆碱、地西泮做辅助麻醉及基础麻醉，以增强肌松效果，以便动物平稳地进入麻醉期。氟烷可与乙醚混合使用，以减轻两药的毒副作用，并有麻醉效力协同作用。

氟烷的价格较贵，多用于封闭式吸入麻醉。诱导用4%~5%，维持用1.5%。需特殊专用的蒸发器控制浓度。

【用法用量】闭合式或半闭合吸入给药。牛先用硫喷妥钠做诱导麻醉，一次量，每1kg体重，0.55~0.66ml（可持续麻醉1h）；马，每1kg体重，0.045~0.18ml（可维持麻醉1h）；犬、猫吸入不含氟烷的70%氧化亚氮和30%氧，经1min后，再加氟烷于上述合剂中，其浓度0.5%，时间30min，以后浓度逐渐增大至1%，约经4min达5%浓度为止，此时，氧化亚氮浓度减至60%，氧的浓度为40%，犬、猫预先需肌肉注射阿托品。

恩氟烷（安氟醚）

【作用应用】恩氟烷及异氟烷是同分异构物，和氟烷比较，麻醉诱导平稳、迅速和舒适，苏醒也快，肌肉松弛良好。马停止给药后8~15min即可站立，为强效吸入性麻醉药。对神经肌肉的阻断作用强于氟烷，对循环系统和呼吸有抑制作用。对肝、肾损害轻微。对胃肠蠕动及子宫平滑肌有抑制作用。可用做马、犬等动物手术的全麻药。

【不良反应】类似于氟烷麻醉，恩氟烷对心血管和呼吸系统有抑制作用。

氧化亚氮（笑气）

【理化特性】为无色、味甜、无刺激性的液态气体，性质稳定，不燃不爆。

【作用应用】本品麻醉强度约为乙醚的1/7，但毒性小，作用快，无兴奋期，镇痛作用强，但肌松程度差。主要用于诱导麻醉或与其他全身麻醉药配伍使用。如氧化亚氮与氟烷混合应用，可减轻氟烷对心、肺系统的抑制作用。

【注意事项】

（1）氧化亚氮的主要危险是缺氧，故较少使用全封闭形式的吸入麻醉。

（2）在停止麻醉后，应给予吸入纯氧3～5min。

【用法用量】 麻醉：小动物用75%氧化亚氮与25%氧混合，通过面罩给予2～3min，然后再加入氟烷，使其在氧化亚氮与氧混合气体中达3%浓度，直至出现下颌松弛等麻醉体征为止。

2. 非吸入性麻醉药

非吸入性麻醉药一般用静脉注射法给药，常称为静脉麻醉药。静脉麻醉药具有迅速升高血药浓度的优点，但由静脉注入血液中的药物，主要经过组织代谢和由肾脏排出，这种药一旦在血液中达到中毒浓度时，则因不易排出与解毒而迅速停止作用。因而，非吸入麻醉药比吸入麻醉药危险性较大，用法不当时，在麻醉过程中常导致动物死亡。但用非吸入麻醉药进行静脉麻醉，仅具有可避免或缩短动物兴奋期的优点，而且不需要一定麻醉装置，使用方便，中国兽医临床多采用非吸入麻醉药进行全身麻醉。如果先用静脉麻醉药使动物发生麻醉之后，再用吸入麻醉药维持麻醉，则更为安全。近年来由于中枢性肌松剂二甲苯胺噻唑等的出现，可使动物处于充分肌肉松弛、镇痛和镇静的情况下，即可进行手术，不必达到意识完全消失的程度。

水合氯醛（水合三氯乙醛）

【理化特性】 为白色或无色透明棱柱形结晶。有穿透性刺激性特臭，具腐蚀性，味苦。极易溶于水和热乙醇，易溶于乙醚和氯仿。水溶液呈中性反应。有挥发性和引湿性，水溶液久置或遇碱性溶液、日光、热逐渐分解，产生三氯醋酸和盐酸，酸度增高。应密封遮光保存。

【体内分布】 内服与直肠给药均易吸收。犬内服后15～30min血中浓度达峰值。广泛分布机体各组织。在肝或肾中还原成仍具有中枢抑制作用的代谢产物三氯乙醇，小部分氧化成无活性的三氯乙酸。代谢物主要与葡萄糖醛酸结合成氯醛尿酸，从肾迅速排出。

【药理作用】

（1）对中枢神经系统的作用　首先抑制大脑皮层运动区，使动物肌肉活动不协调，对感觉区作用较差，故只有微弱的镇痛效果。麻醉时解除疼痛能力弱，往往需要配合局麻药以加强镇痛效果。水合氯醛及代谢物三氯乙醇均有中枢抑制作用。三氯乙醇极性较小，中枢抑制作用较强。水合氯醛对中枢神经系统的抑制作用随着药量增加，产生不同作用，即小剂量镇静、中等剂量催眠、大剂量麻醉与抗惊厥。

（2）对心血管系统的作用　对心脏的作用表现为非迷走神经效应和迷走神经效应的双重作用。非迷走神经效应是对心脏代谢的抑制，而迷走神经效应表现心动徐缓，是加强迷走效应的结果。长时间麻醉，红细胞数量减少，有时血红蛋白含量也降低。幼畜往往发生短时淋巴细胞增多。

（3）对代谢的影响　能降低新陈代谢，抑制体温中枢，体温可下降1～5℃。麻醉愈深，体温下降愈快。尤其与氯丙嗪并用，降温更显著。恢复体温需经10～24h以上，此阶段应注意动物保暖，以防感冒等病症发生。

【应用】

（1）镇静、解痉　常用于马属动物急性胃扩张、肠阻塞、痉挛性腹痛；子宫及直肠脱出；食道、膈肌、肠管、膀胱痉挛等。对抗破伤风、脑炎、士的宁及其他中枢兴奋药中毒所致的惊厥。用于抗惊厥时，剂量应酌情增加。

（2）全身麻醉　用做马、骡、驴、骆驼、猪、犬、禽类麻醉药或基础麻醉药。牛、羊敏感，一般不用。全麻以静脉注射为优，亦可内服。猪可腹腔注射。

【不良反应】水合氯醛具刺激性，易引起恶心、呕吐。对肝、肾有一定损害作用。

【注意事项】

（1）配制注射液时不可煮沸灭菌，应密封避光保存。

（2）水合氯醛对局部组织有强烈刺激性，不可皮下或肌肉注射；静脉注射时，不得漏出血管外；内服或灌肠时应配成1%～5%的水溶液，并加黏浆剂。

（3）严禁用于患心脏病、肺水肿及机体虚弱的病畜。

（4）水合氯醛中毒时可选用安钠咖、樟脑制剂或尼可刹米等药物进行解毒，但不可用肾上腺素，因肾上腺素可导致心脏纤颤。

【制剂用法用量】水合氯醛粉，内服、灌肠：1次量，马、牛10～25g，猪、羊2～4g，犬0.3～1g；静脉注射：每1kg体重，马、牛0.08～0.12g（视具体情况酌量）；猪0.15～0.17g；骆驼0.1～0.11g。水合氯醛硫酸镁注射液，含水合氯醛8%、硫酸镁5%和氯化钠0.9%。静脉注射：马200～400ml（麻醉），100～200ml（镇静）。水合氯醛酒精注射液：每100ml含水合氯醛5g，酒精12.5g。静脉注射（抗惊厥、镇静）：马、牛100～200ml；静脉注射（麻醉）：马、牛300～500ml。

氯胺酮（开他敏）

【理化特性】其盐酸盐为白色结晶性粉末，无臭，易溶于水，水溶液呈酸性（pH值为3.5～4.5），微溶于乙醇。

【体内分布】氯胺酮经口服、肌肉及静脉注射后均可很快吸收。静脉注射后首先进入脑组织，脑内浓度可高于血浆浓度的6.5倍。肝、肺与脂肪内也有较高浓度，可重新分布。肌肉注射后，猫于10min达峰值。易通过胎盘屏障。在肝脏代谢转化成去甲氯胺酮，仍具镇痛作用，效力为氯胺酮的1/3左右。去甲氯胺酮再转化成为无活性化合物并与约5%原型药从尿排出。

【作用应用】本品为短效静脉麻醉药。与传统的全身麻醉药相比，其特点是既可抑制丘脑新皮层系统，又能兴奋大脑边缘叶。引起感觉与意识分离，故称为"分离麻醉"。麻醉期间动物意识模糊而不完全丧失，眼睛睁开，骨骼肌张力增加，而痛觉完全消失，呈现所谓"木僵样麻醉"。在兽医临床上，氯胺酮已用做马、猪、羊及多种野生动物的化学保定、基础麻醉以及麻醉药。本品可用于不需要肌肉松弛的小手术和诊疗处置等。因为本品可以肌肉注射，是野生动物良好的镇静性保定药，便于对野生动物进行疾病诊疗、X光检查、采血等。

【注意事项】禽类用氯胺酮可致惊厥；静脉注射宜缓慢，以免心跳过快等不良反应发生。

【制剂用法用量】盐酸氯胺酮注射液，静脉注射：一次量，每1kg体重，马、牛2～3mg；猪、羊2～4mg；肌肉注射，一次量，每1kg体重，猪、羊10～15mg；犬10～20mg；猫20～30mg；灵长类5～10mg；熊8～10mg；鹿10mg；水貂6～14mg。

二、化学保定药

化学保定药又称为制动药或肌松药，是指能在不影响动物意识和感觉的情况下，使之安静、嗜眠和肌肉松弛，停止抗拒和挣扎，达到类似保定的药物。这类药物近年来发展较快，在动物园动物、经济动物的锯角、锯茸、繁殖、配种、诊治疾病；野外野生动物的捕捉；马和牛等大家畜的运输以及某些动物的人工授精、诊疗检查等工作中都有重要的实用价值。特别是近几年来，常作为麻醉的辅助药而用于全身麻醉药。

噻拉嗪（二甲苯胺噻嗪，隆朋，麻保静）

【理化特性】其盐酸盐为白色或类白色结晶性粉末，味苦，本品在水、甲醇、乙醇或氯仿中易溶，在丙酮中溶解。

【体内分布】本品肌肉注射或皮下注射吸收快。但各种给药途径药动学存在种属差异。马静脉注射后，1～2min 起效，达峰时间需 3～10min，持续时间 1.5h，半衰期 49.5min，肌肉注射生物利用度 40%～48%；犬与猫肌肉注射或皮下注射后 10～15min、静脉注射后 3～5min 出现作用，镇痛可持续 15～30min，而静脉注射可延至 1～2h，犬半衰期 30min。犬肌肉注射生物利用度为 52%～92%；绵羊肌肉注射生物利用度为 17%～73%，半衰期 22～105min；牛静脉注射，半衰期长于绵羊，无蓄积作用。

【作用应用】本品具有镇痛、镇静和中枢性肌肉松弛作用。特点是毒性低、安全范围大、无蓄积作用。肌肉注射后 10～15min、静脉注射后 3～5min 发生作用。动物表现镇静，大剂量时可卧倒睡眠。家畜中牛对本品最敏感，其镇静镇痛水平仅为马、犬、猫的 1/10。本品可用于马、牛及野生动物的化学保定，以便进行诊疗和小手术。用大剂量或配合局部麻醉药，可行去角、锯茸、去势、乳房切开、剖腹产等手术。

【不良反应】本品易引起心率及血压失常；对牛易造成呼吸抑制；常引起犬猫呕吐；可使牛、马妊娠后期的子宫收缩。能降低 γ-血清球蛋白，从而有抑制免疫系统作用。

【注意事项】

（1）马静脉注射速度宜慢，给药前可先注射小剂量阿托品（100kg 体重用 1mg），以防心脏传导阻滞。

（2）牛用本品前应停食数小时，注射阿托品，手术时应采俯卧姿势，并将头放低，以防异物性肺炎及减轻胃气胀压迫心肺。

【制剂用法用量】盐酸二甲苯胺噻嗪注射液，肌肉注射：一次量，每 1kg 体重，马 1～2mg；牛 0.1～0.3mg；羊 0.1～0.2mg；犬、猫 1～2mg；鹿 0.1～0.3mg。盐酸二甲苯胺噻嗪粉针，可配成 2%～10% 水溶液，供注射用。肌肉注射：每 1kg 体重，马（镇静，保定）1.5mg；牛（镇静、小手术）0.2～0.3mg；羊（配合局麻药施行大手术）肌肉注射 3～4mg；犬、猫肌肉注射 1～2mg；禽类 5～30mg；羚羊 2～3mg；野牛 0.6～1mg；骆驼 0.5mg；狮、熊为 8～10mg；豹 8mg；狼 7～8mg；灵长类动物 2～5mg。

赛拉唑（二甲苯胺噻唑，静松灵）

【理化特性】赛拉唑为中国合成的二甲苯胺噻唑，是赛拉嗪结构中噻嗪环换成噻唑环的衍生物。为白色结晶性粉末，味略苦，不溶于水，可溶于氯仿、乙醚和丙酮中；可与稀盐酸制成溶于水的二甲苯胺噻唑盐酸盐注射液。

静脉注射后 1min、肌肉注射后约 10～15min 呈现良好的镇痛和镇静作用，但种属差异较大。无蓄积性。

【作用应用】具有镇静、镇痛与中枢性肌肉松弛作用。动物应用本品后表现精神沉郁，嗜睡，头颈下垂，阴茎脱出，站立不稳。头颈、躯干、四肢皮肤痛觉迟钝或消失，约30min开始缓解，1h完全恢复。牛最敏感，用药后产生睡眠状态；猪、兔及野生动物敏感性差。治疗剂量范围内，往往表现唾液增加、汗液增多。另外，多数动物呼吸减慢、血压微降，可逐渐恢复。用于家畜及野生动物的镇痛、镇静、化学保定和复合麻醉等。

【注意事项】

（1）大剂量应用时，先停喂数小时，并将动物的头放低，舌拉出口腔外，并在麻醉前给予阿托品。

（2）马属动物用量过大（静脉注射超过1.5mg/kg或肌肉注射超过3mg/kg）可能会抑制心肌传导和呼吸，致使心搏徐缓，甚至呼吸暂停。除在用药前注射阿托品预防外，中毒时可采用人工呼吸，注射肾上腺素或尼可刹米抢救。

（3）产前三个月内的孕马、孕牛禁用，有导致流产的可能。

【制剂用法用量】

静松灵注射液，肌肉注射：每1kg体重，马、骡0.5～1.2mg；驴1～3mg；黄牛0.2～0.6mg；水牛0.4～1mg；猪4mg；羊1～3mg；骆驼0.4mg；马鹿2～5mg；梅花鹿1～3mg；静脉注射：马、骡0.3～0.8mg。

保定宁

保定宁是二甲苯胺噻唑与依地酸组成的可溶性盐。

【作用应用】本品克服了二甲苯胺噻唑对马属动物作用的不足，其特点是用量小（成年马3～4ml），使用方便（可肌肉注射），作用迅速（用药后10min即可显效），效果确实，副作用小。临床上可代替全身麻醉药，用于马属动物的各种外科手术。

【制剂用法用量】保定宁注射液，肌肉注射：每1kg体重，马、骡0.8～1.2mg（以盐酸二甲苯胺噻唑计）。静脉注射用量减半。

速眠新（846合剂）

为保定宁、氟哌啶醇和新保灵等药物制成的复方制剂。

【作用应用】本品为动物全身麻醉剂，具有中枢性镇痛、镇静和肌肉松弛作用，用于马、牛、羊、犬、猴、兔、熊、狮、虎、鼠等动物的手术麻醉和药物制动。

【不良反应】本品对犬、兔、牛等动物心血管动力学有一定程度抑制，对呼吸功能影响主要表现为呼吸次数减少，部分犬、熊出现潮式呼吸、通气量减少，但对血气指标影响不大，麻醉后动物的保定体位应以不妨碍通气为准则。本品对心血管和呼吸功能的影响一般均在动物生理耐受范围，机体可自行调整适应，不构成有害作用。必要时用东莨菪碱和阿托品类药物颉颃本品对心血管功能的抑制作用。

【注意事项】

（1）严重心肺疾患动物禁用本品，妊娠后期动物慎用。

（2）应空腹条件下使用，以避免引起呕吐、排便等不良反应。

（3）用于休克动物保定时，本品安全性优于其他药品，但应及时采用抗休克措施，以提高手术成功率。

（4）推荐剂量一般维持保定期40～60～90min，若需延长时间可于首次给药后30～

40min时追加首次用量的1/2，但应注意观察反应。

（5）遇药物副反应剧烈时，可肌肉注射东莨菪碱或阿托品对抗心血管抑制，遇呼吸停止时可人工呼吸并及时静脉注射苏醒灵3号或苏醒灵4号进行急救或催醒。

（6）极个别动物应用本品后有过敏反应，应及时采取抗过敏、抗休克救治措施。

【制剂用法用量】速眠新注射液，肌肉注射：每1kg体重，纯种犬0.04～0.08ml；杂种犬0.08～0.1ml；兔0.1～0.2ml；大鼠0.8～1.2ml；小鼠1.0～1.5ml；猫0.3～0.4ml；猴0.1～0.2ml；大动物，每100kg体重，黄牛、奶牛、马属动物1.0～1.5ml；牦牛0.4～0.8ml；熊、虎3～5ml。用于镇静或静脉给药时，剂量应降至上述剂量的1/3～1/2。

新保灵

【理化特性】本品为白色或类白色结晶性粉末；无臭、无味，放置稳定。在热水中微溶；在稀盐酸中易溶。

【作用应用】主要用于动物的镇静性保定，也可作为外科手术时的麻醉辅助用药。

【注意事项】有心肺疾患、体质差的病畜禁用。

【制剂用法用量】新保灵注射液，肌肉注射：每1kg体重，牛、鹿、犬、熊0.01～0.02mg；马属动物0.01mg；猴0.001～0.002mg。

三、镇静药、安定药与抗惊厥药

（一）镇静药

是指能加强大脑皮层的抑制过程，从而使兴奋和抑制恢复平衡的药物。单纯作为镇静药的是溴化物，内服给药后吸收迅速，但排泄缓慢，长期应用可引起蓄积中毒。在临床上常用于治疗中枢神经过度兴奋的病畜，如破伤风引起的惊厥、脑炎引起的兴奋，猪和家禽因食盐中毒引起的神经症状以及马、骡疝痛等。

溴化物

【理化特性】溴化物属卤素类化合物，包括溴化钠、溴化铵、溴化钾等。多为无色的结晶或结晶性粉末，味苦咸，易溶于水，有刺激性，应密封保存。

【体内过程】内服后迅速由肠道吸收，溴离子在体内多分布于细胞外液。主要经肾脏排泄，肾脏对溴离子和氯离子的排泄是按照它在体内所含浓度的比例而定，当体内氯化物含量增加时，氯离子的排出量增加，溴离子排出也增加；反之，当体内氯化物含量减少时，氯离子的排出量减少，溴离子排出也减少。溴化物的排泄，最初较快，以后缓慢。

【作用应用】溴化物在体内释放出溴离子，溴离子能加强和集中大脑皮层的抑制，呈现镇静作用。当大脑皮层兴奋过程占优势时，这种作用更为明显。大剂量可引起睡眠。两种以上溴化物合用有作用相加的效果。常用于治疗中枢神经过度兴奋、不安等病症。

【不良反应】

（1）刺激性大　溴化物对局部组织和胃肠黏膜有刺激性，静脉注射不可漏出血管外；内服浓度不要太高，应稀释成1%～3%的水溶液。

（2）排泄缓慢　长期应用可引起蓄积中毒，连续用药不宜超过一周。发现中毒应立即停药，可内服或静脉注射氯化钠，利用氯的排泄促使溴离子的排泄。

【制剂用法用量】溴化物（溴化钠、溴化钾、溴化铵），内服：马15～50g；牛15～60g；猪5～10g；羊5～15g；犬0.5～2g；家禽0.1～0.5g。溴化钠注射液，静脉注射：马、牛5～

10g。溴化钙注射液，静脉注射：马、牛 2.5～5g；猪、羊 0.1～1.5g。注射时不可漏出血管外。安溴注射液，每 100ml 含溴化钠 10g、安钠咖 2.5g，主要用于治疗马属动物疝痛性疾病、伴有疼痛不安的疾病及心力衰竭等。静脉注射：马、牛 80～100ml；猪、羊 10～20ml。

（二）安定药（镇静药）

是指能在不影响意识清醒的情况下，使精神异常兴奋的动物转为安定的药物。与镇静、催眠药不同，安定药对不安和紧张等异常兴奋具有选择性抑制作用。一般情况下，加大剂量时不引起麻醉，单独应用时抗惊厥作用不明显。

氯丙嗪（冬眠灵）

【理化特性】人工合成药。药用盐酸盐为白色或乳白色结晶性粉末。微臭，味极苦，有麻感。粉末或水溶液遇空气、阳光和氧化剂渐成黄色、粉红色，最后呈棕紫色，毒性随之增强。有引湿性，应遮光、密封保存。5% 水溶液 pH 值为 3.5～5。当 pH 值接近 6 时，即开始析出氯丙嗪沉淀，忌与碳酸氢钠、巴比妥类钠盐等碱性药物配伍。

【体内分布】内服、注射均易吸收，但内服吸收不规则，并有个体和种属差异。内服达到峰值时间单胃动物约 3h，肌肉注射单胃动物达峰时间 1.5h。呈高度亲脂性，易通过血脑屏障，脑内以丘脑、丘脑下部、海马、基底部神经节浓度最高。脑内浓度较血浆浓度高 4～10 倍。肺、肝、脾、肾、肾上腺等组织内亦较多。能通过胎盘屏障，并能分泌至乳汁内，山羊乳中浓度高于血浆浓度。主要在肝内经羟基化、硫氧化等代谢，有的代谢产物仍有药理活性。大部分由尿排除，余者从粪排除，有些进入肠肝循环。排泄很慢，动物体内氯丙嗪残留时间可达数月之久。

【药理作用】氯丙嗪为吩噻嗪类药物的代表，具有广泛而复杂的药理作用。兽医临床多用于动物的镇静及加强麻醉等。

（1）*对中枢神经系统作用*　①中枢镇静：氯丙嗪对中枢神经系统具有特殊的不同程度的选择性抑制作用。明显减少自发性活动，使动物安静与嗜睡。加大剂量不引起麻醉。可减弱动物的攻击行为，使之驯服，易于接近。但所致的睡眠易被各种刺激惊醒，不同于巴比妥类的催眠作用；②镇吐作用：氯丙嗪有强烈的镇吐作用。小剂量即能抑制延髓第四脑室底部的催吐化学感受区，大剂量能直接抑制呕吐中枢；③加强中枢抑制药的作用：能加强催眠药、麻醉药、镇痛药与抗惊厥药的作用。这一协同作用具两面性，即在有利于提高某些中枢抑制药作用的同时，又伴随着它增强了中枢抑制药毒性作用的不利一面；④对体温调节的影响：抑制下丘脑体温调节中枢，致体温调节失常，使动物体温随周围环境温度的变化而发生相应的改变。氯丙嗪区别于解热药的降温作用，即它不但能降低发热的体温，亦能使正常体温下降，并且降温作用受外界温度的影响，环境温度越低，降温作用越明显。氯丙嗪能增强散热过程，又能抑制产热过程。因它能降低新陈代谢率，减少组织氧耗量。

（2）*对植物神经系统、心血管系统作用*　氯丙嗪明显阻断 α 受体，使肾上腺素的升压作用翻转。能抑制血管运动中枢，并可直接舒张血管平滑肌，抑制心脏，引起 T 波改变等心电图异常。

（3）*对内分泌系统作用*　氯丙嗪能干扰下丘脑某些激素的分泌，因而抑制促性腺激素的分泌，增加催乳素的分泌；抑制促肾上腺皮质激素和生长激素的释放，使其分泌减少。

（4）*抗休克作用*　因氯丙嗪阻断外周 α 受体，直接扩张血管、解除小动脉与小静脉痉挛，可改善微循环。

【应用】

（1）*镇静* 用于因破伤风、脑炎、中枢兴奋药中毒引起的惊厥，使其安静，缓解症状；用于有攻击行为的家畜及野生动物、有食仔癖的兴奋母畜，可使安静驯服，便于保定与诊治。

（2）*麻醉前给药* 配合水合氯醛或其他全麻药常用于全身麻醉；若与局麻药配伍可用于牛、羊与猪的外科手术。一般于麻醉前30min，肌肉注射或静脉注射氯丙嗪，能显著增强麻醉药时效，又可减少麻醉药量的1/3～1/2，从而可减轻麻醉药的毒副反应。

（3）*抗应激反应* 猪、犬、猫、禽在高温季节长途运输时，氯丙嗪可减轻因炎热等不利因素的应激反应，降低死亡率。但不应用于屠宰动物，因排泄缓慢产生药物残留。

【不良反应】

（1）氯丙嗪有刺激性，应用时浓度不能太高，静脉注射时宜稀释且缓慢进行。

（2）若氯丙嗪用量过大引起血压降低时，禁用肾上腺素解救，可选用去甲肾上腺素。

（3）有黄疸、肝炎及肾炎的患畜应慎用。对体弱年老动物宜慎用。马用氯丙嗪往往表现不安定，易发生意外，故对马不主张使用。犬、猫等动物往往因剂量过大而出现心律不齐、四肢与头部震颤，甚至四肢与躯干僵硬等不良反应。

【注意事项】用量过大引起血压下降时，禁用肾上腺素解救，而应选择去甲肾上腺素；静脉注射时应稀释，缓慢注入；有黄疸、肝炎及肾病的患畜慎用。

【制剂用法用量】盐酸氯丙嗪片，内服：1次量，每1kg体重，家畜3mg。盐酸氯丙嗪注射液，肌肉注射：1次量，每1kg体重，马、牛0.5～1mg；猪、羊1～2mg；犬、猫1～3mg；虎4mg；熊2.5mg；静脉注射：1次量，每1kg体重，家畜0.5～1mg。

复方氯丙嗪注射液，每支2ml，含盐酸氯丙嗪和盐酸异丙嗪各50mg，用于镇静与抗过敏。肌肉注射用量：各种家畜每次0.5～1mg/kg体重。

【附注】禁止在饲料和家畜家禽饮水中使用。

（三）抗惊厥药

是指能抑制中枢神经系统，解除骨骼肌非自主性强烈收缩的药物。主要用于全身性强直性痉挛或间歇性痉挛的对症治疗。

硫酸镁（泻盐）

【理化特性】无色结晶，无臭，味苦且咸，有风化性，易溶于水。

【作用应用】本品给药途径不同，药理作用不同。当内服给药时，在肠道内不吸收，有泻下和利胆作用；当肌肉或静脉注射给药时，主要发挥镁离子作用。镁为机体生活必需元素之一，对神经冲动传导及神经肌肉应激性的维持均起重要作用，亦是机体多种酶功能活动不可缺少的离子。血浆中镁离子浓度过低时，出现神经及肌肉组织过度兴奋，可致激动。镁离子浓度升高时，引起中枢神经系统抑制，产生镇静及抗惊厥作用。镁离子又引起神经肌肉传导阻断，使骨骼肌松弛。原因主要是运动神经末梢乙酰胆碱释放量减少，其次为乙酰胆碱在终板处去极化减弱及肌纤维膜的兴奋性下降。

钙、镁离子化学性质相似，两者可作用于同一受体，从而发生竞争性对抗，尤其是钙离子能增加乙酰胆碱的释放。由于镁离子的中枢抑制作用和神经肌肉接头的阻断作用，故可用镁盐抗惊厥。镁离子对平滑肌亦有舒张、解痉作用，致血管扩张，血压下降。

【应用】

(1) 抗惊厥　缓解破伤风、脑炎、士的宁等中枢兴奋药中毒所致的惊厥。

(2) 解痉　治疗膈肌痉挛、胆管痉挛等。

(3) 缓解痉挛　缓解分娩时子宫颈痉挛以及尿潴留，慢性汞、砷、钡中毒等的痉挛症状。

(4) 泻下　作为盐类泻药治疗大肠便秘，兽医临床少用。

【注意事项】

(1) 静脉注射宜缓慢，也可用5%葡萄糖注射液稀释成1%浓度静脉滴注。

(2) 过量或静脉注射过快，可致血压剧降，呼吸中枢麻痹，此时可立即静脉注射5%氯化钙注射液解救。

【制剂用法用量】硫酸镁注射液，静脉或肌肉注射：一次量，马、牛、骆驼10～25g；猪、羊2.5～7.5g；犬1～2g。治疗牛、羊低血镁症，静脉注射：一次量，每1kg体重0.2g。

巴比妥类——苯巴比妥酸

巴比妥类药物属巴比妥酸衍生物，巴比妥酸是由脲和丙二酸缩合而成的。此类药物具有镇静、催眠、抗惊厥和麻醉作用。根据不同的药物作用时间的长短分为长效（苯巴比妥）、中效（戊巴比妥钠）、短效（硫喷妥钠）3种。该类药物禁止在饲料和动物饮用水中使用。

苯巴比妥（鲁米那）

【理化特性】其钠盐为白色的片状结晶或白色结晶性颗粒或白色有光泽的粉末。无臭，味苦。露置空气中有引湿性。极微溶于水，呈碱性。在乙醇或乙醚中溶解，氯仿中略溶，氢氧化钠或碳酸碱溶液中能溶。

【体内分布】内服、肌肉注射均易吸收。广泛分布各组织及体液中，其中以肝、脑浓度最高。血浆蛋白结合率40%～50%。透过血脑屏障速率极低，起效慢。内服后1～2h、肌肉注射约20～30min起效。在肝内主要通过氧化代谢。反刍动物体内代谢快。在肾小管处可部分重吸收，故消除慢，药效长。

【作用应用】为长效巴比妥类药物，具有抑制中枢神经系统作用，尤其是大脑皮层的运动区。所以在低于催眠剂量时即可发挥抗惊厥作用。加大剂量，能使大脑、脑干与脊髓的抑制作用更深，骨骼肌明显松弛、意识及反射消失，再继续加大剂量可抑制延髓生命中枢，引发中毒死亡。对丘脑新皮层通路无抑制作用，所以无镇痛作用。

【注意事项】用量过大会出现延髓生命中枢抑制，引发中毒死亡；可用安钠咖、尼可刹米等中枢兴奋药解救；肾功能障碍者慎用。

【制剂用法用量】苯巴比妥，镇静用皮下注射或肌肉注射：一次量，猪、羊0.25～1g；犬、猫，每1kg体重6～12mg。

戊巴比妥

【理化特性】其钠盐为白色、结晶性的颗粒或白色粉末。无臭，味微苦，有引湿性，极易溶于水，在醇中易溶，在乙醚中几乎不溶。水溶液呈碱性反应，久置易分解，加热分解更快。

【体内过程】口服易吸收。迅速分布全身各组织与体液中。易通过胎盘屏障，较易通过血脑屏障。主要在肝脏代谢失活，并从肾脏排泄，只有约1%左右从唾液、粪便和胆汁中排除，蓄积作用较小。

【作用应用】 戊巴比妥是中效类巴比妥类药物。无镇痛作用。戊巴比妥钠对呼吸和循环有显著的抑制作用。能使血液红、白细胞减少，血沉加快，延长血凝时间。苏醒期长，一般需6～18h才能完全恢复，猫可长达24～72h。用做中、小动物的全身麻醉药；成年马、牛的复合麻醉（与水合氯醛、硫喷妥钠、氯丙嗪、盐酸普鲁卡因等配合）；还可用做各种动物的镇静药、基础麻醉药、抗惊厥药；也用于中枢兴奋药中毒的解救。

【制剂用法用量】 戊巴比妥钠，各种动物抗惊厥或麻醉用。静脉注射：每1kg体重，20～25mg，基础麻醉量5～15mg。

硫喷妥钠

硫喷妥钠又名潘托散、戊硫巴比妥钠、喷妥那、英大凡那。

【理化特性】 其钠盐为乳白色或淡黄色粉末。有蒜臭，味苦。有引湿性，易溶于水，水溶液不稳定，放置后徐徐分解，煮沸时产生沉淀。潮解后变质而增加毒性，不能再使用。硫喷妥钠脂溶性高，静脉注射后首先分布于血液灌流量大的脑、肝、肾等组织，最后蓄积于脂肪组织内。极易透过血脑屏障，也能通过胎盘屏障。主要在肝脏代谢，经脱羟脱硫后形成巴比妥酸，随尿排出。

【作用应用】 有高度亲脂性，属超短效巴比妥类药。静脉注射后迅速抑制大脑皮层，快速呈现麻醉状态，无兴奋期。对中枢抑制作用主要是通过易化或增强脑内γ-氨基丁酸（抑制性神经递质）的突触作用，使突触后电位抑制延长。同时阻断兴奋性递质谷氨酸盐在突触的作用，从而降低大脑皮质的兴奋性，抑制网状结构的上行激活系统，产生全身麻醉。肌肉松弛作用差，镇痛作用很弱。能明显抑制呼吸中枢，抑制程度与用量、注射速度有关。能直接抑制心脏和血管运动中枢，使血压下降。可通过胎盘屏障影响胎儿血液循环及呼吸。用做牛、猪、犬的全麻药或基础麻醉药、马属动物的基础麻醉药。做抗惊厥药，用于中枢兴奋药中毒、脑炎及破伤风的治疗。

【注意事项】 反刍动物在麻醉前需注射阿托品，以减少腺体分泌。肝、肾功能不全的动物忌用。出现呼吸与血循环抑制时，可用戊四氮等解救。

【制剂用法用量】 注射用硫喷妥钠　静脉注射：一次量，每1kg体重，马、牛、羊、猪10～15mg；犊15～20mg；犬、猫20～25mg（临用前用生理盐水或注射用水配制成2.5%的溶液）。

四、解热镇痛与抗炎抗风湿药

解热镇痛抗炎药是一类具有解热、镇痛作用，且大多数还兼有抗炎抗风湿作用的药物。虽然在化学结构上各异，但都能抑制体内前列腺素（PG）的生物合成，目前认为这是它们共同作用的基础。

（一）解热镇痛与抗炎抗风湿药的作用

1. 解热作用

本类药物能降低发热动物的体温，而对正常动物的体温没有影响。这与氯丙嗪对体温影响不同，氯丙嗪在低温环境下可使正常动物的体温降低。

丘脑下部体温调节中枢通过对产热及散热两个过程的精细调节，使体温维持于相对恒定水平。感染性疾病之所以引起发热，是由于病原体及其毒素刺激中性粒细胞，使它产生与释放内热原，又称白细胞致热原，后者进入中枢神经系统，作用于丘脑前部，促使合成和释放大量前列腺素 E（PGE），PGE 可将体温调定点提高至正常体温之上，因而使产热增加散热减少，导致发热。解热镇痛与消炎抗风湿药可抑制 PG 合成酶（环加氧酶），减少下丘脑前部神经元中 PG 的合成与释放，使升高了的调定点复原，通过散热增加，如体表血管扩张、出汗增加，使体温恢复正常。

2. 镇痛作用

本类药物镇痛部位主要在外周。在组织损伤或发炎时，局部产生与释放缓激肽、组胺和 5-羟色胺等致炎物质，同时产生与释放 PG。缓激肽等作用于痛觉感受器引起疼痛；PG 则可使痛觉感受器对缓激肽等致痛物质的敏感性提高。因此，在炎症过程中，PG 的释放对炎性疼痛起到了放大作用，而 PG（E_1、E_2 及 $F_{2\alpha}$）本身也有致痛作用。本类药物可抑制炎症局部组织中 PG 的合成和释放，因而具有镇痛作用。本类药物具有中等程度的镇痛作用，对慢性钝痛（如神经痛、肌肉痛和关节痛等）有效，对创伤性疼痛、肠变位等剧烈疼痛几乎无效。因其毒性较低，无耐受性及成瘾性，故广泛应用于临床。

3. 抗炎作用

本类药物中除了苯胺类（扑热息痛），都具有抗炎和抗风湿作用。炎症是机体对各种外源性或内源性损伤作用的局部或全身反应，在病理过程中炎症反应有感染性的和非感染性的，这些炎症的反应不仅有防御作用，但过度发展时又可导致器官和组织的破坏。因此，治疗炎症时除了对因治疗外，合理地抑制炎症过程也有重要意义。抗炎药物从化学结构上可分为甾体类和非甾体类 2 种，具有抗炎作用的解热镇痛药又称为非甾体抗炎药。解热镇痛药的抗炎机理尚不完全清楚，它们可作用于炎症发展的不同环节。

（1）*抑制 PG 合成酶（环加氧酶），阻止 PG 的合成* PG 具有诸多生物学活性，如能引起充血、水肿、疼痛、发热、血管扩张等。目前，普遍认为抑制 PG 合成和释放是非甾体药物抗炎作用的基础。

（2）*稳定溶酶体膜* 溶酶体膜是分布在细胞浆内的一种细胞器，内含多种酶类，其中的水解酶能分解组织而产生多量的致炎物质。稳定溶酶体膜，使其不易破裂，从而发挥消炎作用。

（3）*对抗缓激肽作用* 水杨酸类药物能抑制缓激肽的生成和加速其破坏。此外，还与抑制透明质酸酶，降低毛细血管的通透性；抑制免疫过程，阻止抗原抗体复合物的形成等有关。

4. 抗风湿作用

本类药物的抗风湿作用机理尚未完全阐明。近年来认为其抗风湿作用，除有解热镇痛的因素外，主要在于抗炎作用。还有人认为通过抑制免疫过程而产生抗风湿作用。本类药物的抗风湿作用能使风湿症患畜疼痛减轻，肿胀消退，体温下降。

（二）常用药物

本类药物按化学结构分为水杨酸类、苯胺类、吡唑酮类和其他有机酸类。

1. 苯胺类

苯胺类药物的有效基团为苯胺，它具有很强的解热镇痛作用，但毒性过大，能破坏红细胞。经对位羟化后可使毒性稍减，再以乙酰氮基取代氮基，则毒性更为减弱而药效不变，故目前常用对乙酰氨基酚。

对乙酰氨基酚（醋氨酚、扑热息痛）

【理化特性】为白色结晶性粉末，味微苦。易溶于热水和多数有机溶剂。内服后，吸收迅速，在肝内代谢，经肾排出。

【作用应用】解热镇痛作用缓和持久，其强度类似阿司匹林，但几乎无消炎抗风湿作用。主要作为中小动物的解热镇痛药。

【注意事项】猫不宜用，可引起严重毒性反应，如结膜发绀、贫血、黄疸和面部水肿等。

【制剂用法用量】对乙酰氨基酚片，内服：牛、马 10～20g；猪 1～2g；羊 1～4g；犬 0.5～1g。

2. 吡唑酮类

该类药物包括氨基比林、安替比林、保泰松、羟基保泰松等。

氨基比林（匹拉米洞）

【理化特性】为白色结晶粉末，无臭，味微苦，在空气中稳定，遇光易变质。易溶于水（1∶2），水溶液呈现碱性，易被氧化剂氧化，应遮光保存。

【体内分布】内服后易由消化道吸收，吸收后主要在肝脏生成4-甲基氨基安替比林和4-氨基安替比林，进一步发生乙酰化，生成N-乙酰型化合物而被排出。氨基比林的一部分药理作用是4-甲基氨基安替比林和4-氨基安替比林的作用。

【作用应用】本品具有显著的解热镇痛作用，作用较阿司匹林强而持久。与巴比妥类合用能增强其镇痛作用。还兼有良好的消炎抗风湿作用，强度不亚于水杨酸类。在临床上常用于治疗肌肉、关节、神经痛和热性病等。

【注意事项】长期大量应用可引起粒性白细胞缺乏症。

【制剂用法用量】复方氨基比林注射液，含7.15%氨基比林，2.85%巴比妥。皮下、肌肉注射：牛、马 20～50ml；猪、羊 5～10ml；兔 1～2ml。安痛定注射液，含5%氨基比林、2%安替比林、0.9%巴比妥。皮下、肌肉注射：牛、马 20～50ml；猪、羊 5～10ml；貉 0.2～0.3ml；水貉 0.3～0.5ml。

安替比林

【理化特性】为无色无臭的结晶性粉末，味微苦。能溶于乙醇和水。遇碳酸氢钠和水变质。

【体内分布】本品内服后被迅速吸收，吸收后一部分以原型由尿排出，大部分在肝脏代谢，变成4-羟基安替比林，与葡萄糖醛酸或硫酸结合，由尿中排出。

【作用应用】本品解热作用迅速，维持时间短。其镇痛和抗炎作用较氨基比林弱，可用作中小动物的解热镇痛剂。局部应用可降低毛细血管壁的通透性，可用其3%～6%的溶液冲洗患部，有消炎止血作用。

【注意事项】剂量过大或连续应用本品，可能引起虚脱，产生高铁血红蛋白，引起缺氧、发绀，也可能引起粒细胞减少，故不宜长期连续应用。

【制剂用法用量】安替比林粉剂，内服：马、牛 10～30g；猪、羊 2～5g；犬 0.2～2g。

安乃近（诺瓦尔精）

【理化特性】为氨基比林的磺酸钠盐。为白色或淡黄色结晶性粉末，无臭，味微苦。易溶于水，略溶于乙醇。

【作用应用】安乃近的解热作用为氨基比林的3倍，镇痛作用与氨基比林相同。尚有一定的消炎和抗风湿作用。临床上常用作解热、镇痛和抗风湿药，也用于肠痉挛、肠臌胀，制止腹痛，具有不影响肠管正常蠕动的特点。

【注意事项】长期使用本品可能导致粒细胞缺乏症，用量过大会引起虚脱，使用时应注意其用量。

【制剂用法用量】安乃近片，内服：一次量，马、牛4~12g；猪、羊2~5g；犬0.5~1g。安乃近注射液，肌肉注射：一次量，马、牛3~10g；猪1~3g；羊1~2g；犬0.3~0.6g。

保泰松（布化酮，布他唑丁）

【理化特性】本品为白色或微黄色结晶性粉末，无臭，味微苦。难溶于水，能溶于乙醇（1：20）、醚，易溶于碱。性质较稳定。

【理化特性】本品内服易于吸收，犬和猫内服后约2h血药浓度达峰值；肌肉注射时，药物与肌肉中蛋白结合，故吸收缓慢，6~10h血药浓度才可达峰值。保泰松的血浆蛋白结合率高达98%以上，代谢和排泄缓慢，故作用持久。保泰松在体内被代谢成羟基保泰松和γ-羟基保泰松。

【作用应用】消炎抗风湿作用强，解热镇痛作用弱，毒性大。临床上主要用于治疗风湿性和类风湿性关节炎、活动性风湿脊椎炎、腱鞘炎、黏液囊炎等。较大剂量下，可减少肾小管对尿酸盐的重吸收，促进尿酸的排泄，故对急性痛风有效。

【制剂用法用量】保泰松片，内服：一次量，每1kg体重，马4~8mg；猪、羊33mg；犬20mg。2次/d，3d后剂量酌减。

羟基保泰松

【理化特性】由保泰松在苯环上羟化后形成。为白色结晶性粉末，几乎不溶于水，但溶于乙醇。

【作用应用】除无排尿酸作用外，其他作用似保泰松，作用稍强。不良反应也与保泰松基本相同，但胃肠刺激症状较轻。临床上主要用于关节炎和风湿病。

【制剂用法用量】羟基保泰松片，内服：每1kg体重，前2d用药12mg，后5d剂量减半，1次/d。

3. 水杨酸类

水杨酸类药物中，在兽医临床上常用的为水杨酸钠和乙酰水杨酸。该类药物具有解热、镇痛、消炎和抗风湿作用。

水杨酸钠（柳酸钠）

【理化特性】无色或微显红色的结晶性粉末或鳞片，或者白色结晶性粉末。无臭或微有特殊的臭气，味甜而带咸。遇光易变质。易溶于水（1：1）、乙醇（1：10）或甘油。应避光保存。

【作用应用】本品的解热作用较弱，故临床上不作解热镇痛药使用。而消炎抗风湿作用较强，其作用机理与抑制体内PG合成有关。多用于治疗风湿性关节炎，能迅速止痛、消除水肿，也可促进尿酸排出而治疗痛风。

【注意事项】

（1）本品内服后，在胃酸作用下，游离出水杨酸，对胃有刺激性，应用时需同时与淀粉或经稀释后灌服或静脉注射为宜。

（2）静脉注射要缓慢，且不可漏于血管外。

（3）长期或大剂量使用时，能抑制肝脏生成凝血酶原，使血中凝血酶原降低而引起出血。

【制剂用法用量】水杨酸钠片，内服：牛15～75g；猪、羊2～5g；犬0.2～2g。水杨酸钠注射液，静脉注射：牛10～30g；猪、羊2～5g；犬0.1～0.5g。复方水杨酸钠注射液，含10%水杨酸钠、1.43%氨基比林、0.75%巴比妥、10%乙醇、10%葡萄糖的灭菌水溶液。静脉注射：牛、马100～200ml；猪、羊20～50ml。

乙酰水杨酸（阿司匹林、醋柳酸）

【理化特性】白色结晶或结晶性粉末。无臭或微带醋酸臭，味微酸。遇潮即缓缓水解。在乙醇中易溶，在氯仿或乙醚中溶解，在水或无水乙醚中微溶。在氢氧化钠溶液或碳酸钠溶液中溶解，但同时分解。

【体内分布】内服后在胃肠道前部吸收，犬、猫、马吸收快，牛、羊慢。反刍动物的生物利用度为70%，血药达峰时间为2～4h。本品呈全身性分布，能进入关节腔、脑脊液和乳汁，能透过胎盘屏障。主要在肝内代谢，也可在血浆、红细胞及组织中被水解为水杨酸和醋酸。经肾排泄，碱化尿液能加速其排泄。阿司匹林本身半衰期很短，仅几分钟，但生成的水杨酸半衰期长。

【作用应用】本品不仅能抑制环氧酶，而且还抑制血栓合成酶以及肾素的生成。解热、镇痛效果较好，消炎和抗风湿作用强。可抑制抗体产生和抗原抗体的结合反应，还抑制炎性渗出，对急性风湿症有特效。较大剂量可抑制肾小管对尿酸重吸收而促进其排泄。常用于发热，风湿症，神经、肌肉、关节疼痛，软组织炎症和痛风症的治疗。

【不良反应】

（1）本品能抑制凝血酶原合成，连用若发生出血倾向，可用维生素K治疗。

（2）对消化道有刺激性，剂量较大可致食欲不振、恶心、呕吐乃至消化道出血，故不宜空腹投药。

（3）长期使用可引发胃肠溃疡。胃炎、胃溃疡、出血、肾功能不全患畜慎用。

（4）与碳酸钙同服可减少对胃的刺激性。

（5）治疗痛风时，可同服等量碳酸氢钠，以防尿酸在肾小管沉积。

（6）本品为酚类衍生物，对猫毒性大。

【制剂用法用量】阿司匹林片，内服：1次量，马、牛15～30g；猪、羊1～3g；犬0.2～1g。

4. 其他抗炎镇痛药

吲哚美辛（消炎痛）

【理化特性】为类白色或微黄色结晶性粉末，几乎无臭无味，水中几乎不溶。应密闭保存。本品内服吸收迅速而完全，经1.5～2h血中浓度达高峰。

【作用应用】本品具有显著的消炎、解热作用，对炎症的疼痛有明显的镇痛作用。与糖皮质激素合用可呈现相加作用，并可减少糖皮质激素的用量，减轻副作用。其抗炎作用与降低血管壁的通透性、稳定溶酶体和抑制前列腺素的合成有关。为最强的前列腺素合成酶抑制药之一。其解热作用比阿司匹林强，药效快而显著。主要用于治疗风湿性关节炎，特别是慢性关节炎。也可用于神经痛、腱炎、腱鞘炎等。如与阿司匹林、保泰松、糖皮质激素合用，可使疗效增强。

【不良反应】不良反应严重，能引起呕吐、腹痛、下痢、溃疡、肝功能损伤等消化道刺激症状，一般不作为常用的解热镇痛药使用。肾病及胃溃疡者禁用。

【制剂用法用量】吲哚美辛片，内服：每1kg体重，马、牛1mg，猪、羊2mg。

五、中枢兴奋药

中枢兴奋药是以提高中枢神经系统功能活动为主的一类药物。主要用于中枢神经系统机能抑制的治疗，特别是呼吸和循环衰竭的急救。剂量过大能引起惊厥，最终导致中枢抑制衰竭而死。按其作用的部位可分为大脑兴奋药、延髓兴奋药及脊髓兴奋药。

1. 大脑兴奋药物

能提高大脑皮层神经细胞的兴奋性，促进脑细胞代谢，改善大脑机能。主要是咖啡因类药物，包括咖啡因、茶碱和可可碱，均有兴奋中枢、利尿、松弛平滑肌和加强心肌收缩的作用，但作用的强度有差异，中枢兴奋作用以咖啡因最强，茶碱次之，可可碱最弱。

咖啡因

【理化特性】咖啡因含于多种植物中，是咖啡豆和茶叶的主要生物碱，属黄嘌呤衍生物，现可人工合成。为白色，有丝光的针状结晶或结晶性粉末，易集结成团。无臭，味苦，有风化性。微溶于水，易溶于沸水和氯仿，略溶于乙醇和丙酮。水溶液呈中性至弱碱性。与等量苯甲酸钠、水杨酸钠或枸橼酸混合能增加水中溶解度。与鞣酸、苛性碱、碘、银盐配伍可产生沉淀。

【体内分布】咖啡因内服或注射给药均易吸收，吸收速度取决于制剂与给药途径。一般经消化道给药吸收不规则，并有刺激性，但复盐形式吸收良好，刺激性亦小。也能从皮肤吸收。吸收后能分布各组织，脂溶性高，易透过血脑屏障，可通过胎盘进入胎儿循环。主要经肝脏发生氧化、脱甲基化及乙酰化代谢。大部分以甲基尿酸和甲基黄嘌呤形式由尿排出。约10%以原型排出。

【药理作用】咖啡因有兴奋中枢神经系统、兴奋心肌、松弛平滑肌和利尿等作用。其作用机理主要是抑制细胞内磷酸二酯酶的活性，并由此介导一系列生理生化反应。

（1）*对中枢神经系统的作用*　咖啡因对中枢神经系统各主要部位均有兴奋作用，但大脑皮层对其特别敏感。可能是直接兴奋大脑皮层或是通过网状结构激活系统间接兴奋大脑皮层的结果。

（2）*对心血管系统的作用*　具有中枢性和外周性双重作用，且两方面作用表现相反。一般情况下，外周性作用占优势。对心脏，较小剂量时，心率减慢，这是兴奋迷走神经中枢所致。剂量稍增时，心率、心肌收缩力与心输出量均增加，这是直接兴奋心肌作用占优势的结果。对心血管，较小剂量时，兴奋延髓血管运动中枢，使血管收缩。剂量稍大时，由于对血管壁的直接作用占优势，促使血管舒张。

（3）*对平滑肌的作用*　除对血管平滑肌有舒张作用外，对支气管平滑肌、胆道与胃肠道平滑肌亦有舒张作用。但对胃肠道平滑肌则是小剂量起兴奋作用，大剂量可解除其痉挛，无治疗意义。

（4）*利尿作用*　主要是加强心肌收缩力，增加心输出量；肾血管舒张，肾血流量增多，提高肾小球的滤过率，抑制肾小管对钠离子的重吸收，从而发挥利尿作用。

（5）影响机体糖和脂肪的代谢　促使糖元分解，血糖升高。有激活脂酶作用，使甘油三酯分解为游离脂肪酸和甘油酸，使血浆中游离脂肪酸增多。

（6）其他作用　对骨骼肌有直接作用，使其活动增强。能引起胃液分泌量与酸度升高。

【临床应用】

（1）咖啡因主要用于对抗中枢抑制状态，如麻醉药与镇静催眠药超量，严重传染病和过度劳役引起的呼吸循环衰竭等，可肌肉注射咖啡因制剂安钠咖或与葡萄糖溶液静滴。

（2）用于日射病、热射病、中毒引起的急性心力衰竭，做强心药，可调整患畜机能，增强心脏收缩，增加心输出量。

（3）咖啡因与溴化物合用，调节皮层活动，恢复大脑皮层抑制与兴奋过程的平衡。

（4）利尿：通过强心，增加血液循环而起到利尿作用。

【注意事项】剂量过大易引起中毒时可用水合氯醛、巴比妥类和溴制剂解毒，但不能使用麻黄碱及肾上腺素，以免加重病情。

【制剂用法用量】苯甲酸钠咖啡因注射液（安钠咖），静脉、皮下或肌肉注射：马、牛2～5g；猪、羊0.5～2.0g；犬0.1～0.3g；鸡0.025～0.05g；鹿0.5～2g。一般1～2次/d，重症给药间隔时间为4～6h。

2. 延髓兴奋药

能兴奋延髓呼吸中枢。直接或间接作用于该中枢，增加呼吸频率和呼吸深度，故又称呼吸兴奋药。对血管运动中枢亦有不同程度的兴奋作用。

尼可刹米

【理化特性】尼可刹米又名可拉明、二乙烟酰胺、尼可拉明、烟酰乙胺。无色澄明或淡黄色油状液体，置冷处，即成结晶性团状块。略带特臭，味苦，有引湿性。能与水、乙醚、氯仿、丙酮和乙醇混合。

【体内分布】内服或注射均易吸收，通常以注射法给药。作用维持时间短暂，一次静脉注射仅持续5～10min。在体内部分转变成烟酰胺，再被甲基化成为N-甲基烟酰胺经尿排出。

【作用应用】主要直接兴奋延髓呼吸中枢，亦可刺激颈动脉体和主动脉弓化学感受器，反射性兴奋呼吸中枢，使呼吸加深加快，并提高呼吸中枢对CO_2的敏感性。对大脑、血管运动中枢和脊髓有较弱的兴奋作用，对其他器官无直接兴奋作用。过大剂量可引起惊厥，安全范围较宽。常用于各种原因引起的呼吸抑制。如中枢抑制药中毒、因疾病引起的中枢性呼吸抑制、CO中毒、溺水、新生仔畜窒息等。以静脉注射间歇给药方法为优。

【注意事项】过量可致惊厥。注射速度不宜过快。

【制剂用法用量】尼可刹米注射液，静脉、皮下或肌肉注射：马、牛2.5～5g；猪、羊0.25～1.0g；犬0.125～0.5g。

戊四氮（可拉佐）

【作用应用】可选择性地作用于呼吸中枢，使呼吸频率和深度加大，呼吸中枢处于抑制状态时尤为明显。大剂量也可兴奋大脑和脊髓，甚至中毒，呈强直性惊厥。临床上主要作为各种原因所致呼吸中枢抑制的急救药。需重复使用。

【制剂用法用量】戊四氮注射液，2ml：0.2g；5ml：0.5g。静脉、皮下或肌肉注射：马、牛0.5～1.5g；猪、羊0.05～0.3g；犬0.02～0.1g。

回苏灵（二甲弗林）

【理化特性】为人工合成的黄酮衍生物，用其盐酸盐，为白色结晶性粉末，味微苦。溶于水和乙醇，不溶于乙醚和氯仿。应遮光阴凉处保存。

【作用应用】本品为脑干兴奋药，可直接兴奋呼吸中枢，药效强于尼可刹米和戊四氮。作用迅速，维持时间短，并有苏醒作用。用药后，通过肺换气量的增加，降低动脉血的 CO_2 分压，提高血氧饱和度。主要用于治疗中枢抑制药过量、一些传染病及药物中毒所致中枢性呼吸抑制。

【注意事项】本品过量易引起惊厥，可用短效巴比妥类解救。孕畜禁用。

【制剂用法用量】回苏灵注射剂，肌肉或缓慢静脉注射：牛、马40～80mg；猪、羊8～16mg。

氧化樟脑（π氧化樟脑）

【作用应用】能直接兴奋延髓呼吸中枢和血管运动中枢，对大脑皮质也有兴奋作用，并兼有强心作用。对于衰弱的心脏，可加强心肌收缩，恢复心脏节律，增加心输出量。临床上可用于感染性疾病、药物中毒等引起的呼吸抑制及急性心衰。尤其在动物缺氧时使用更为适宜。

【注意事项】重度心功能不全或营养状态极差的病畜，使用时应慎重。

【制剂用法用量】强尔心注射液，即合成维他康复注射液，含0.5%合成维他康复。皮下、肌肉或静脉注射：马、牛0.05～0.1g，羊、猪0.025～0.05g。

3. 脊髓兴奋药

能选择性兴奋脊髓的药物。它是另一类型的中枢兴奋药，因中枢兴奋的表现是阻止抑制性神经递质对神经元的抑制作用所致，可提高脊髓反射功能。

士的宁（士的年、番木鳖碱）

【理化特性】是由植物番木鳖或马钱子的种子中提取的一种生物碱。用其硝酸盐，为无色棱状结晶或白色结晶性粉末。无臭，味极苦。溶于水，微溶于乙醇，不溶于乙醚。应遮光密闭保存。

【体内分布】内服或注射均能迅速吸收，并较均匀地进行分布。在肝脏内氧化代谢而被破坏。约60%以原型由尿及唾液等排泄。排泄缓慢，易产生蓄积作用。

【作用应用】士的宁能选择性地提高脊髓兴奋性。治疗量可增强脊髓反射的应激性，缩短脊髓反射时间，神经冲动易传导，骨骼肌张力增加。中毒剂量对中枢神经系统所有部位皆产生兴奋作用，可使全身骨骼肌同时挛缩，发生强直性惊厥。士的宁对延髓呼吸中枢、血管运动中枢、大脑皮层、听分析器等也有一定作用。

临床用于运动神经不全麻痹、四肢瘫痪、桡神经麻痹、阴茎脱垂等。此外，内服尚可促进瘤胃蠕动，作苦味健胃药。

【注意事项】士的宁毒性大，安全范围小，若用量过大或反复使用，易引起蓄积中毒。中毒时可用水合氯醛、巴比妥类药物解毒。

【制剂用法用量】盐酸士的宁注射液，皮下注射：牛、马15～30mg；猪、羊2～4mg；犬0.5～0.8mg。番木鳖酊，内服健胃：牛、马10～30ml；猪、羊1～2.5ml。

第二节　外周神经系统用药

一、局部麻醉药

1. 概念

局部麻醉药简称局麻药，是指在低浓度时能阻断神经的传导功能，使机体特定部位出现暂时性、可逆性感觉消失，以便于医疗处置和手术的一类药物。兽医临床，往往采用局麻药与全麻药配合进行手术，以减少全麻药的用量和毒性，保证麻醉安全。

2. 局麻作用

局麻药在低浓度时即能阻断感觉神经冲动的传导，当浓度升高时，对神经组织的任何部位都有作用，但不同的神经纤维对局麻药的敏感度不同。这与神经纤维的粗细、分布的深浅及有无髓鞘等有关。感觉神经纤维最细，多分布在表面，大多数无髓鞘，故容易被麻醉。在感觉神经纤维中，痛觉神经纤维最细，故在感觉中痛觉最早消失，依次是冷觉、温觉、触觉、关节感觉和深压感觉，恢复时顺序相反。

3. 作用机理

目前认为局麻药作用机理是阻断 Na^+ 内流。局麻药作用于神经细胞膜时，其盐基能制止膜面上 Na^+ 通道开放，Na^+ 无法进入膜内，膜内 K^+ 不能外移，于是制止膜去极化，阻止了动作电位的产生与传导。当 Na^+ 通道恢复正常时，其局麻作用消失。

4. 麻醉方式

根据手术及用药目的的不同，常采用以下给药方式（表 10－2）。

表 10－2　常用局麻方法及应用

局麻方法	概念	用途
表面麻醉	将药液滴入、涂抹或喷雾于皮肤或黏膜表面，使黏膜下感觉神经末梢被麻醉	眼、鼻、咽喉、泌尿道手术时的麻醉
浸润麻醉	将药液注入皮下、肌肉组织或小的神经干周围，使药液浸润区域内的神经纤维被麻醉	应用最多。适用于各种小手术
传导麻醉	将药液注入到神经干周围，使其支配区域被麻醉	四肢手术、剖腹术、跛行诊断等。优点为药物用量小，但麻醉范围大
硬膜外麻醉	将药液注入到脊硬膜外腔，阻断通过此腔穿出椎间孔的脊神经，使后躯麻醉	难产、阴茎及后躯其他手术。犬可应用，马、牛不用为宜
封闭疗法	将药液注入患部周围或患部有关的神经干周围，阻断不良刺激向中枢的传导	静脉注射可解除肠痉挛、缓解外伤、烧伤引起的剧痛，制止全身性瘙痒等；急性炎症，如蜂窝织炎、皮炎、关节炎等

普鲁卡因（奴夫卡因）

【理化特性】 为最早合成的毒性较小的局麻药，常用其盐酸盐。其盐酸盐为白色结晶或结晶性粉末；无臭，味微苦。本品在水中易溶，乙醇中略溶，氯仿中微溶，乙醚中几乎不溶。水溶液不稳定，遇光、热及久贮后色逐渐变黄，深黄色的药液局麻作用下降。应避光密封保存。

【作用应用】 本品穿透力弱不能用于表面麻醉，必须注射给药才能产生强的麻醉作用。注射后1～3min内出现药效，可维持30～45min。若加入0.1%肾上腺素可延长局麻时间1～1.5h。本品是临床应用最多的局麻药，主要用于动物的浸润麻醉、传导麻醉、椎管内麻醉。在损伤、炎症及溃疡组织周围注入低浓度溶液，作封闭疗法，治疗马痉挛性腹痛、狗的瘙痒症及某些过敏性疾病等。

【注意事项】

（1）本品不能与磺胺药配伍应用，因其在体内分解出对氨苯甲酸，可降低磺胺药的药效。

（2）本品毒性较低，一旦血药浓度骤然升高，也可引起一系列中枢神经系统和心血管系统的毒性症状，如惊厥和心率减慢及血压下降。如出现中毒症状，应立即对症治疗，兴奋期可给予小剂量的中枢抑制药，若转为抑制期则不可用兴奋药解救，只能采用人工呼吸等措施。

【制剂用法用量】 盐酸普鲁卡因注射液，浸润麻醉、封闭疗法：0.25%～0.5%溶液；传导麻醉：2%～5%溶液，大动物10～20ml，小动物2～5ml；硬脊膜外麻醉：2%～5%溶液，马、牛20～30ml。

利多卡因（普罗卡因）

【理化特性】 其盐酸盐为白色结晶性粉末；无臭，味苦。本品在水或乙醇中易溶，氯仿中溶解，乙醚中不溶。

【作用应用】 本品组织穿透力比普鲁卡因强，作用快，分布广，对组织无刺激性，作用强，持续时间长（约1.5～2h）。毒性较普鲁卡因强1.5倍。另外，本品静脉还能抑制心室的自律性，缩短不应期。临床主要用于动物的表面麻醉、浸润麻醉、传导麻醉及硬膜外腔麻醉，也可用作窦性心动过速，治疗心律失常。

【注意事项】

（1）作表面麻醉时，必须严格控制剂量，防止中毒。

（2）本品弥散性强，一般不作腰麻。

【制剂用法用量】 盐酸利多卡因注射液，表面麻醉：2%～5%溶液；浸润麻醉：0.25%～0.5%溶液；传导麻醉：2%溶液，每个注射点，马、牛8～12ml，羊3～4ml；硬膜外麻2%溶液，马、牛8～12ml；犬1～10ml；猫2ml。

丁卡因（地卡因）

【理化特性】 其盐酸盐为白色结晶或结晶性粉末；无臭、味微苦，有麻舌感，有吸湿性；在水中易溶，在乙醇中溶解，在乙醚或苯中不溶。

【作用应用】 本品局部麻醉作用和穿透力比普鲁卡因约大10倍，毒性约为普鲁卡因的10倍。注射后，麻醉作用出现慢（约10min），持续时间长（约2～3h）。临床上常用于表面麻醉及硬膜外腔麻醉，如滴眼、喷喉、泌尿道黏膜麻醉等。一般不宜作浸润麻醉和传导麻醉。

【制剂用法用量】 盐酸丁卡因注射液，滴眼麻醉：2%溶液；喉头喷雾或气管内插管用：1% ~2%溶液；泌尿道黏膜麻醉：0.1% ~0.3%溶液；硬膜外腔麻醉：0.2% ~0.3%溶液，最大剂量每1kg体重不超过1~2mg。

二、传出神经系统用药

传出神经系统药物可按其作用性质（激动受体或阻断受体）和对不同类型受体的选择性进行分类，如表10-3。也可将影响胆碱酯酶的药单列一类。

1. 拟胆碱药

拟胆碱药是能引起与副交感神经兴奋相似反应的药物，据其作用机制不同可分为2类。

①直接作用于效应器细胞的胆碱能受体，产生与乙酰胆碱相似作用的药物，包括氨甲酰胆碱、毛果芸香碱等；

②抑制水解乙酰胆碱酯酶，使神经末梢释放的乙酰胆碱蓄积而发挥作用，包括毒扁豆碱、新斯的明等。

表10-3　传出神经系统用药分类

分类		药物举例	主要作用环节与作用性质
拟胆碱药（胆碱受体激动药）	节后拟胆碱药	毒蕈碱、毛果芸香碱、氨甲酰胆碱	直接作用于毒蕈碱型胆碱受体
	完全拟胆碱药	乙酰胆碱、氨甲酰胆碱、槟榔碱	直接作用；部分通过释放乙酰胆碱而作用于M和N受体
	抗胆碱酯酶药	毒扁豆碱、新斯的明、加兰他敏等	抑制胆碱酯酶
抗胆碱药（胆碱受体阻断药）	节后抗胆碱药 神经节阻断药	阿托品、普鲁本辛 美加明、六甲双铵等	阻断毒蕈碱型胆碱受体 阻断神经节烟碱型胆碱受体
	骨骼肌松弛药	琥珀胆碱、筒箭毒碱等	阻断骨骼肌烟碱型胆碱受体
拟肾上腺素药（肾上腺素受体激动药）	α肾上腺素受体激动药	去甲肾上腺素，去氧肾上腺素	主要直接作用于α肾上腺素受体
	β肾上腺素受体激动药	异丙肾上腺素，克伦特罗等	主要直接作用于β肾上腺素受体
	α、β肾上腺受体激动药	肾上腺素，多巴胺	作用于α受体和β受体
	部分激动受体，部分释放递质	麻黄碱	部分直接作用于受体，部分促进递质释放
抗肾上腺素药（肾上腺素受体阻断药）	α肾上腺受体阻断药	酚妥拉明	阻断α_1受体和α_2受体，属短效类
		酚苄明	阻断α_1受体和α_2受体，属长效类
		哌唑嗪阻断	α_1受体
		育亨宾	阻断α_2受体
	β肾上腺受体阻断药	普萘洛尔	阻断β_1受体和β_2受体

氨甲酰胆碱（碳酰胆碱、卡巴可）

【理化特性】人工合成的胆碱酯类。为无色或淡黄色小棱柱形结晶或结晶性粉末，有潮解性。极易溶于水，难溶于酒精，在丙酮或醚中不溶。耐高温，煮沸不被破坏。

【作用应用】本品能直接兴奋M受体和N受体，并可促进胆碱能神经末梢释放乙酰胆碱发挥直接或间接的拟胆碱作用。对胃肠、膀胱、子宫平滑肌作用强；小剂量既可促进消化液的分泌，加强胃肠收缩，促进内容物迅速排出，增强反刍动物瘤胃的兴奋性。对心血管系统的作用较弱，一般小剂量对骨骼肌无明显影响。因本品不易为胆碱酯酶所破坏，故作用时间较乙酰胆碱持久。临床上常用于牛（羊）前胃弛缓、马属动物肠管弛缓、结肠和盲肠秘结（须与盐类泻药配伍用）。也用于牛的胎衣不下、子宫积脓等。

【注意事项】本品作用剧烈，选择性小，中毒时阿托品不易对抗，应慎用。

【制剂用法用量】氨甲酰胆碱注射液，1ml：0.25mg；5ml：1.25mg 皮下注射：一次量，牛、马1～2mg；猪、羊0.25～0.5mg；犬0.025～0.1mg。

氯化氨甲酰甲胆碱（比赛可灵）

【理化特性】本品白色结晶或结晶性粉末，有氨臭，置空气中易潮解。极易溶于水，易溶于酒精，在三氯甲烷或乙醚中不溶。

【作用应用】本品能兴奋M胆碱受体，对N胆碱受体几乎无作用。其特点是对胃肠道和膀胱平滑肌的选择性较高，收缩胃肠道及膀胱平滑肌作用显著，对心血管系统作用很弱。因在体内不易被胆碱酯酶水解，故作用持久。临床主要用于胃肠迟缓、膀胱积尿、胎衣不下、子宫蓄脓等。

【注意事项】肠道完全阻塞、创伤性网胃炎及孕畜禁用；过量中毒时用阿托品解救。

【制剂用法用量】氯化氨甲酰甲胆碱注射液，1ml：2.5mg；5ml：12.5mg；10ml：25mg。皮下注射：一次量，每1kg体重，牛、马0.05～0.1mg；犬、猫0.25～0.5mg。

毛果芸香碱（匹鲁卡品）

【理化特性】其硝酸盐为无色结晶或白色结晶性粉末；无臭；遇光易变质。本品在水中易溶，乙醇中微溶，氯仿或乙醚中不溶。

【作用应用】本品对促进唾液腺、胃肠消化液的分泌作用强而快，其次是加强胃肠道蠕动和紧张度。因此，对肠迟缓所致的不全阻塞性便秘可使排出软便，疗效良好。0.5%～2%溶液可滴眼作缩瞳药。临床主要作用于牛（羊）前胃弛缓、马属动物便秘；虹膜炎时作缩瞳药，与扩瞳药交替应用防止虹膜与水晶体粘连。

【注意事项】

（1）当便秘后期机体脱水时，由于此药引起各种腺体大量分泌，从而可加重机体脱水。因此，在用药前应大量给水，以补充体液。

（2）完全阻塞的便秘，由于干固粪块压迫肠壁，使局部血液循环障碍，甚至肠壁组织坏死，此时应用毛果芸香碱，可能因肠壁平滑肌强烈的收缩而发生肠破裂。因此，对完全阻塞的肠便秘禁用毛果芸香碱。

（3）毛果芸香碱对支气管平滑肌和支气管腺体的强烈作用，可能发生呼吸困难和肺水肿。因此，用药后应保持患畜安静，加强护理。必要时应采取对症治疗，如注射氨茶碱以扩张支气管，注射氯化钙以制止渗出。

（4）过量中毒时可用阿托品解毒。禁用于年老、瘦弱、妊娠、心、肺疾患的患畜。

【制剂用法用量】硝酸毛果芸香碱注射液，1ml：30mg；5ml：150mg。皮下注射量：牛、马50～150mg；羊10～50mg；猪：5～50mg；犬3～20mg。

新斯的明

【理化特性】 本品为白色结晶性粉末，无臭，味苦，有引湿性。在水中极易溶解，在乙醇中易溶。

【作用应用】 本品能抑制乙酰胆碱水解，提高体内乙酰胆碱浓度而发挥胆碱样作用。对胃肠、子宫和膀胱平滑肌的作用较强。新斯的明对骨骼肌的作用最强，兴奋骨骼肌的作用除能抑制胆碱酯酶活性外，还能直接兴奋运动终板上的N受体，以及促进运动神经末梢释放乙酰胆碱有关。兽医临床主要用于牛羊前胃弛缓和马属动物肠道弛缓、秘结等。对子宫收缩无力、膀胱弛缓和牛子宫内膜炎所致胎衣不下等均可运用。也可作竞争性骨骼松弛药的颉颃药。

【注意事项】 机械性肠梗阻患畜禁用。

【制剂用法用量】 甲基硫酸新斯的明注射液，1ml：0.5mg；1ml：1mg；5ml：5mg；10ml：10mg。肌肉、皮下注射：一次量牛4～20mg；马4～10mg；猪、羊2～5mg；犬0.25～1mg。

2. 抗胆碱药

阿托品

【理化特性】 是从茄科植物颠茄、莨菪或曼陀罗中提取的生物碱。硫酸阿托品为无色结晶或白色结晶粉末，无臭。在水中极易溶解，乙醇中易溶。

【作用应用】 阿托品能与乙酰胆碱竞争M胆碱受体，从而阻断乙酰胆碱的M样作用。阿托品对M受体阻断作用选择性极高，大剂量也能阻断神经节N_1受体。

（1）*解除平滑肌痉挛*　阿托品具有松弛内脏平滑肌作用，其作用强度与剂量的大小和内脏平滑肌的机能状态有关。治疗量对正常活动平滑肌的影响较小；当平滑处于肌痉挛过度收缩状态时作用就很明显。在各种内脏平滑肌中，对胃肠平滑肌解痉作用最强，膀胱逼尿肌次之；对胆管、输尿管和支气管平滑肌作用较弱。

（2）*抑制腺体分泌*　能抑制唾液腺、支气管腺、胃肠道腺体、泪腺等的分泌，用药后可引起口干和渴感等。

（3）*对心血管的影响*　小剂量加快心率，而治疗量则可短暂减慢心率；可对抗迷走神经过度兴奋所致的房室传导阻滞和心律失常；大剂量可解除小动脉痉挛，改善微循环。

（4）*对眼的作用*　散大瞳孔，升高眼内压，导致调视麻痹。

（5）*对中枢的作用*　大剂量有明显的中枢兴奋作用，除兴奋迷走神经中枢、呼吸中枢外，也可兴奋大脑皮层运动区和感觉区。中毒量时引起大脑和脊髓高度兴奋。

（6）*解毒作用*　是拟胆碱药中毒的主要解毒药。也是锑剂（对耕牛的心脏毒性）中毒的解毒药；是喹啉脲等抗原虫药的主要解毒药。

临床用于缓解胃肠道平滑肌的痉挛性疼痛；麻醉前给药，可减少呼吸道分泌；治疗缓慢型心律失常，如窦房阻滞、房室阻滞等；用于感染中毒性休克；解救有机磷农药中毒；局部给药用于虹膜睫状体炎及散瞳检查眼底。

【注意事项】

（1）较大剂量可强烈收缩胃肠括约肌，对马、牛有引起急性胃扩张、肠臌胀及瘤胃臌气的危险。

（2）过量中毒时可出现瞳孔散大、心动过速、肌肉震颤、烦躁不安、运动亢进，常死于呼吸麻痹。解救时宜作对症治疗，可注射拟胆碱药，如注射毒扁豆碱等或用水合氯醛、安定、短效巴比妥类药物以对抗中枢兴奋症状。

【制剂用法用量】 硫酸阿托品片，0.3mg。内服：1次量，每1kg体重，犬、猫0.02～0.04mg；硫酸阿托品注射液，1ml：0.5mg；2ml：1mg。静脉、肌肉或皮下注射：每1kg体重，麻前给药马、牛、猪、羊、猫0.02～0.05mg，解除有机磷中毒马、牛、猪、羊0.5～1mg；猫、犬0.1～0.15mg；禽0.1～0.2mg。

3. 拟肾上腺素药

肾上腺素（副肾素、副肾碱）

【理化特性】 由家畜肾上腺髓质中提取出的生物碱，也可人工合成。为白色或淡棕色轻质的结晶性粉末，无臭，味稍苦。遇空气及光易氧化变质。其盐酸盐溶于水，在中性或碱性水溶液中不稳定。注射液变色后不能使用。

【体内过程】 本品内服无效，因可被消化液破坏，同时由于其收缩局部血管作用，可降低黏膜的吸收能力，并且可在肝脏迅速被酶代谢而失效。通常采用皮下或肌肉注射，皮下注射由于其强烈收缩局部血管，只有约10%～40%可吸收入血液，故作用微弱。肌肉注射因收缩血管作用缓和，可呈现较强的吸收作用。静脉注射作用更强，可用于紧急情况下，但必须稀释药液并减少用量。肌肉注射时应注意勿使药液注入血管，以免发生危险。吸收后的肾上腺素，主要是由神经末梢回收和通过儿茶酚氧位甲基转移酶（COMT）与MAO的作用而失效。小量的肾上腺素及其代谢产物可与葡萄糖醛酸或硫酸结合，从尿排出。

【药理作用】 肾上腺素能与α和β受体结合，其α作用和β作用都强，吸收作用主要表现为心跳加快、增强，血管收缩，血压上升，瞳孔散大，多数平滑肌松弛，括约肌收缩，血糖升高等。

（1）对心脏的作用　可使心脏兴奋性提高，心肌收缩力、传导及心率明显增强；心脏输出量增加，扩张冠状血管，改善心肌血液供应，呈现快速强心作用。由于能使心肌代谢增强，耗氧量增加，加之心肌兴奋性提高，剂量过大或静脉注射过快，可引起心律失常，出现期前收缩，甚至心室纤颤。

（2）对血管的作用　肾上腺素对血管有收缩和舒张两种作用，这与体内各部位血管的受体种类不同有关。本品对以α受体占优势的皮肤、黏膜及内脏的血管产生收缩作用，而对以β受体占优势的冠状血管和骨骼肌血管则有舒张作用。

（3）对平滑肌的作用　能松弛支气管平滑肌，特别是在支气管痉挛时作用更为明显，对胃肠道和膀胱的平滑肌松弛作用较弱，对括约肌有收缩作用。

（4）对代谢的影响　肾上腺素可活化代谢，增加细胞耗氧量。由于其激活腺苷酸环化酶促进肝糖元与肌糖元分解，使血糖升高，血中乳酸量增加。肾上腺素又有降低外周组织对葡萄糖的摄取作用。加速脂肪分解，血中游离脂肪酸增多，这是肾上腺素激活甘油三酯酶所致。

（5）其他作用　肾上腺素能使马、羊等动物发汗，兴奋竖毛肌；收缩脾被膜平滑肌，使脾脏中贮备的红细胞进入血液循环，增加血液中红细胞数；肾上腺素还可兴奋呼吸中枢。

【临床应用】

（1）用于心搏骤停急救：常用于溺水、麻醉过度、一氧化碳中毒、手术意外及传染病等引起的心跳微弱或骤停。

（2）治疗过敏性疾病：如过敏性休克、荨麻疹、支气管痉挛等。对免疫血清和疫苗引起的过敏性反应也有效。

（3）与局麻药配伍使用，可延长麻醉时间，减少局麻药的毒性反应。

（4）外用局部止血：当鼻黏膜、子宫或手术部位出血时，可用纱布浸以0.1%的盐酸肾上腺素溶液填充出血处，以使局部血管收缩，制止出血。

【注意事项】

（1）心血管器质性病变及肺出血的患畜禁用。

（2）使用剂量不宜过大，应稀释后缓慢静脉注射。

（3）禁用于水合氯醛中毒的病畜，不宜与强心苷、钙剂等具有强心作用的药物配伍应用。

（4）用于急救时，可根据病情将0.1%肾上腺素作10倍稀释后静脉注射，必要时可作心内注射。

【制剂用法用量】盐酸肾上腺素注射液，0.5ml：0.5mg；1ml：1mg；5ml：5mg。皮下注射：一次量，牛、马2～5ml；猪、羊0.2～1ml；犬0.1～0.5ml。静脉注射：一次量，牛、马1～3ml；猪、羊0.2～0.6ml；犬0.1～0.3ml。

麻黄碱

【理化特性】麻黄碱是从中药麻黄中提取的生物碱，已能人工合成。其盐酸盐为白色针状结晶或结晶性粉末；无臭，味苦。在水中易溶，乙醇中溶解，氯仿或乙醚中不溶。

【作用应用】麻黄碱的作用与肾上腺素基本相同，但作用弱而持久。有较强的中枢兴奋作用。1%～2%溶液有温和的缩血管作用，可减轻局部充血，消除肿胀，用于鼻炎；对平滑肌的作用比肾上腺素弱而持久，可内服或注射用于支气管哮喘。

【制剂用法用量】盐酸麻黄碱注射液：30mg/1ml，150mg/5ml。皮下或肌肉注射：一次量，牛、马50～300mg；猪、羊20～50mg；犬10～30mg。盐酸麻黄碱片，25mg。内服：一次量，马、牛50～300mg；羊、猪20～50mg；犬10～30mg。

4. 抗肾上腺素药

根据药物对受体选择性的不同，可分为α型抗肾上腺素药（α型受体阻断剂）和β型抗肾上腺素药（β型受体阻断剂）。前者如酚苄明和酚妥拉明，具有阻断α受体效应，可缓解血管痉挛，改善微循环，用于休克症的治疗。后者如心得安等，具有阻断β受体效应，可减弱心脏收缩力，减慢心率，用于治疗多种原因引起的心律失常。

三、传出神经系统的分类

1. 按解剖学分类

传出神经系统包括植物性神经系统和运动神经系统。植物神经系统也称自主神经系统，主要支配心脏、平滑肌和腺体等效应器；运动神经系统则支配骨骼肌。植物神经自中枢神经系统发出后，都要经过外周神经节更换神经元后才能达到所支配的效应器官。因此，植物神经有节前纤维与节后纤维之分。由脑、脊髓发出的植物神经纤维，叫节前纤维，由外周神经节发出的植物神经纤维，叫节后纤维。运动神经自中枢系统发出后，中途不更换神经元，直接达到骨骼肌，因此，无节前纤维和节后纤维之分。

2. 按释放递质分类

当神经冲动到达神经末梢时，从末梢的突触前膜释放出一种化学物质，称为递质（也称介质）。通过递质作用于次一级神经元或效应器的受体发生效应，从而完成神经冲动的传递过程。作用于传出神经系统的药物主要是在突触部位影响递质或受体而发挥作用。依据产生递质的不同可将传出神经分为2种。

（1）胆碱能神经　凡末梢能释放乙酰胆碱的神经纤维称为胆碱能神经，胆碱能神经主要包括全部交感神经和副交感神经的节前纤维；运动神经、全部副交感神经的节后纤维；极少数交感神经节后纤维，如支配汗腺分泌和骨骼肌血管舒张的神经纤维。

（2）肾上腺素能神经　凡末梢能释放去甲肾上腺素的神经纤维称为肾上腺素能神经。肾上腺素能神经则包括几乎全部交感神经节后纤维。

除上述两类神经外，在某些效应器组织还存在着其他神经，例如肾及肠系膜血管的多巴胺能神经、肠和膀胱的嘌呤能神经、结肠的肽能神经等。

四、传出神经递质的代谢

1. 递质的生物合成、储存和释放

去甲肾上腺素主要在神经末梢部位合成，其前体为酪氨酸，在酪氨酸羟化酶催化下生成多巴，再经多巴脱羧酶催化生成多巴胺，多巴胺进入囊泡，再经多巴胺β-羟化酶催化，生成去甲肾上腺素。NA 与 ATP 和嗜铬颗粒蛋白结合，贮存于囊泡。当神经冲动到达时，产生除极化。此时，细胞膜的通透性发生改变，钙离子内流，促使靠近突触前膜的一些囊泡的囊泡膜与突触前膜融合，然后形成裂孔，通过裂孔将囊泡内去甲肾上腺素、ATP、嗜铬颗粒蛋白和多巴胺β-羟化酶等一齐排出至突触间隙，这种排出方式称为胞裂外排。但这仅指神经冲动引起递质释放情况，而不否定在其他情况下递质可能从胞浆释放入突触间隙。

乙酰胆碱主要是在胆碱能神经末梢形成，与乙酰胆碱生物合成有关的酶和辅酶有胆碱乙酰化酶（也称胆碱乙酰转移酶）和乙酰辅酶 A。前者在细胞体内合成，但其本身不能透过线粒体膜，需在线粒体内与草酰乙酸缩合成枸橼酸盐，枸橼酸盐穿过线粒体膜进入胞质液中，然后在枸橼酸裂解酶的催化下再形成乙酰辅酶 A。胆碱乙酰化酶和乙酰辅酶 A 在胞质液内促进胆碱形成后即贮存在囊泡中；也有部分存在于胞质液中，此部分可被胆碱酯酶破坏。当神经冲动到达时，可有上百个囊泡同时以胞裂外排方式向突触间隙释放乙酰胆碱。

2. 递质作用的消除

释放后的去甲肾上腺素主要靠突触前膜将其摄入神经末梢内，从而使作用消失，这种摄取称为摄取1。摄取1是一种主动的转运机制，也称胺泵，能逆浓度梯度而摄取内外源性去甲肾上腺素。其摄取量为释放量的75%～95%，摄取入神经末梢的去甲肾上腺素可进一步被摄取入囊泡，贮存起来以供下次的释放。部分未进入囊泡的去甲肾上腺素可被胞质液中线粒体膜所含的单胺氧化酶破坏。非神经组织如心肌、平滑肌等也能摄取去甲肾上腺素，称为摄取2。此种摄取后，即被细胞内的儿茶酚胺氧位甲基转移酶和 MAO 所破坏。因此，两种方式中，摄取1可称为摄取-储存型；摄取2为摄取-代谢型。此外，尚有小部分去甲肾上腺素释放后从突触间隙扩散到血液中，最后被肝、肾等的 COMT 和 MAO 代谢。

乙酰胆碱作用的消失主要是被神经突触部位的胆碱酯酶水解，一般在释放后的数毫秒之内即被此酶水解而失效。

五、传出神经的受体

传出神经受体的分类是根据对递质或药物选择性结合而分为胆碱受体与肾上腺素受体。胆碱受体是能选择性地与乙酰胆碱结合的受体。胆碱受体对各种激动剂敏感性不同，研究发现位于副交感神经节后纤维所支配的效应器细胞膜上的胆碱受体对毒蕈碱敏感，称为毒蕈碱型胆碱受体（简称M胆碱受体，M受体）。此处受体兴奋所产生的效应称为毒蕈碱样作用，即M样作用。M受体又可分为M_1受体、M_2受体、M_3受体等亚型。位于神经节细胞膜和骨骼肌细胞膜上的胆碱受体对烟碱敏感，此部位受体称为烟碱型胆碱受体（简称N胆碱受体，N受体）。这些受体兴奋引起的效应称烟碱样作用，即N样作用。N受体可分为神经元型（N_1受体）和肌肉型（即N_2型受体）两种亚型。胆碱受体的分型、分布及效应见表10－4。

表10－4　胆碱受体亚型、分布及效应

受体亚型	分布	效应
N_1（N_N）	神经节	节后神经元除极化，产生兴奋冲动
N_2（N_M）	神经肌肉接点	骨骼肌收缩
M_1	神经节	除极化
	中枢	待研究
M_2	窦房结	减慢自发性除极化；超极化
	心房	缩短动作电位时程，降低收缩力
	房室结	降低传导速度
	心室	稍降收缩力
M_3	平滑肌	收缩
	分泌腺	分泌增加

六、传出神经系统的生理功能

传出神经系统用药均通过拟似或颉颃中枢神经系统（CNS）功能而发挥作用。机体的多数器官都接受去甲肾上腺素能神经和胆碱能神经两类神经的双重支配，而这两类神经兴奋时所产生的效应又往往相互颉颃。当两类神经同时兴奋时，则占优势张力的神经的效应通常会显现出来。如窦房结，当肾上腺素能神经兴奋时，可引起心率加快；当胆碱能神经兴奋时则引起心率减慢，但以后者效应占优势。如两类神经同时兴奋时，则常表现为心率减慢。

去甲肾上腺素能神经兴奋时，神经末梢释放去甲肾上腺素，引起心脏兴奋，皮肤、黏膜和腹腔内脏血管收缩，支气管和胃肠平滑肌舒张，瞳孔扩大及血糖升高等效应。这种效应常发生于劳作、危险等情况，称为机体应急反应。上述生理功能的改变有利于机体机能活动增强和对环境应激反应的需要。

胆碱能神经兴奋时，神经末梢释放乙酰胆碱，在节前纤维和节后纤维引起的功能变化有所不同。当节后纤维兴奋时，基本上表现为与肾上腺素能神经兴奋相反的效应；节前纤维兴奋时，可引起神经节兴奋和肾上腺髓质分泌增加。这种效应常发生于静息、睡眠等情况，是机体进行休整的适应性变化。

从上述可知，去甲肾上腺素能神经和胆碱能神经对机体多数器官作用是相反的，可是从整体来看，这两类神经功能的相互颉颃并不是对立的，而是在中枢神经系统调节下，使它们的功能既对立又统一。实际情况只有在辩证的对立和统一中，才能使机体的生理机能更好地适应内、外环境的变化需要，维持正常的生理状态。传出神经支配的效应器上受体的分布与效应见表 10－5。

表 10－5　传出神经支配的效应器上受体的分布与效应

效应器			肾上腺素能神经兴奋		胆碱能神经兴奋	
			效应	受体	效应	受体
心脏	心肌 窦房结 传导系统		收缩力加强[⑧] 心率加快 传导加快	β^{1}[①]	收缩力减弱 心率减慢 传导减慢	M
平滑肌	血管	皮肤、黏膜 腹腔内脏[②]骨骼肌 冠状动脉	收缩 收缩 舒张 收缩 舒张 舒张	α α β_2 α β_2 β_2	舒张[④] 舒张（交感神经）	
	支气管，气管 胃肠壁[⑤] 膀胱逼尿肌 胃肠和膀胱括约肌 胆囊与胆道		舒张 舒张 舒张 收缩 舒张	β_2 α、β_2 β_2 α β_2	收缩 收缩 收缩 舒张 收缩	
	子宫		收缩[⑥] 抑制	α β_2	不定	
	眼	虹膜 睫状肌	瞳孔扩大肌 收缩（扩瞳） 舒张（远视）	α β_2	瞳孔括约肌 收缩（缩瞳） 收缩（近视）	
腺体	汗腺 唾液腺 胃肠道及呼吸道腺体		手心脚心分泌 分泌 K^+ 及 H_2O 分泌淀粉酶	α′ α β_2	全身分泌（交感神经） 分泌 K^+ 及 H_2O 分泌	
代谢	肝脏糖代谢 骨骼肌糖代谢 脂肪代谢		肝糖元分解及异生 肌糖元分解 脂肪分解	α、β_2 β_2 α、β_2[⑦]		
植物神经节 肾上腺髓质					兴奋 分泌（交感神经节前纤维）	N_1
骨骼肌			收缩	β_2	收缩（运动神经）	N_2

七、传出神经系统药物的基本作用

1. 直接作用于受体

许多传出神经系统药物能直接与胆碱受体或肾上腺素受体结合。结合后，如果产生与递质相似的作用，就称激动药。如果结合后不产生或较少产生拟似递质的作用，相反，却能妨碍递质与受体的结合，从而阻断了冲动的传递，产生与递质相反的作用，就称为阻断药；对激动药而言，可称颉颃药。

这类药物品种很多，也较常用。由于胆碱受体分为 M 和 N 两型，肾上腺素受体也有 α 和 β 两型。因此，选择性地作用于不同型受体的激动药和阻断药也具有相应的分类。

2. 影响递质

（1）*影响递质的生物合成*　直接影响递质生物合成的药物较少，且无临床应用价值，仅作药理学研究的工具药。

（2）*影响递质的转化*　如乙酰胆碱的灭活主要是被胆碱酯酶水解。因此，抗胆碱酯酶药就能妨碍乙酰胆碱的水解，提高其浓度，产生效应。

去甲肾上腺素作用的消失与乙酰胆碱不同，它主要靠突触前膜的摄取，因此现有的 MAO 抑制药或 COMT 抑制药并不能成为理想的外周拟肾上腺素药。

（3）影响递质的转运和贮存　药物可通过促进递质的释放而发挥递质样作用。例如麻黄碱促进去甲肾上腺素的释放、氨甲酰胆碱促进乙酰胆碱的释放而发挥作用，虽然它们同时尚有直接与受体结合的作用。

药物也可通过影响递质在神经末梢的贮存而发挥作用。例如利血平抑制神经末梢囊泡对去甲肾上腺素的摄取，使囊泡内去甲肾上腺素逐渐减少以至耗竭，从而表现为颉颃去甲肾上腺素能神经的作用。

复习思考题

1. 全身麻醉药、镇静药、安定药和抗惊厥药在药理作用上有何不同？
2. 麻醉过程分为哪几个期，一般外科手术在哪一期进行，为什么？
3. 进行全身麻醉时，应注意哪些事项？
4. 氯丙嗪有哪些药理作用？如何应用？
5. 解热镇痛与消炎抗风湿药的作用机制是什么？
6. 临床上为什么不应轻易使用解热药？
7. 试比较各类解热、镇痛、消炎及抗风湿药的作用和应用上的特点。
8. 中枢兴奋药分为哪几类？说明剂量变化对中枢兴奋作用强度、范围的影响。
9. 咖啡因、尼可刹米、士的宁的作用部位主要在何处？在临床上有何用途？
10. 局部麻醉方式有哪些？如何应用？
11. 比较普鲁卡因、利多卡因和丁卡因在作用和应用上各有何特点。
12. 根据毛果芸香碱、阿托品、肾上腺素及麻黄碱的作用原理，分析它们对机体机能的影响和在临床上的应用。

第十一章

影响新陈代谢药物

第一节　肾上腺皮质激素类药物

一、概述

肾上腺皮质激素是肾上腺皮质部所分泌的一类激素，它属于类固醇化合物，故一般称为皮质类固醇激素。肾上腺皮质包括球状带、束状带和网状带，能分泌多种激素。根据生理功能不同将肾上腺皮质激素（简称皮质激素）分为3类：一是糖皮质激素，为肾上腺皮质的束状带细胞合成、分泌，在生理水平对糖代谢的作用强，对电解质代谢的作用较弱。在药理治疗剂量下，表现出良好的抗炎、抗过敏、抗毒素、抗休克等作用，具有重要的药理学意义。二是盐皮质激素，为肾上腺的球状带细胞分泌，在生理水平对矿物质代谢，特别是对钠潴留和钾排泄的作用很强。在药理治疗剂量下，仅用作肾上腺皮质功能不全的替代疗法，在兽医临床实用价值不大。三是氮皮质激素类，由肾上腺皮质的网状带分泌，包括雄激素和雌激素。氮皮质激素的生理功能弱，也无药理学意义。本章着重介绍糖皮质激素。

从动物的肾上腺可提取天然糖皮质激素可的松与氢化可的松，但为了提高其临床疗效，减少不良反应，将天然糖皮质激素的化学结构加以改变，合成了许多新的糖皮质激素，如泼尼松、氢化泼尼松、地塞米松、去炎松等。它们的抗炎作用等比母体强数倍至数十倍，且作用持久，对电解质的影响也大为减弱。

（一）药动学

糖皮质激素内服吸收迅速，一般在2h内达到峰浓度。肌肉或皮下注射，1h内达到峰浓度。糖皮质激素在关节内的吸收缓慢，仅起局部作用，对全身治疗无意义。

静脉给药显效快，但作用时间短。吸收入血的糖皮质激素，仅10%～15%呈游离状态，大部分则与血浆蛋白结合。当游离药物被靶细胞或在肝脏代谢消除后，结合型药物就被释放出来，以维持正常的血药浓度。糖皮质激素分布以肝脏中含量最高，其次是血浆、脑脊液、胸水和腹水，肾、脾含量较少。

合成的糖皮质激素，可在肝内被代谢成葡萄糖醛酸或硫酸的结合物，代谢物或原型药物从尿液和胆汁中排泄。从血中消除的半衰期因药而异，如泼尼松为1h，倍他米松和地塞米松为5h。与其他大多数药物不同，糖皮质激素的血浆半衰期与其生物效应消退的半衰期不一致，如氢化可的松的生物半衰期比其血浆半衰期长。

根据生物半衰期不同，将糖皮质激素药物分为短效（<12h）、中效（12～36h）和长

效（>36h）3种。短效的有氢化可的松、可的松；中效的有泼尼松、氢化泼尼松、去炎松；长效的有地塞米松、氟地塞米松和倍他米松。

（二）药理作用

糖皮质激素具有广泛的药理作用。概括为以下6个方面。

1. 抗炎作用

对各种原因所致的炎症以及炎症的不同阶段均有强大的抗炎作用。如炎症的初期，可抑制炎症局部的血管扩张，降低血管通透性，减少血浆渗出、水肿，稳定溶酶体膜，以及抑制炎性细胞浸润与吞噬功能，从而减轻或消除炎症部位的红、肿、热、痛等症状；炎症后期，可抑制毛细血管和成纤维细胞增生以及纤维合成，延缓肉芽组织生长，防止粘连及瘢痕形成，减轻后遗症。必须指出，炎症是机体的一种防御机能，糖皮质激素能减轻炎症的症状，只是保护机体组织免受有害刺激引起的损伤，降低机体对致炎因子引起的病理性反应，而不能消除引起炎症的原因，同时还降低了机体的防御机能和抑制组织修复，可使感染扩散和创伤愈合缓慢，故必须结合对因治疗。

2. 免疫抑制作用

糖皮质激素是临床上常用的免疫抑制剂之一。它能治疗或控制许多过敏性疾病的临床症状，也能抑制由于过敏反应产生的病理变化，如过敏性充血、水肿、荨麻疹、皮疹、平滑肌痉挛及细胞损害等。

3. 抗毒素作用

能提高机体对细菌内毒素的耐受力，如对抗内毒素对机体的损害，减轻细胞损伤，缓解毒血症状，降高热，改善病情等。但不能中和毒素，对细菌外毒素的损害无保护作用。

4. 抗休克作用

糖皮质激素对各种休克如过敏性休克、中毒性休克、低血容量性休克等都有一定的疗效，可增强机体对休克的抵抗力。其机理除与抗炎、抗毒素及免疫抑制作用的综合因素有关外，主要的药理基础是糖皮质激素能稳定溶酶体膜，减少溶酶体膜的释放，降低体内活性物质如组胺、缓激肽、儿茶酚胺的浓度，以及减少心肌抑制因子的形成，防止因此所致的心肌收缩力减弱、心输出量降低、内脏血管收缩等循环衰竭。此外，大剂量的糖皮质激素能降低外周血管的阻力，改善微循环阻滞，增加回心血量，对休克也能起到良好的治疗作用。

5. 对代谢的影响

（1）对糖代谢的影响　能增加肝脏糖异生作用，降低外周对葡萄糖的利用，使肝糖元和肌糖元含量增多，血糖升高。

（2）对蛋白质代谢的影响　可加速蛋白质分解，抑制蛋白质合成和增加尿氮排出，导致负氮平衡。长期大剂量使用可导致肌肉萎缩、伤口愈合不良、幼畜生长缓慢等。

（3）对脂肪代谢的影响　糖皮质激素能促进脂肪分解，并抑制其合成。长期使用能使脂肪重新分布，即四肢脂肪向面部和躯干积聚，出现向心性肥胖。

（4）对水盐代谢的影响　对水盐代谢的影响较小，尤其是人工合成品。但大剂量能增加钠的重吸收和钾、钙、磷的排出，长期使用可致水、钠潴留而引起水肿和骨质疏松。

6. 对血细胞的作用

刺激骨髓造血机能，使红细胞、血小板、嗜中性粒细胞数量增多。

（三）临床应用

1. 严重的感染性疾病 各种败血症、中毒性肺炎、中毒性痢疾、腹膜炎、产后急性子宫炎等。但必须要配伍足量的有效抗菌药物。

2. 代谢性疾病 牛酮血症、羊妊娠毒血症等。

3. 过敏性疾病 荨麻疹、血清病、支气管哮喘、过敏性皮炎、过敏性皮疹等。

4. 局部性炎症 关节炎、腱鞘炎、黏液囊炎、乳腺炎、结膜炎、角膜炎等。

5. 休克 中毒性休克、过敏性休克、创伤性休克等。

6. 引产 地塞米松已被用于母畜的同步分娩。在怀孕后期的适当时间（牛可在怀孕第286d后）给予地塞米松，一般在48h内分娩。糖皮质激素的引产作用，可能是使雌激素分泌增加，黄体酮浓度下降所致。

（四）不良反应及注意事项

1. 诱发或加重感染

长期使用糖皮质激素，可抑制机体的防御机能，使机体的抵抗力降低，易诱发细菌感染或加重感染，甚至使病灶扩大或散播，导致病情恶化。故严重感染性疾病应与足量的抗菌药物配合使用，在激素停药后还要继续用抗菌药物治疗。对一般感染性疾病不宜使用激素治疗。

2. 代谢紊乱

皮质激素的留钠排钾作用，常导致动物出现水肿和低血钾症。而加强蛋白质的异化作用和增加钙、磷的排泄，动物常出现肌肉萎缩无力、骨质疏松等。幼年动物则呈现生长抑制。

3. 免疫抑制作用

因糖皮质激素干扰机体免疫过程，故在结核菌素或鼻疽菌素诊断期和疫苗接种期等不能使用。

4. 肾上腺皮质机能不全

长期用药通过负反馈作用，抑制丘脑下部和垂体前叶，可使肾上腺皮质机能受到抑制，而使皮质激素的分泌减少或停止。如突然停药，可出现停药综合症，常见发热、无力、精神沉郁、食欲不振、血糖和血压下降等。因此必须采取逐渐减量的缓慢停药方法。

二、常用药物

氢化可的松

【理化特性】为天然糖皮质激素。白色或近白色的结晶性粉末，无臭，初无味，随后有持续性苦味。遇光渐变质。不溶于水，略溶于乙醇或丙酮。

【作用应用】本品有较强的抗炎、抗毒素、抗休克和免疫抑制作用，水钠潴留作用较弱。临床多用其静脉注射制剂治疗严重的中毒性感染或其他危急病例。局部应用有较好疗效，故常用于乳腺炎、眼科炎症、皮肤过敏性炎症、关节炎和腱鞘炎等。作用时间不足12h。

【制剂用法用量】氢化可的松注射液（1）2ml：10mg（2）5ml：25mg（3）20ml：100mg。静脉注射：一次量，牛、马0.2～0.5g；猪、羊0.02～0.08g；犬0.005～0.02g，用前用生理盐水或5%葡萄糖注射液稀释，缓慢静脉注射，1次/d。关节腔内注射：牛、马

0.05～0.1g，1次/d。

醋酸泼尼松（强的松）

【理化性质】人工合成品。为白色或几乎白色的结晶性粉末。无臭，味苦。不溶于水，微溶于乙醇，易溶于氯仿。

【作用应用】本品进入体内后代谢转化为氢化泼尼松而起作用。其抗炎作用和糖元异生作用比天然的氢化可的松强4～5倍。水钠潴留作用较小。本品主要供内服和局部应用，用于腱鞘炎、关节炎、皮肤炎症、眼科炎症及严重的感染性、过敏性疾病等。给药后作用时间为12～36h。

【制剂用法用量】醋酸泼尼松片，5mg。内服：一次量，牛、马100～300mg；猪、羊10～20mg；每1kg体重，犬、猫0.5～2mg；醋酸泼尼松软膏，1%，皮肤涂擦；醋酸泼尼松眼膏，0.5%，眼部外用，2～3次/d。

泼尼松龙（氢化泼尼松、强的松龙）

【理化特性】人工合成品。白色或类白色结晶性粉末，几乎不溶于水，微溶于乙醇或氯仿。

【作用应用】作用与醋酸泼尼松基本相似或略强。可供静脉注射、肌肉注射、乳房内注入和关节腔内注射等。应用较醋酸泼尼松广泛，用于皮肤炎症、眼炎、乳房炎、关节炎及牛的酮血症等。给药后作用时间为12～36h。

【制剂用法用量】氢化泼尼松注射液，2ml：10mg。静脉注射：一次量，牛、马50～150mg；猪、羊10～20mg；关节腔内注射：牛、马20～80mg，1次/d。醋酸氢化泼尼松注射液，5ml：125mg，关节腔内或局部注射：牛、马20～80mg，1次/d；乳房内注射：每乳室10～20mg，1次/（3～4）d。

地塞米松（氟美松）

【理化特性】人工合成品。其磷酸钠盐为白色或微黄色粉末，无臭，味微苦。有引湿性。在水或甲醇中溶解，几乎不溶于丙酮或乙醚。

【作用应用】本品的作用比氢化可的松强25倍，抗炎作用甚至强30倍，而水、钠潴留的副作用较弱。给药后在数分钟出现药理作用，维持48～72h。应用同其他糖皮质激素。还可用于牛、猪、羊的同步分娩。

【制剂用法用量】地塞米松磷酸钠注射液（1）1ml：1mg（2）1ml：2mg（3）1ml：5mg，静脉注射：一次量，马2.5～5mg；牛5～20mg；猪、羊4～12mg；犬、猫0.125～1mg，用前以生理盐水或5%葡萄糖注射液稀释，缓慢静脉注射。关节腔内注射：牛、马2～10mg。治疗乳房炎时，一次量，每乳室注入10mg。

倍他米松

人工合成品，为地塞米松的同分异构体。白色或类白色结晶性粉末，无臭，味苦。几乎不溶于水，略溶于乙醇。抗炎作用与糖元异生作用强于地塞米松，水钠潴留作用稍弱于地塞米松。应用同地塞米松。倍他米松片，0.5mg，内服，一次量，犬、猫0.25～1mg。

醋酸氟氢松（肤轻松）

为人工合成品。本品为外用糖皮质激素中抗炎作用最强、副作用最小的品种。显效快，止痒效果好。主要用于各种皮肤炎症，如湿疹、过敏性皮炎、脂溢性皮炎等。醋酸肤轻松软膏（1）10g：2.5mg（2）20g：5mg。外用：涂擦患处，3～4次/d。

第二节　调节水盐代谢药物

体液是机体的重要组成部分，由水和溶于水的电解质、葡萄糖和蛋白质等成分组成。其含量的稳定可使体液保持一定的渗透压和酸碱平衡，保证机体的新陈代谢。体液分为细胞内液和细胞外液。正常情况下，体液占动物体重的60%～70%，水和电解质的关系极为密切，在体液中总是以比较恒定的比例存在。水和电解质摄入过多或过少，或排出过多或过少，均对机体的正常机能产生影响，使机体出现脱水或水肿。腹泻、呕吐、大面积烧伤、过度出汗、失血等，往往引起机体大量丢失水和电解质。因此，为了维持动物机体正常的新陈代谢，恢复体液平衡，必须根据脱水程度和脱水性质及时补液。

按脱水程度有轻度、中度和重度之分；按脱水性质有高渗脱水、低渗脱水和等渗脱水之分。临床上以等渗脱水较为多见。轻度脱水畜体通过代偿可以恢复，中度、重度脱水必须补液。补液方法有多种，常采用内服补液、腹腔注射、静脉注射的方法。补液量以脱水程度而定，原则是缺多少补多少。目前，临床上判断脱水程度和补液量常以皮肤的弹性为标准。

氯化钠

【作用应用】 Na^+占细胞外液阳离子92%，对保持细胞外液的渗透压和容量、调节酸碱平衡，维持生物膜电位，促进水和其他物质的跨膜转运，保证细胞正常功能等都十分重要。Cl^-是细胞外液的主要阴离子。

氯化钠主要用于防治各种原因所致的低血钠综合征。无菌的等渗（0.9%）氯化钠溶液，除防治低钠综合征外，还可防治缺钠性脱水（烧伤、腹泻、休克等引起）。也可临时用作体液扩充剂而用于失水兼失盐的脱水症。生理盐水也常作外用，如冲洗眼、鼻和伤口等。

10%氯化钠溶液静脉注射，能暂时性地提高血液渗透压，扩充血容量，改善血液循环和组织新陈代谢，调节器官功能，对功能异常器官的调整作用更为明显。还可刺激血管壁的化学感受器，反射性兴奋迷走神经，促进胃肠蠕动和分泌，对复胃动物还能增强反刍机能。临床上可用于反刍动物的前胃弛缓、瘤胃积食、瓣胃阻塞，马属动物的肠阻塞、肠臌气、胃扩张和便秘等。

小剂量氯化钠内服，能刺激舌上味觉感受器和消化道黏膜，反射性地增加唾液和胃液分泌，促进胃肠蠕动，激活唾液淀粉酶等，提高消化机能。大剂量氯化钠内服，能促进肠管的蠕动，产生盐类泻药的作用，但效果不如硫酸钠和硫酸镁。

【注意事项】 心力衰竭、肺气肿、肾功能不全患畜慎用。

【制剂用法用量】 0.9%氯化钠注射液（生理盐水），静脉注射：一次量，牛、马1 000～3 000ml；猪、羊250～500ml；犬100～500ml；猫40～50ml。复方氯化钠注射液，用法与用量同生理盐水。

氯化钾

【作用应用】 K^+是细胞内液的主要阳离子，对维持生物膜电位，保持细胞内渗透压及内环境的酸碱平衡，保障酶的功能，促进氨基酸从胃肠道吸收等起重要作用。缺钾可致神经肌肉传导障碍，心肌自律性增高。

氯化钾主要用于钾摄入不足或排钾过量所致的钾缺乏症或低血钾症，亦用于强心苷中毒的解救。

【注意事项】 肾功能障碍、尿闭、脱水和循环衰竭等患畜，禁用或慎用。

【制剂用法用量】 氯化钾片，内服：一次量，马、牛5~10g；猪、羊1~2g；犬0.1~1g。氯化钾注射液，静脉注射：一次量，马、牛2~5g；猪、羊0.5~1g。必须用0.5%葡萄糖注射液稀释成0.3%以下浓度，且注射速度要慢。复方氯化钾注射液，含氯化钾0.28%、氯化钠0.42%、乳酸钠0.63%，静脉注射：一次量，马、牛1 000ml，猪、羊250~500ml。本品优点是既可补钾，又可纠正酸中毒。

第三节 调节酸碱平衡药物

动物机体在新陈代谢过程中不断地产生大量的酸性物质，如碳酸、乳酸、酮体等，还常由饲料摄入各种酸性或碱性物质。机体的正常活动，要求保持相对稳定的体液酸碱度（pH），体液pH值的相对稳定性，称为酸碱平衡。机体酸碱平衡的维持，主要依赖于缓冲体系、肺及肾脏进行调节。肺、肾功能障碍，机体代谢失常，高热、缺氧、剧烈腹泻或某些其他重症疾病，都会引起酸碱平衡紊乱。临床上以代谢性酸中毒较为多见。治疗时除首先除去病因外，还应给予酸碱平衡调节药改善病情。常用药物有碳酸氢钠、乳酸钠和氯化铵等。

碳酸氢钠（重碳酸钠、小苏打）

【作用应用】 内服或静脉注射，可直接增加机体碱储，迅速纠正酸中毒，是治疗酸中毒的首选药物。另外，碳酸氢钠还具有碱化尿液、中和胃酸、祛痰、健胃等作用。本品主要用于严重酸中毒和碱化尿液等。

【制剂用法用量】 碳酸氢钠注射液500ml：25g，静脉注射：一次量，牛、马15~30g；猪、羊2~6g；犬0.5~1.5g，用2.5倍生理盐水或注射用水稀释成1.4%溶液注射。碳酸氢钠片，内服：一次量，马15~60g；牛30~100g；羊5~10g；猪2~5g；犬0.5~2g。

乳酸钠

本品进入体内，经乳酸脱氢酶转化为丙酮酸，再经三羧循环氧化脱羧生成二氧化碳和水，前者转化为碳酸氢根离子，与钠离子结合成碳酸氢钠，从而发挥其纠正酸中毒的作用。与碳酸氢钠比，此作用慢而不稳定。主要用于治疗代谢性酸中毒和高血钾症。肝功能障碍和乳酸血症患者忌用；水肿患者慎用。

乳酸钠注射液（1）20ml：2.24g（2）100ml：11.20g。静脉注射：一次量，马、牛200~400ml；猪、羊40~60ml。用时稀释5倍。

第四节 维生素

维生素是动物维持正常代谢和机能所必需的一类有机化合物。与三大营养物质不同，维生素主要是构成酶的辅酶（或辅基）参与机体物质和能量代谢。缺乏时，可引起特定的维生素缺乏症。

动物体内的维生素主要由饲料供给，少数维生素也能在体内合成，机体一般不会缺乏。但如果饲料中维生素不足，动物吸收或利用发生障碍以及需要量增加等，均会引起维生素缺乏症。此时，需要应用相应的维生素进行治疗，同时还应改善饲养管理条件，采取综合防治措施。

维生素分为脂溶性和水溶性两大类。脂溶性维生素包括维生素 A、维生素 D、维生素 E 和维生素 K。水溶性维生素包括 B 族维生素和维生素 C。

一、脂溶性维生素

脂溶性维生素都能溶于脂或油类溶剂，不溶于水，包括维生素 A、维生素 D、维生素 E 和维生素 K。脂溶性维生素在肠道的吸收与脂肪的吸收密切相关，腹泻、胆汁缺乏或其他能够影响脂肪吸收的因素，同样会减少脂溶性维生素的吸收。吸收后主要贮存于肝脏和脂肪组织，以缓释方式供机体利用。脂溶性维生素吸收多，在体内贮存也多，如果机体摄取的脂溶性维生素过多，超过体内贮存的限量，会引起动物发生脂溶性维生素中毒。

维生素 A

维生素 A 存在于动物组织、蛋及全奶中。植物中只含有维生素 A 的前体物——β-胡萝卜素，其在动物体内可转变为维生素 A。

【作用应用】

（1）参与合成视紫红质，维持正常的视觉功能。

（2）维持皮肤、黏膜和上皮组织的完整性。维生素 A 能促进黏多糖的合成，如缺乏可引起皮肤、黏膜、腺体、气管和支气管的上皮组织干燥和过度角化，抗病能力下降，感染机会增加。

（3）促进动物生长和发育，维持骨骼正常形态和功能。维生素 A 有调节体内脂肪、糖和蛋白质代谢，增加免疫球蛋白生成，促进器官组织正常生长和代谢等作用。

（4）促进类固醇激素的合成。维生素 A 缺乏时，动物体内的胆固醇和糖皮质激素的合成减少，公畜睾丸不能合成和释放雄性激素，性机能下降，母畜正常发情周期紊乱。

本品主要用于防治维生素 A 缺乏症，如干眼病、夜盲症、角膜软化症和皮肤粗糙等。也用于增强机体抗感染的能力，以及体质虚弱的畜禽，妊娠和泌乳的母畜。亦可用于皮肤、黏膜炎症的治疗。局部用于烧伤和皮肤炎症，有促进愈合的作用。

【制剂用法用量】维生素 AD 油，维生素 A 5 000U 与维生素 D 500U，内服：一次量，马、牛 20～60ml；羊、猪 10～15ml；犬 5～10ml；禽 1～2ml。维生素 AD 注射液，1ml：维生素 A 50 000U 与维生素 D 5 000U，（1）0.5ml（2）1ml（3）5ml 三种针剂，肌肉注射：一次量，马、牛 5～10ml；驹、犊、猪、羊 2～4ml；仔猪、羔羊 0.5～1ml。

维生素 D

维生素 D 为类固醇衍生物，主要有维生素 D_2 和维生素 D_3。植物中的麦角固醇（D_2 原）、动物皮肤中的 7-脱氢胆固醇（D_3 原），经日光或紫外线照射可转变为维生素 D_2 和维生素 D_3。此外，鱼肝油、乳、肝、蛋黄中维生素 D_3 含量丰富。

【作用应用】维生素 D 实际上是一种激素原，自身无生物活性。须先在肝内羟化酶的作用下，变成 25-羟胆钙化醇或 25-羟麦角钙化醇，然后经血液转运到肾脏，在甲状旁腺激素的作用下进一步羟化形成 1，25-二羟胆钙化醇或 1，25-二羟麦角钙化醇，才能发挥生物学效应。

维生素 D 能促进小肠对钙、磷的吸收，保证骨骼正常钙化，维持正常血钙和血磷浓度。当维生素 D 缺乏时，钙、磷的吸收代谢机制紊乱，引起幼畜佝偻病、成畜骨软症、奶牛产乳量下降和鸡产蛋率降低且蛋壳易碎等。临床上用于防治佝偻病和骨软化症等，亦可用于妊娠和泌乳期母畜，以促进钙和磷的吸收。

【制剂用法用量】 维生素 D_2 注射液，肌肉注射：一次量，每 1kg 体重，家畜 1 500 ~ 3 000U。

维生素 E（生育酚）

维生素 E 主要存在于绿色植物及种子中，是一种抗氧化剂。

【作用应用】

（1）*抗氧化作用*　维生素 E 对氧十分敏感，极易被氧化，可保护其他物质不被氧化。在细胞内，维生素 E 可通过与氧自由基起反应，抑制有害的脂类过氧化物产生，防止组织细胞内和细胞膜上的不饱和脂肪酸被过氧化物氧化、破坏，保护生物膜的完整性。维生素 E 与硒有协同抗氧化作用。

（2）*维护内分泌功能*　维生素 E 可促进性激素分泌，调节性腺的发育和功能，有利于受精和受精卵的植入，并能防止流产，提高繁殖力。此外，还有抗毒、解毒、抗癌作用及提高机体的抗病能力。

当维生素 E 缺乏时，动物表现生殖障碍、细胞通透性损害和肌肉病变。如公畜睾丸发育不全，精子量少且活力降低，母畜胚胎发育障碍、死胎、流产；脑软化、渗出性素质、幼畜白肌病；骨骼肌、心肌等萎缩、变性、坏死。

临床上主要用于防治畜禽的维生素 E 缺乏症。

【制剂用法用量】 维生素 E 注射液，皮下、肌肉注射：一次量，驹、犊 0.5 ~ 1.5g；羔羊、仔猪 0.1 ~ 0.5g；犬 0.03 ~ 0.1g。

二、水溶性维生素

水溶性维生素包括 B 族维生素和维生素 C，均易溶于水。B 族维生素包括硫胺素、核黄素、泛酸、烟酸、维生素 B_6、维生素 H（生物素）、叶酸和维生素 B_{12}。水溶性维生素一般不在体内贮存。超过生理需要的部分会较快地随尿液排到体外，因此长期应用造成蓄积中毒的可能性小于脂溶性维生素。一次大剂量使用，通常不会引起毒性反应。

维生素 B_1（硫胺素）

维生素 B_1 广泛存在于种子外皮和胚芽中，动物肝脏和瘦猪肉中含量较多，反刍动物瘤胃和马的大肠内微生物也可合成，以供机体吸收利用。

【作用应用】

（1）*参与糖代谢*　维生素 B_1 是丙酮酸脱氢酶系的辅酶，参与糖代谢过程中的 α-酮酸（如丙酮酸、α-酮戊二酸）氧化脱羧反应，对释放能量起重要作用。缺乏时，丙酮酸不能正常地脱羧进入三羧循环，造成丙酮酸堆积，能量供应减少，使神经组织功能受到影响。表现神经传导受阻，出现多发性神经炎症，如疲劳、衰弱、感觉异常、肌肉酸痛、肌无力等。严重时，可发展为运动失调、惊厥、昏迷甚至死亡。禽类出现“观星状”姿势，还可导致心功能障碍。

（2）*抑制胆碱酯酶活性*　维生素 B_1 还可轻度抑制胆碱酯酶活性，使乙酰胆碱作用加强。缺乏时，胆碱酯酶活性增强，乙酰胆碱水解加快，胃肠蠕动缓慢，消化液分泌减少，动物表现食欲不振、消化不良、便秘等症状。

临床上主要用于防治维生素 B_1 缺乏症，也可作为牛酮血症、神经炎、心肌炎的辅助治疗药。给动物大量输入葡萄糖时，可适当补充维生素 B_1，以促进糖代谢。维生素 B_1 对多种抗生素都有灭活作用，不宜与抗生素混合应用；维生素 B_1 水溶液呈微酸性，不能与碱性药物混合应用。

【制剂用法用量】 维生素 B_1 片（1）10mg（2）50mg，内服：一次量，马、牛 100～500mg；猪、羊 25～50mg；犬 10～25mg；猫 5～10mg。维生素 B_1 注射液（1）1ml∶10mg（2）1ml∶25mg（3）10ml∶250mg。皮下、肌肉注射：用量同维生素 B_1 片。

维生素 B_2（核黄素）

维生素 B_2 广泛存在于酵母、青绿饲料、豆类和麸皮中，家畜胃肠微生物亦能合成。

【作用应用】 维生素 B_2 是体内黄酶类的辅基，在生物氧化的呼吸链中起着递氢作用，参与碳水化合物、脂肪、蛋白质和核酸代谢，还参与维持眼的正常视觉功能。当缺乏时，雏鸡表现典型的足趾蜷缩、腿软无力、生长停滞；母鸡产蛋率下降；猪表现腿肌僵硬、眼角膜炎、晶状体混浊、慢性腹泻、食欲不振，母猪早产；毛皮动物则脱毛且毛皮质量受损；反刍动物很少发生维生素 B_2 缺乏症，因其瘤胃内微生物能合成维生素 B_2，且饲料中含量也很丰富。

本品主用于防治维生素 B_2 缺乏症，如脂溢性皮炎、胃肠机能紊乱、口角溃烂、舌炎、阴囊皮炎等。也常与维生素 B_1 合用，发挥复合维生素 B 的综合疗效。

【注意事项】 维生素 B_2 对多种抗生素也有不同程度的灭活作用，不宜与抗生素混合应用。

【制剂用法用量】 维生素 B_2 片（1）5mg（2）10mg。内服：一次量，牛、马 100～150mg；猪、羊 20～30mg；犬 10～20mg；猫 5～10mg。维生素 B_2 注射液（1）2ml∶10mg（2）5ml∶25mg（3）10ml∶50mg。皮下、肌肉注射：用量同片剂。

维生素 C（抗坏血酸）

维生素 C 广泛存在于新鲜水果、蔬菜和青绿饲料中。

【药理作用】

（1）*参加氧化还原反应*　维生素 C 极易氧化脱氢，具有很强的还原性，在体内参与氧化还原反应而发挥递氢作用，如使红细胞的高铁血红蛋白（Fe^{3+}）还原为有携氧功能的低铁血红蛋白（Fe^{2+}）；将叶酸还原成二氢叶酸，继而还原成有活性的四氢叶酸；参与细胞色素氧化酶中离子的还原；在胃肠道内提供酸性环境，促进三价铁还原成二价铁，利于铁吸收，将血浆铁转运蛋白（Fe^{3+}）还原成组织铁蛋白（Fe^{2+}），促进铁在组织中贮存。

（2）*解毒*　维生素 C 在谷胱甘肽还原酶作用下，使氧化型谷胱甘肽还原为还原型谷胱甘肽。还原型谷胱甘肽的巯基能与重金属如铅、砷离子和某些毒素（如苯、细菌毒素）相结合而排出体外，保护含巯基酶和其他活性物质不被毒物破坏。维生素 C 还可通过自身的氧化作用来保护红细胞膜中的巯基，减少代谢产生的过氧化氢对红细胞膜的破坏所致的溶血。维生素 C 也可用于磺胺类或巴比妥类中毒的解救。

（3）*参与体内活性物质和组织代谢*　苯丙氨酸羟化成酪氨酸，多巴胺转变为去甲肾上腺素，色氨酸生成 5-羟色胺，肾上腺皮质激素的合成和分解等都有维生素 C 参与。维生素

C是脯氨酸羟化酶和赖氨酸羟化酶的辅酶，参与胶原蛋白合成，促进胶原组织、骨、结缔组织、软骨、牙质和皮肤等细胞间质形成；增加毛细血管的致密性。

(4) 增强机体抗病能力　维生素C能提高白细胞和吞噬细胞功能，促进网状内皮系统和抗体形成，增强抗应激的能力，维护肝脏解毒作用，改善心血管功能。此外，还有抗炎和抗过敏作用。

维生素C缺乏时，动物发生坏血病，主要症状为毛细血管的通透性和脆性增加，黏膜自发性出血，皮下、骨膜和内脏发生广泛性出血，创伤愈合缓慢，骨骼和其他结缔组织生长发育不良，机体的抗病性和防御机能下降，易患感染性疾病。

【临床应用】动物在正常情况下不易发生维生素C缺乏症，因为猪、鸡、牛、羊、鱼都能有效地利用饲料中的维生素C，体内还可由葡萄糖合成少量。但在发生感染性疾病，处于应激状态或饲料中维生素C显著缺乏时，有必要在饲料中补充维生素C。

临床上除常用于防治缺乏症外，维生素C还可用作急、慢性感染，高热、心源性和感染性休克等的辅助治疗药。也用于各种贫血和出血症，各种因素诱发的高铁血红蛋白血症。还用于严重创伤或烧伤，重金属铅、汞，化学物质如苯和砷的慢性中毒，过敏性皮炎，过敏性紫癜和湿疹等的辅助治疗。

【制剂用法用量】维生素C片，100mg，内服：一次量，马1~3g；猪0.2~0.5g；犬0.1~0.5g。维生素C注射液（1）2ml：0.25g（2）5ml：0.5g（3）20ml：2.5g。肌肉、静脉注射：一次量，马1~3g；牛2~4g；猪、羊0.2~0.5g；犬0.02~0.1g。

第五节　矿物质类药物

自然界已发现的107种元素中，已证明近三分之一是生命所必需的，动物体内的矿物质元素约占体重的4%。把占动物体重0.01%以上的矿物元素称为常量元素，占体重0.01%以下的称为微量元素。常量元素包括钙、磷、钠、钾、氯、镁、硫，都是动物机体所必需的；微量元素有铁、铜、锰、锌、钴、镍、锡、氟、碘、硒、硅、砷等，微量元素虽在体内含量甚微，但对生理功能却十分重要。

常量元素与微量元素在体内含量不足，均会引起各自的缺乏症，影响动物的生长和生产效能。

一、钙和磷

钙和磷占体内矿物元素总量的70%，主要以磷酸钙、碳酸钙、磷酸镁形式存在。骨骼中的钙占机体总钙量的99%，磷占总磷量的80%以上。体内的钙约1%分布于血清和除骨骼以外的其他组织细胞中，磷的20%主要以核蛋白和磷脂化合物形式存在于细胞内和细胞膜中。

1. 钙的作用

(1) 促进骨骼和牙齿生长　促进骨骼和牙齿钙化，保证骨骼和牙齿正常发育，维持骨骼和牙齿正常的结构和功能。

(2) 维持神经肌肉的正常兴奋性和收缩功能　无论骨骼肌，还是心肌和平滑肌，它们的收缩都必须有钙离子参加。

(3) *参与神经递质的释放* 传出神经细胞突触前膜中神经递质的释放受 Ca^{2+} 浓度调节。一般情况下，细胞内 Ca^{2+} 增加 10 倍，递质的释放量可增加 10 000倍。

(4) *与镁离子的作用相互颉颃* 在中枢神经系统中，钙和镁也是相互颉颃的，镁中毒时可用钙解救，钙中毒时也可用镁解救。

(5) *致密毛细血管内皮细胞* Ca^{2+} 能降低毛细血管和微血管的通透性，减少炎症渗出和防止组织水肿，这是钙剂抗过敏和消炎作用的基础。

(6) *促进凝血* 钙是重要的凝血因子，为正常的血凝过程所必需。

2. 磷的作用

(1) *促进骨骼和牙齿生长* 与钙一样，磷也是骨骼和牙齿的主要成分，单纯缺磷也能引起佝偻病和骨软症。

(2) *维持细胞膜的正常结构和功能* 磷脂（如卵磷脂、脑磷脂和神经磷脂）是生物膜的重要成分，对维持生物膜的完整性、通透性和物质转运的选择性起调节作用。

(3) *参与体内脂肪的转运与贮存* 肝中的脂肪酸与磷结合形成磷脂，才能离开肝脏、进入血液而被转运到全身组织中。

(4) *参与能量贮存* 磷是体内高能物质三磷酸腺苷、二磷酸腺苷和磷酸肌醇的组成成分。

(5) *参与核酸和蛋白质合成* 磷是 DNA 和 RNA 的组成成分，还参与蛋白质合成，对动物生长发育和繁殖等起重要作用。

(6) *参与酸碱平衡调节* 磷也是体内磷酸盐缓冲液的组成部分，参与调节体内的酸碱平衡。

氯化钙

【作用应用】 主要用于急、慢性钙缺乏症，如骨软症、佝偻病和奶牛产后瘫痪。也用于毛细血管通透性增高所致的各种过敏性疾病，如荨麻疹、渗出性水肿、瘙痒性皮肤病等。还用于硫酸镁中毒的解救。

【制剂用法用量】 (1) 氯化钙注射液，10ml：0.3g；10ml：0.5g；20ml：0.6g；20ml：1g，静脉注射：一次量（以氯化钙计），马、牛 5～15g；羊、猪 1～5g；犬0.1～1g。

(2) 氯化钙葡萄糖注射液，20ml：氯化钙 1 g 与葡萄糖 5g；50ml：氯化钙 2.5 g 与葡萄糖 12.5g；100ml：氯化钙 5 g 与葡萄糖 25g。静脉注射：一次量，马、牛 20～60g；羊、猪 5～15g；犬 0.5～2g。

碳酸钙

【作用应用】 为内服的钙补充剂，用于骨软症、佝偻病和产后瘫痪症。可根据饲料的含钙量和钙磷比例添加本品。妊娠动物、泌乳动物、产蛋禽和生长期幼畜对钙的需要量较大，也可在饲料中适量添加。此外，本品内服，也可作吸附性止泻药或制酸药。

【制剂用法用量】 碳酸钙，内服：一次量，马、牛 30～120g；羊、猪 3～10g；犬 0.5～2g。

磷酸二氢钠

【作用应用】 为磷补充剂，主要用于钙磷代谢障碍引起的疾病，如佝偻病、骨软症。也用于急性低血磷症或慢性缺磷症。牛和水牛常发生低血磷症，表现为卧地、食欲不振、溶血性贫血和血红蛋白尿。缺磷地区家畜的慢性缺磷症，表现出厌食、增重停止、不孕和跛行等。

【制剂用法用量】磷酸二氢钠，内服：一次量，牛 90g。磷酸二氢钠注射液，静脉注射：一次量，牛 30～60g。

二、微量元素

铜

【作用应用】铜是机体必需的微量元素。铜能促进骨髓生成红细胞和血红蛋白的合成，促进铁在胃肠道的吸收，并使铁进入骨髓。缺铜时，会引起贫血，红细胞寿命缩短以及生长停滞等；铜是多种氧化酶如细胞色素氧化酶、抗坏血酸氧化酶、酪氨酸酶、单胺氧化酶、黄嘌呤氧化酶等的组成成分，与生物氧化有密切关系。如酪氨酸酶能催化酪氨酸氧化生成黑色素，维持黑的毛色，并使毛的弯曲度增加和促进羊毛的生长。缺乏时，可使羊毛褪色、毛弯曲度降低或脱落；铜还能促进磷脂的生成而有利于大脑和脊髓的神经细胞形成髓鞘，缺乏时，脑和脊髓神经纤维髓鞘发育不正常或脱髓鞘。铜制剂可用于上述铜的缺乏症。

【制剂用法用量】硫酸铜，治疗铜缺乏症，内服：一天量，牛 2g，犊 1g；每 1kg 体重，羊 20mg。作生长促进剂，混饲：每 1 000kg 饲料，猪 800g；鸡 20g。

硒

【作用应用】硒的作用主要有 4 个方面。

（1）*抗氧化*　硒是谷胱甘肽过氧化物酶的组成成分，参与所有过氧化物的还原反应，防止细胞膜和组织免受过氧化物的损害。

（2）*参与辅酶 Q 的合成*　辅酶 Q 在呼吸链中起递氢作用，参与 ATP 的生成。

（3）*维持家禽正常生长*　硒蛋白是肌肉组织的正常成分，缺乏时可发生白肌病样的严重肌肉损害以及心、肝和胰的萎缩或坏死。

（4）*维持精细胞的结构和机能*　公猪缺硒，可致睾丸曲细精管发育不良，精子减少。此外，可降低汞、铅、银等重金属的毒性，增强机体免疫力。

硒在临床上用于防治羔羊、犊、驹、仔猪的白肌病和雏鸡渗出性素质，如与维生素 E 合用效果更好。

含硒制剂使用过量，可致动物急性中毒。经饲料长期添加饲喂动物，可致慢性中毒。急性硒中毒一般不易解救。慢性硒中毒，除立即停止添加外，可饲喂对氨苯砷酸或皮下注射砷酸钠溶液解毒。

【制剂用法用量】（1）亚硒酸钠注射液 1ml：1mg；1ml：2mg；5ml：5mg；5ml：10mg，治疗，肌肉注射：一次量，马、牛 30～50mg；驹、犊 5～8mg；仔猪、羔羊 1～2mg。混饮：家禽 1mg 混于饮水 100ml 自饮。预防用药适当减量。

（2）亚硒酸钠维生素 E 注射液，为含亚硒酸钠（0.1%）与维生素 E（5%）的复方灭菌溶液。肌肉注射：一次量，驹、犊 5～8ml；羔羊 1～2ml。

（3）亚硒酸钠维生素 E 预混剂，为含亚硒酸钠（0.04%）与维生素 E（0.5%）的复方制剂。

每 1 000kg 饲料，畜禽 500～1 000g（以本品计）。

锌

【作用应用】锌是碳酸酐酶、碱性磷酸酶、乳酸脱氢酶等多种酶的组成成分，锌参与精氨酸酶、组氨酸脱氨酶、卵磷脂酶、尿激酶等多种酶的激活；维持皮肤和黏膜的正常结构与功能；参与蛋白质、核酸、激素的合成与代谢。另外，锌还能提高机体的免疫功能。

锌的缺乏，可引起猪生长缓慢、食欲减退、皮肤和食道上皮细胞变厚和过度角化；乳牛的乳房及四肢出现皲裂；家禽发生皮炎和羽毛稀少，雏鸡生长缓慢、严重皮炎、脚趾与羽毛生长不良等。

【制剂用法用量】硫酸锌，内服：猪每日0.2～0.5g，数日内见效，经过数周，皮肤损伤可完全恢复；绵羊每日服0.3～0.5g，可增加产羔数；1～2岁马每日补充0.4～0.6g，能改善骨质营养不良；鸡为每1kg饲料286mg。

钴

【作用应用】钴是维生素B_{12}的必需组成成分，能刺激骨髓的造血机能，有抗贫血作用，反刍动物瘤胃内微生物必须利用摄入的钴，合成自身所必需的维生素B_{12}。另外，钴还是核苷酸还原酶和谷氨酸变位酶的组成成分，参与脱氧核糖核酸的生物合成和氨基酸的代谢。钴缺乏时，血清维生素B_{12}降低，引起动物尤其是反刍动物，出现食欲减退、生长缓慢、贫血、肝脂肪变性、消瘦、腹泻等症状。内服钴制剂，能消除以上钴缺乏症。

【制剂用法用量】氯化钴片或氯化钴溶液（1）20mg（2）40mg。内服（治疗量）：一次量，牛500mg；犊200mg；羔羊50mg。预防量，牛25mg；犊10mg；羊5mg；羔羊2.5mg。

锰

【作用应用】骨基质黏多糖的形成需要硫酸软骨素参与，而锰则是硫酸软骨素形成所必需的成分。因此，缺锰时，骨的生长和代谢发生障碍，动物表现腿短而弯曲、跛行、关节肿大。雏禽则发生骨短粗病，腿骨变形，膝关节肿大；仔畜发生运动失调；母畜发情障碍，不易受孕；公畜性欲降低，精子不能形成；鸡的产蛋率下降，蛋壳变薄，孵化率降低。

【制剂用法用量】硫酸锰，混饲：每千克饲料，鸡0.1～0.2g。

复习思考题

1. 糖皮质激素的主要药理作用和临床应用注意事项有哪几方面？
2. 简述碳酸氢钠的主要药理作用和临床应用。
3. 分述各种维生素的作用及其在防病治病实践中的具体应用方法和注意事项。
4. 简述钙和磷元素在动物机体内的作用和应用方法。
5. 简述微量元素在畜禽养殖和兽医临床实践中的应用与注意事项。

第十二章

常用解毒药

动物发生中毒后导致机体功能严重损害，如发生惊厥、呼吸衰竭、心功能障碍、肺水肿、休克等。临床上用于阻止或解除毒物对动物机体毒性作用的药物称为解毒药。根据其作用特点及疗效不同，解毒药分为非特异性解毒药和特异性解毒药。

第一节 非特异性解毒药

非特异性解毒药又称一般解毒药。它是指用以阻止毒物继续被吸收和促进其排出的一类药物。该类药物解毒范围广，对多种毒物或药物中毒均可应用，可在毒物产生毒性之前，通过破坏毒物、促进毒物排除、稀释毒物浓度、保护胃肠黏膜、阻止毒物吸收等方式，保护机体免遭毒物进一步的损害，赢得抢救时间。但由于无特异性而且效能较低，仅用作解毒的辅助治疗。常用的非特异性解毒药有物理性解毒药、化学性解毒药、药理性解毒药和对症解毒药4种。

一、物理性解毒药

1. 吸附剂

指能使毒物附着于表面或孔隙中，减少或延缓毒物吸收，起到解毒作用的一类药物。吸附剂不受剂量的限制，适用于食入动物机体内的任何毒物解毒。其在解毒时常与泻剂或催吐剂配合使用。临床上常用的吸附剂有药用炭、木炭末、通用解毒剂等，其中药用炭最为常用。

2. 催吐剂

指能使动物发生呕吐而排出毒物的一类解毒药。该类药一般用于中毒的初期和中期，它只适用于猪、猫和犬等能呕吐的动物。常用的催吐剂有硫酸铜、吐根末、吐酒石等。

3. 泻药

指通过促进胃肠道内毒物的排出，避免或减少毒物吸收的一类解毒药。该类药一般用于中毒的中期。临床常用泻药多属盐类，但升汞中毒时不能用盐类泻药。此外，巴比妥类、阿片类、颠茄中毒可使肠蠕动受抑制，增加镁离子的吸收，使中枢神经和呼吸机能受到抑制，特别是肾功能不全的动物，禁用硫酸镁泻下，可用硫酸钠代之。对发生严重腹泻或脱水的动物应慎用或不用泻药。

4. 其他

大部分毒物吸收后主要经肾脏排泄。因此，可应用利尿剂促进毒物的排出，或通过静脉输入生理盐水、葡萄糖等，以稀释血液中毒物浓度，减轻毒性作用。

二、化学性解毒药

1. 氧化剂

指能与毒物发生氧化反应，使毒物受到破坏，降低或丧失毒性的一类解毒药。用于生物碱类、氰化物、无机磷、巴比妥类、阿片类、士的宁、砷化物、一氧化碳、烟碱、毒扁豆碱、蛇毒、棉酚等的解毒，但有机磷毒物如1605、1059、3911、乐果等的中毒禁用氧化剂解毒。常用的氧化剂有高锰酸钾和过氧化氢等。

2. 中和剂

指弱酸弱碱类解毒药，它能与强碱强酸类毒物发生中和作用，使其失去毒性。常用弱酸解毒剂有食醋、酸奶、稀盐酸、稀醋酸等，常用弱碱解毒剂有氧化镁、石灰水上清液、小苏打水、肥皂水等。

3. 还原剂

维生素C作为一种还原剂，能参与某些代谢过程，保护含巯基的酶，促进抗体生成，增强肝脏解毒能力和改善心血管功能等。

4. 沉淀剂

指使毒物沉淀以减少其毒性或延缓吸收而起到解毒作用的药物。沉淀剂包括鞣酸、浓茶、稀碘酊、钙剂、五倍子、蛋清、牛奶等。其中3% ~5% 鞣酸水或浓茶水为常用的沉淀剂，能与多种有机毒物（生物碱）、重金属盐生成沉淀，减少吸收。

三、药理性解毒药

该类解毒药主要通过药物与毒物之间的颉颃作用，部分或完全抵消毒物的作用而产生解毒。常见的相互颉颃药物或毒物如下。

（1）毛果芸香碱、烟碱、氨甲酰胆碱、新斯的明等拟胆碱药与阿托品、颠茄及其制剂、曼陀罗、莨菪碱等抗胆碱药有颉颃作用，可互相作为解毒药。阿托品等对有机磷农药及吗啡类药物也有一定的颉颃解毒作用。

（2）水合氯醛、巴比妥类等中枢抑制药与尼克刹米、安钠咖、士的宁等中枢兴奋药及麻黄碱、山梗菜碱、美解眠（贝美格）等有颉颃作用。

四、对症治疗药

中毒时往往伴有一些严重症状如惊厥、呼吸衰竭、心功能障碍、休克等，若不迅速处理，将影响动物康复，甚至危及生命。因此，在解毒的同时要及时使用抗惊厥、呼吸兴奋、强心、抗休克等对症治疗药以配合解毒，还应使用抗生素预防肺炎以度过危险期。

第二节 特异性解毒药

特异性解毒药又称特效解毒药，是一类可以特异性地对抗或阻断某些毒物或药物中毒的解毒药。此类药具有高度特异性，如能及时应用则解毒效果良好。它在中毒的治疗中占有重要地位。临床常用的特异性解毒药根据解毒对象的性质不同，可分为6种。

一、有机磷酸酯类中毒解毒药

有机磷酸酯类化合物是一类含磷的杀虫剂，广泛用于农业、医疗及兽医领域，对防治农业害虫、杀灭人类疫病媒介昆虫、驱杀动物体内外寄生虫等都有重要意义。是目前使用最广、品种最多的一类农药。若保管或使用不当，可导致畜禽中毒。

（一）中毒与解毒机理

1. 毒理

有机磷酸酯类经消化道、呼吸道、皮肤及黏膜进入动物机体后，与胆碱酯酶迅速结合，形成磷酰化胆碱酯酶，使胆碱酯酶失活，失去水解乙酰胆碱的能力，导致乙酰胆碱在体内大量蓄积，引起胆碱能神经支配的组织和器官发生一系列变化，表现为先过度兴奋后抑制的临床中毒症状。轻度中毒时主要表现为M胆碱样症状，中度中毒时同时表现N胆碱样症状，严重中毒时还会出现中枢神经先兴奋后抑制的症状。此外，有机磷酸酯类还可抑制三磷酸腺苷酶、胰蛋白酶、胰凝乳酶、胃蛋白酶等酶的活性，导致中毒症状复杂化，加重病情。

2. 解毒机理

除采取常规措施处理外，及时应用生理颉颃药和胆碱酯酶复活剂解救。

（1）*生理颉颃药*　指阿托品类抗胆碱药，又称M胆碱药。可竞争性的阻断M胆碱受体与乙酰胆碱结合，迅速解除有机磷酸酯类中毒的M样症状，大剂量时，也能进入中枢神经消除部分中枢神经症状，对呼吸中枢有兴奋作用，对骨骼肌震颤等N胆碱样症状无效，也不能使受抑制的胆碱酯酶复活。所以，应及早、足量、反复注射阿托品，单独使用只适于轻度中毒，对中度、重度的中毒必须与胆碱酯酶复活剂并用。

（2）*胆碱酯酶复活剂*　该类药物在化学结构上均属季铵类化合物，分子中的肟基与磷原子能牢固结合，具有强大的亲磷酸酯作用，可与机体内游离的有机磷酸酯的磷酰基结合，即游离的有机磷酸酯（有毒性）和胆碱酯酶复活剂作用形成磷酰化胆碱酯酶复活剂（无毒性）和卤化氢，磷酰化胆碱酯酶复活剂等无毒物质由尿排出体外，解除有机磷的毒性作用。另外，这类药物也能夺取已与胆碱酯酶结合的有机磷酸酯的磷酰基，即磷酰化胆碱酯酶（无活性）和胆碱酯酶复活剂形成磷酰化碘解磷定加胆碱酯酶（复活），使胆碱酯酶复活而发挥解毒作用。这类药物又称肟类复能剂。

若中毒时间超过36h的动物，磷酰化胆碱酯酶即发生“老化”，本类药物难以使胆碱酯酶复活，故应尽早给药。解救有机磷酸酯类化合物中毒时，轻度中毒可用生理颉颃药，缓解症状，但中度和重度中毒，必须以胆碱酯酶复活剂结合生理颉颃药解毒，才能取得较好的效果。

（二）常用药物

解磷定

解磷定又名碘解磷定、碘磷定、派姆、PAM，为最早合成的肟类胆碱酯酶复活剂。

【理化特性】为黄色颗粒状结晶或结晶性粉末。无臭，味苦，遇光易变质。在水中或热乙醇中溶解，乙醚中不溶。水溶液稳定性不如氯解磷定，药液颜色变深则不可使用。

【作用应用】具有对胆碱酯酶复活的作用，在神经肌肉接头处最为明显，可迅速制止有机磷中毒所致的肌束颤动。本品对有机磷引起的烟碱样症状的作用明显，对毒蕈碱样症状的作用较弱；解磷定脂溶性差，不易透过血脑屏障，对中枢神经症状的作用不明显，但临床应用大剂量时，对中枢症状有一定缓解作用。

静脉注射数分钟后即可出现效果。可用于解救多种有机磷中毒，但对有机磷药物有一定的选择性，如对内吸磷（1059）、对硫磷（1605）、乙硫磷、特普中毒的疗效较好；对敌敌畏、乐果、敌百虫、马拉硫磷、甲氟磷、丙胺氟磷和八甲磷等中毒疗效较差；对氨基甲酸酯类杀虫剂中毒则无效。

【注意事项】①轻度有机磷中毒，可单独应用本品或阿托品以控制中毒症状，中度或重度中毒时，因本品对体内已蓄积的乙酰胆碱无作用，必须同时使用阿托品。与阿托品合用时，要减少阿托品剂量；②碱性药物中易分解为有剧毒的氰化物，忌与碱性药物配伍；③本品应用时间至少维持 48～72h，以防延迟吸收的有机磷引起中毒程度加重，甚至致死；④用药愈早愈好，对中毒超过 36h 的慢性有机磷中毒病例无效；⑤静脉注射过快会产生呕吐、心动过速、运动失调等。药物漏至皮下有强烈的刺激作用，应注意。

【制剂用法用量】碘解磷定注射液（1）10ml：0.25g（2）20ml：0.5g，静脉注射：一次量，每 1kg 体重，家畜 15～30mg。症状缓解前，2h 注射一次。

氯磷定（氯解磷定、氯化派姆）

【理化特性】为微带黄色的结晶或结晶性粉末。在水中易溶，在乙醇中微溶，在三氯甲烷、乙醚中几乎不溶。在中国生产的肟类胆碱酯酶复活剂中，氯磷定的水溶性和稳定性较好。

【作用应用】与解磷定相似，对胆碱酯酶的复活能力更强，疗效高，作用产生快，毒性较低，使用方便。

【注意事项】同解磷定。

【制剂用法用量】氯磷定注射液，2ml：0.5g，肌肉或静脉注射：一次量，每 1kg 体重，家畜 15～30mg。

双复磷

【理化特性】呈微黄色结晶，可溶于水，由两分子的 PAM 结合起来的较新的胆碱酯酶复活剂。

【作用应用】同解磷定。对胆碱酯酶的复活能力强，易透过血脑屏障，有阿托品样作用，对有机磷所致烟碱样和毒蕈碱样症状均有效，对中枢神经系统症状的消除作用较强。可用于“1059”（内吸磷）、“1605”（对硫磷）、“3911”（甲拌磷）等有机磷农药中毒的解救。

【制剂用法用量】双复磷注射液，2ml：0.25g，肌肉或静脉注射：一次量，每 1kg 体重，家畜 15～30mg。

二、亚硝酸盐中毒解毒药

富含硝酸盐的青绿饲料和青贮饲料，如白菜、萝卜叶、莴苣叶、菠菜、甜菜茎叶、红薯藤叶、多种牧草和野菜等，当长期堆沤变质、腐败或经长时间焖煮，其中的硝酸盐会被大量繁殖的硝酸盐还原菌（反硝化细菌）还原，产生大量的亚硝酸盐；另外，耕地排出的水、浸泡过大量植物的坑塘水及厩舍、积肥堆、垃圾附近的水源中也都含有大量硝酸盐或亚硝酸盐。当动物采食以上含有大量硝酸盐的饲料、饮水，或误食了硝酸铵（钾）等化肥时，可引起亚硝酸盐中毒。

（一）中毒与解毒机理

1. 毒理

进入机体的亚硝酸盐其毒性作用表现在两方面：一是亚硝酸盐可将血液中低铁血红蛋白氧化为高铁血红蛋白，使其失去携带氧和释放氧的能力，导致血液不能给组织供氧，引起全身组织严重缺氧而中毒；二是亚硝酸盐对血管运动中枢有抑制作用，使血管扩张，血压下降。另外，亚硝酸盐在一定条件下，可与体内仲胺或酰胺结合，生成致癌物亚硝胺或亚硝酸胺，长期作用可诱发癌症。中毒后的家畜常出现呼吸加快、心跳增速、黏膜发绀、流涎、呕吐、运动失调，严重者呼吸困难、痉挛、昏迷、窒息死亡。血液呈酱油色，凝固时间延长。

2. 解毒机理

针对其毒理，通常使用还原剂，如亚甲蓝、硫代硫酸钠等，使高铁血红蛋白还原为亚铁血红蛋白，恢复其携氧的功能。解毒时，配合使用呼吸中枢兴奋药（尼可刹米等）及其他还原剂（维生素C等），可提高疗效。

（二）常用药物

美蓝（亚甲蓝、甲烯蓝）

【理化特性】为深绿色、具有铜光的柱状结晶或结晶性粉末，无臭。在水或乙醇中易溶，在三氯甲烷中溶解。

【作用应用】美蓝是两性物质，既有氧化性也有还原性，因其在血液中浓度不同，对血红蛋白可产生氧化和还原两种作用：小剂量的亚甲蓝进入机体后，在体内迅速被还原成还原型亚甲蓝，其能将高铁血红蛋白还原成亚铁血红蛋白，重新恢复血红蛋白的携氧能力。小剂量美蓝常用于治疗亚硝酸盐中毒及苯胺类等所致的高铁血红蛋白症。临床上常与高渗葡萄糖溶液合用以提高疗效。大剂量美蓝进入机体后，直接利用其氧化作用使正常的亚铁血红蛋白氧化成高铁血红蛋白。此作用可加重亚硝酸盐中毒，但可用于解除氰化物中毒。

【注意事项】①该品刺激性大，禁忌皮下或肌肉注射；②本品与许多药物、强碱溶液、氧化剂、还原剂和碘化物有配伍禁忌，不得与其混合注射。

【制剂用法用量】亚甲蓝注射液（1）2ml：20mg（2）5ml：50mg（3）10ml：100mg，静脉注射：一次量，每1kg体重，解救亚硝酸盐中毒，家畜1～2mg，注射后1～2h未见好转可重复注射以上剂量或减半量；解救氰化物中毒，家畜10mg（最大剂量20mg），应与硫代硫酸钠交替使用。

三、氰化物中毒解毒药

氰化物毒性极大、作用迅速。亚麻籽饼、木薯、某些豆类、牧草、高粱嫩苗、马铃薯幼芽、醉马草、橡胶籽饼，以及桃、杏、梅、李、樱桃等的叶和核仁内富含各种氰苷。当动物采食大量以上饲料后，氰苷在胃肠内水解形成大量氢氰酸导致中毒。此外，工业生产用的各种无机氰化物，如氰化钠（钾）、氯化氰，有机氰化物，如乙腈、丙烯腈、氰基甲酸甲酯等污染饲料、牧草、饮水或被动物误食后，也可导致氰化物中毒。牛对氰化物最敏感，其次是羊、马和猪。

（一）中毒与解毒机理

1. 毒理

氰苷本身无毒，水解形成的氢氰酸可释放出氰离子，它很易与细胞色素氧化酶中 Fe^{3+} 结合形成氧化高铁细胞色素氧化酶，从而阻碍此酶转化为 Fe^{2+} 的还原型细胞色素氧化酶，使酶失去传递电子、激活分子氧的功能，使组织细胞不能利用氧，从而引起细胞内窒息，有氧代谢严重障碍而出现缺氧、发绀等一系列中毒症状。氢氰酸中毒时，中枢神经首先受到损害，尤其是呼吸中枢和血管运动中枢。动物表现先兴奋后抑制，如救治不及时，终因呼吸麻痹窒息导致动物迅速死亡。血液呈鲜红色为其主要特征。

2. 解毒机理

解救氰化物中毒的关键是迅速恢复细胞色素氧化酶的活性和加速氰化物转变为无毒或低毒的物质排出体外。亚硝酸钠或大剂量亚甲蓝等能使血液中部分低铁血红蛋白氧化为高铁血红蛋白，高铁血红蛋白对氰离子有很强的亲和力，不仅能与血中游离的氰离子结合，而且能夺取已与细胞色素氧化酶结合的氰离子，形成氰化高铁血红蛋白，使酶复活。但生成的氰化高铁血红蛋白不稳定，仍可离解出氰离子，再次产生毒性，故需进一步给予硫代硫酸钠，硫代硫酸钠在体内转硫酶的作用下，与氰离子结合成几乎无毒的硫氰酸盐从尿中排出。临床常使用高铁血红蛋白氧化剂（亚硝酸钠、大剂量亚甲蓝）和供硫剂（硫代硫酸钠）联合解毒。

（二）常用药物

亚硝酸钠

【理化特性】为无色或白色至微黄色结晶。无臭，味微咸，水中易溶，有潮解性，水溶液呈碱性。乙醇中微溶。

【作用应用】亚硝酸钠属氧化剂。能使血液中的亚铁血红蛋白氧化成高铁血红蛋白，后与氰离子结合而解除氰化物对机体的毒性。本品仅能暂时延迟氰化物对机体毒性，所以静脉注射数分钟后，应立即使用硫代硫酸钠。

【注意事项】本品易引起高铁血红蛋白症而使组织缺氧，故不宜重复超剂量使用。

【制剂用法用量】亚硝酸钠注射液，10ml：0.3g，静脉注射：一次量，马、牛 2g；羊、猪 0.1～0.2g，临用时用灭菌注射用水溶解成 1% 溶液缓慢静脉注射。

硫代硫酸钠（次亚硫酸钠、大苏打）

【理化特性】为无色透明的结晶或结晶性细粒。无臭，味咸；有风化性和潮解性；水中极易溶解，乙醇中不溶。水溶液呈微弱的碱性反应。

【作用应用】本品能与游离的或氰化高铁血红蛋白中的氰离子结合成无毒且比较稳定的硫氰化合物而随尿排出体外，主要配合亚硝酸钠或亚甲蓝解救氰化物中毒；本品也具有还原性，能使高铁血红蛋白还原为亚铁血红蛋白，并能与多种金属、类金属形成无毒硫化物由尿排出。可用于碘、汞、砷、铅、铋等中毒的解救。此外，硫代硫酸钠还有增强肝脏解毒机能的功效。

【注意事项】本品解毒作用产生较慢，应先静脉注射亚硝酸钠或亚甲蓝后，缓慢注射本品，不能与亚硝酸盐混合后同时静脉注射；对内服氰化物中毒的动物，还应使用 5% 本品溶液洗胃，并于洗胃后保留适量溶液于胃中。

【制剂用法用量】硫代硫酸钠注射液（1）10ml：0.5g（2）20ml：1g，静脉或肌肉注射：一次量，马、牛5～10g；羊、猪1～3g；犬、猫1～2g。

对二甲氨甲基苯酚

【理化特性】 为白色结晶性粉末，易溶于水。

【作用应用】 本品为新的高铁血红蛋白形成剂，其特点是作用快，药效强，副作用小。是氰化物中毒的有效解毒剂。但对严重中毒病例需要与硫代硫酸钠配合应用。

【制剂用法用量】 对二甲氨基苯酚，多配成10%水溶液，肌肉注射或静脉注射量，一次量，马每1kg体重10mg，也可将一次剂量分作2份，分别作静脉注射与肌肉注射。

四、金属与类金属中毒解毒药

引起中毒的金属主要有汞、铅、铜、银、锌、锰、铬、镍等，类金属主要有砷、磷、锑、铋等，它们通过各种途径进入机体后，可引起中毒。

（一）中毒与解毒机理

1. 毒理

金属与类金属进入机体后，能与组织细胞中含巯基的酶（如丙酮酸氧化酶）结合，抑制酶的活性，影响组织细胞的功能而出现一系列中毒症状。另外，这些金属和类金属在高浓度时，能直接腐蚀组织，使组织坏死。

2. 解毒机理

金属络合剂与金属、类金属离子有很强的亲和力，可直接与游离金属离子结合，络合成无活性难解离的可溶性络合物随尿排出，也能夺取已与酶结合的金属及类金属离子，使组织细胞中的酶复活，恢复其功能，起到解毒作用。

（二）常用药物

常用药物有二巯丙醇、二巯丙磺钠、二巯丁二钠、依地酸钙钠、青霉胺、去铁敏以及硫代硫酸钠等。

二巯丙醇（巴尔）

【理化特性】 为无色或几乎无色、澄明液体，有类似蒜的臭味，溶于水，但水溶液不稳定。

【作用应用】 本品属巯基络合物。能与游离的金属和类金属离子结合，形成无毒、难解离的络合物随尿排出，阻止金属离子与巯基酶结合，解除中毒；也能竞争性地夺取已和巯基酶结合的金属、类金属离子，使酶复活，消除中毒症状。主要用于治疗砷、汞中毒，与依地酸钙钠合用，可治疗幼小动物的急性铅脑病。

【注意事项】 ①本品仅供深部肌肉注射；②与硒、铁不能同时应用；③肝肾功能不全者慎用；④本品能抑制过氧化物酶系，其氧化产物也能抑制巯基酶，故应控制好用量；⑤在动物接触金属后1～2h内用药效果较好，应尽早用药。

【制剂用法用量】 二巯丙醇注射液（1）2ml：0.1g（2）5ml：0.5g（3）10ml：1g，肌肉注射，一次量，每1kg体重，家畜3mg；犬、猫2.5～5mg。用于砷中毒，第1～2d，1次/4h，第3d，1次/6～12h，以后10d内，2次/d，直至痊愈。

二巯基丙磺钠

【理化特性】 为白色结晶性粉末；有类似蒜的特臭；有引湿性。

【作用应用】 同二巯基丙醇，但毒性较小。除对砷、汞中毒有效外，对铋、铬、锑亦有效。

【制剂用法用量】二巯基丙磺钠注射液（1）5ml：0.5g（2）10ml：1g，肌肉注射或静脉注射：一次量，每1kg体重，马、牛5～8mg；羊、猪7～10mg；第1～2d，1次/4～6h，第3d开始，2次/d。

依地酸钙钠（乙二胺四乙酸二钠钙、解铅乐）

【理化特性】为白色结晶性或颗粒性粉末。易潮解，易溶于水。

【作用应用】本品属氨羧络合剂。能与多价重金属离子络合形成难解离的可溶性环状络合物，经尿排出产生解毒作用。主要用于治疗铅中毒，特点是与贮存于骨内的铅的络合作用强，对软组织和红细胞中的铅作用较小；与其他金属的络合效果较差，对汞和砷则无效。

【注意事项】①对各种肾病患畜和肾毒性金属中毒动物应慎用，对少尿、无尿和肾功能不全的动物应禁用；②不应长期连续使用本品；③本品对犬具有严重的肾毒性（犬的致死剂量为1kg体重12g）。

【制剂用法用量】依地酸钙钠注射液，5ml：1g，临用时用灭菌生理盐水或5%葡萄糖溶液稀释成0.25%～0.5%，缓慢静脉注射：一次量，马、牛3～6g；羊、猪1～2g；2次/d，连用4d。皮下注射：每1kg体重，犬、猫25mg。

二巯丁二钠（二巯琥珀酸钠）

【理化特性】本品为中国创制的广谱金属解毒剂，毒性较低，无蓄积作用。为白色粉末，易潮解，水溶液无色或微红色，不稳定，不可加热，久置后毒性增大，如溶液发生混浊或变土黄色则不可使用，需新鲜配制。

【作用应用】对汞、砷的解毒作用与二巯丙磺钠相同。排铅作用不亚于依地酸钙钠，能使中毒症状迅速缓解；对锑的解毒作用最强。主要用于锑、汞、砷、铅中毒，也可用于铜、锌、镉、钴、镍、银等金属中毒。

【制剂用法用量】注射用二巯丁二钠（1）0.5g（2）1g，一般以灭菌生理盐水稀释成5%～10%溶液，缓慢静脉注射：一次量，每1kg体重，家畜20mg。慢性中毒，1次/d，5～7d为1疗程。急性中毒，4次/d，连用3d。

青霉胺（D-盐酸青霉胺、二甲基半胱氨酸）

【理化特性】为青霉素分解产物，属单巯基络合物。为近白色细微晶粉，易溶于水，性质稳定。本品毒性低于二巯丙醇，副作用少。

【作用应用】对铜的解毒作用强于二巯丙醇；对铅、汞解毒作用不及依地酸钙钠和二巯丙磺钠。用于慢性铜、铁、铅、汞、砷中毒的治疗或其他络合剂有禁忌时选用。

【制剂用法用量】青霉胺片，内服：一次量，每1kg体重，家畜5～10mg，3～4次/d，5～7d为1疗程，停药2～3d，根据需要可进行第2疗程的给药。

去铁胺（去铁敏）

【理化特性】为白色结晶性粉末，易溶于水，水溶液稳定。

【作用应用】本品与游离的或已与蛋白质结合的三价铁和铝（Al^{3+}）有很强的亲和力，特别是在酸性条件下，可结合形成稳定无毒的可溶性络合物，由尿排出。对其他金属的亲和力小。主要用于急性铁中毒的解救。

【注意事项】妊娠动物、严重肾功能不全动物禁用，老年动物慎用。

【制剂用法用量】注射用去铁胺，肌肉注射：一次量，每1kg体重，开始量20mg，维持量10mg。每日总量，每1kg体重不超过120mg；静脉注射：剂量同肌肉注射，注射速度应保持每小时1kg体重15mg。

五、有机氟化物中毒解毒药

有机氟包括氟乙酰胺、氟乙酸钠、甲基氟乙酸等，是一类高效剧毒的杀虫药和杀鼠药。可通过皮肤、消化道和呼吸道侵入机体内而引起中毒。

（一）中毒与解毒机理

1. 毒理

有机氟进入体内后，经酰胺酶分解生成氟乙酸，氟乙酸与辅酶A作用生成氟乙酰辅酶A，后者再与草酰乙酸作用生成氟柠檬酸，氟柠檬酸的化学结构与柠檬酸相似，可与柠檬酸竞争乌头酸酶，并抑制其活性，从而阻止柠檬酸转化为异柠檬酸的过程，造成柠檬酸堆积，从而阻断三羧循环的进行。柠檬酸在体内大量蓄积，可导致组织细胞损害，特别是对神经系统和心脏功能的严重损害而导致动物中毒，甚至死亡。

2. 解毒机理

解毒机理尚不清楚，目前认为主要是与氟乙酰胺争夺酰胺酶，使氟乙酰胺不能转化为具有细胞毒性的氟乙酸，从而切断有机氟对三羧循环的破坏，消除对机体的毒性。特效解毒药是乙酰胺。

（二）常用药物

乙酰胺（解氟灵）

【理化特性】为白色结晶粉末，能溶于水。

【作用应用】本品为有机氟杀虫药和毒鼠药氟乙酰胺的解毒剂，其化学结构与氟乙酰胺等有机氟相似，可与有机氟竞争酰胺酶，使氟乙酰胺等不能分解对机体有害的氟乙酸。同时，乙酰胺本身分解产生的乙酸能干扰氟乙酸的作用，因而解除有机氟中毒。它可延长中毒潜伏期，减轻发病症状或制止发病。主要用于解除氟乙酰胺、氟乙酸钠的中毒。

【制剂用法用量】乙酰胺注射液（1）5ml：0.5g（2）5ml：2.5g（3）10ml：1g（4）10ml：5g，肌肉或静脉注射：一次量，每1kg体重，家畜50～100mg。本品刺激性大，宜加入0.5%普鲁卡因或利多卡因用以止痛。

滑石粉

【理化特性】为白色或灰白色微细粉末，无臭，无味，有滑腻性，不溶于水。

【作用应用】滑石粉分子中含有镁原子，易与氟离子形成络合物，减少机体对氟的吸收。可用于氟中毒，也可用于治疗奶牛地方性氟病。

【制剂用法用量】滑石粉，内服：一次量，牛20g，混饲投药，2次/d，连用15d为1个疗程，停药3～5d后，视情况继续用药。

六、其他解毒药

（一）氨基甲酸酯类农药中毒与解毒

氨基甲酸酯类农药作为一类较新的杀虫剂、杀菌剂、除草剂等，近年来应用越来越广泛。如西维因、速灭威、呋喃丹、氧化萎锈、萎锈灵、灭草灵、抗鼠灵等。

本类农药经消化道、呼吸道和皮肤黏膜进入机体，抑制神经组织、红细胞及血浆内的胆碱酯酶，形成氨基甲酰化酶，使胆碱酯酶失去水解乙酰胆碱的能力，造成体内乙酰胆碱大量蓄积，出现一系列神经中毒症状。另外，氨基甲酸酯类还可阻碍乙酰辅酶A的作用，使糖元的氧化过程受阻，导致肝、肾及神经病变。

呋喃丹除以上毒性外，尚可在体内水解产生氰化氢，氰化氢可离解出氰离子，出现氰化物中毒的症状。

解救时，首选阿托品，并配合输液、消除肺水肿、脑水肿以及兴奋呼吸中枢等对症治疗方法。

重度呋喃丹中毒时，应用亚硝酸钠、硫代硫酸钠等。但一般禁用肟类胆碱酶复活剂。

（二）杀鼠剂中毒与解毒

杀鼠剂种类相当多，按其性质分为有机氟杀鼠剂、无机磷杀鼠剂、抗凝血杀鼠剂、有机磷杀鼠剂及其他杀鼠剂。在此仅介绍抗凝血杀鼠剂中毒的解毒。

抗凝血性杀鼠剂有香豆素衍生物、敌鼠、联苯敌鼠、氯苯敌鼠、杀鼠酮等。它们主要经消化道吸收引起中毒，此类杀鼠剂因结构类似维生素 K_3，可竞争性抑制维生素 K_3 的作用，干扰肝脏对维生素 K_3 的利用或直接损害肝小叶，抑制凝血酶原和凝血因子Ⅱ、Ⅴ及Ⅶ的合成，影响凝血过程，导致内脏和皮下出血。此外，还可直接破坏毛细血管，使其通透性和脆性增加，导致血管破裂，出血加重。动物中毒以肺脏出血最严重，其次是脑、消化道和胸腔血管出血，如不及时解救，可引起死亡。亚硫酸氢钠甲萘醌为本类杀鼠剂的特效解毒药。一般将亚硫酸氢钠甲萘醌100～300mg（牛、马）、30～50mg（猪、羊）或10～30mg（犬）加入5%或10%葡萄糖溶液1 000ml中静滴，连用3d后可止血，止血后继续用以上剂量肌肉注射7d，方可停药，并观察7d，以免复发。同时配合维生素C和氢化可的松以及其他对症治疗药，效果更好。

（三）蛇毒中毒与解毒

世界上有蛇类2 260余种，其中毒蛇300多种。蛇毒成分很复杂，每种蛇毒含一种以上的有毒成分。中毒症状往往是混合毒性作用的结果。蛇毒的成分有神经毒、心脏毒、血液毒及出血毒等。神经毒主要阻断 N_2 胆碱受体，干扰乙酰胆碱的释放，导致全身肌肉麻痹，呼吸停止而死；心脏毒毒性比神经毒低，可损害心脏功能，甚至可使心脏停止于收缩期；血液毒常可引起溶血；出血毒常导致全身及内脏出血，引起动物吐血、便血、血尿，大量失血而发生休克死亡。

被毒蛇咬伤后，除对局部进行处理、破坏毒素、延缓毒素吸收外，全身应用特效抗蛇毒血清。它可中和蛇毒，是一种特异性免疫反应，单价血清比多价血清效果好，但要确诊是何种蛇伤。

中国目前生产有多种精制抗蛇毒血清，它们具有特效、速效等优点。但治疗中应早期足量使用。静脉注射量，抗蝮蛇毒血清6 000U；抗五步蛇毒血清8 000U；抗银环蛇毒血清10 000U；抗眼镜蛇毒血清2 000U。以生理盐水稀释至40ml，缓慢静脉注射。中毒较重的病例可酌情增加剂量。

（四）蜂毒中毒与解毒

蜂毒的化学成分比较复杂，主要为多肽和酶类，包括蜂毒肽、蜂毒明肽、蜂毒心肽、肥大细胞脱颗粒肽、磷脂酶 A_2 和透明质酸酶等。

蜂毒中毒引起的全身症状为气喘、呼吸困难、痒感、荨麻疹，个别动物面部及四肢肌肉抽搐。重者出现体温升高、出汗呕吐、腹泻或短时意识丧失，或出现溶血、血红蛋白尿。如不及时抢救，常因呼吸抑制而死亡。

解救首先用镊子拔除螫针，后用70%乙醇或0.1%高锰酸钾或氨水擦洗螫伤处及周围组织，也可用南通蛇药片，冷开水溶化成糊状，敷贴于距伤口约2～3cm周围。如系黄蜂蛰伤，应用酸性液体如食醋冲洗伤口。对全身症状，应及时对症治疗。

（五）蝎毒中毒与解毒

蝎毒中大部分是有毒蛋白质，按其作用机制可分为神经毒和细胞毒。蝎毒中毒引起的全身症状为流泪、流涎、打喷嚏、流鼻液、过敏、恶心呕吐、肌肉疼痛、心动过速或过缓、发绀、出汗、尿少、体温下降、嗜睡、肌肉抽搐、躁动不安，重者可出现喉头痉挛、胃肠道出血、急性肺水肿及呼吸麻痹。

局部解毒处理可参阅蜂毒的方法。全身症状可作对症治疗，有条件的尽快注射特效解毒药抗蝎毒血清。

复习思考题

1. 在中毒原因没有明确前，采取哪些常规处理措施？
2. 一头猪患有疥螨病，某兽医用2%敌百虫溶液将猪体表全部涂擦一遍，不久出现了严重中毒症状，这位兽医只是用肥皂水冲洗体表，这样做对吗？为什么？你采取什么急救措施，请说明道理。
3. 有机磷酸酯类中毒时，使用生理颉颃剂能解除何种中毒症状？为什么中度和重度中毒时必须并用解磷定等胆碱酯酶复活剂？
4. 某兽医同时遇到两头牛中毒，经诊断，一头牛是亚硝酸盐中毒，另一头牛是氢氰酸中毒。他马上对第一头牛按每1kg体重10mg的量静脉注射了亚甲蓝溶液，对另一头牛每1kg体重只注射了1mg亚甲蓝溶液进行抢救，你认为对吗？为什么？你如何抢救？
5. 硫代硫酸钠有哪些用途？为什么氰化物中毒使用亚硝酸盐后还需使用本品？
6. 亚甲蓝剂量的大小与其药理作用性质及用途有什么关系？

动物药理学实训

实训一　实验动物的捉拿、固定及给药方法

【目的与要求】 通过练习实验动物的捉拿、固定及给药方法，为以后的实验及临床应用打下基础。

【实验动物与材料】

1. 动物　小白鼠、大鼠、豚鼠、家兔、青蛙或蟾蜍、鸡。

2. 药品　灭菌生理盐水。

3. 器材　1ml 注射器及 5 号针头，2ml 注射器及 6 号针头，兔固定器，兔开口器、兔胃导管、烧杯、75%酒精棉球若干，小白鼠投胃管，聚氯乙烯管若干，小白鼠固定筒。

【内容与方法】

（一）实验动物的捉拿及固定法

1. 小白鼠的捉拿及固定法　以右手抓其尾，放在台上或鼠笼盖铁纱网上，然后用左手拇指及其食指沿其背向前抓住其颈部皮肤，并以左手的小指和掌部夹住其尾固定在手上（图实 1－1）。

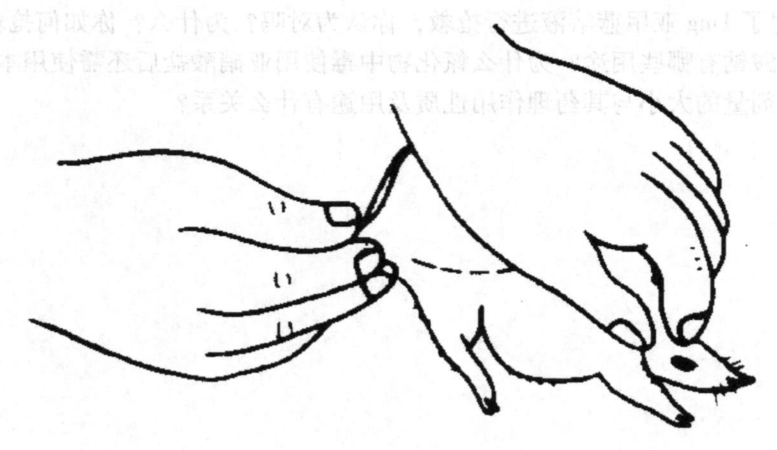

图实 1－1　小白鼠的捉拿及固定法

2. 大鼠的捉拿及固定法　以右手或以镊子夹住鼠尾，左手戴上防护手套或用厚布盖住鼠身作防护，握住整个身体，并固定其头部防止被咬伤，然后根据需要可固定于鼠笼内或用绳绑其四肢固定于大鼠手术板上。

3. 豚鼠的捉拿及固定法 以右手拇指和食指抓住颈部，其余三指握住颈胸部，左手抓住两后肢，使腹部朝上。

4. 家兔的捉拿及固定法 一手抓住兔背脊在颈部的皮肤，另一手托住兔的臀部。将兔体仰卧保定时，一手抓住颈皮，另一手顺其腹部抚摸至膝关节，压住关节，另一人用绳带捆绑兔的四肢，使兔腹部向上固定在手术台上，头部则用兔头固定夹固定。

5. 青蛙或蟾蜍的捉拿及固定法 以左手食指和中指夹住一侧前肢，大拇指压住另一侧前肢，右手将两后肢拉直，夹于左手无名指与小指之间。

（二）实验动物的给药方法

1. 小白鼠的给药方法

（1）*灌胃* 如上述用左手抓住小白鼠后，仰持小白鼠，使头颈部充分伸直，但不可抓得太紧，以免窒息。右手持小白鼠投胃管，小心自口角插入口腔，再从舌背面紧沿上颚进入食道，注入药液。操作时应避免将胃管插入气管，投注液量 0.1 ~0.25ml/10g 体重（图实 1 -2）。

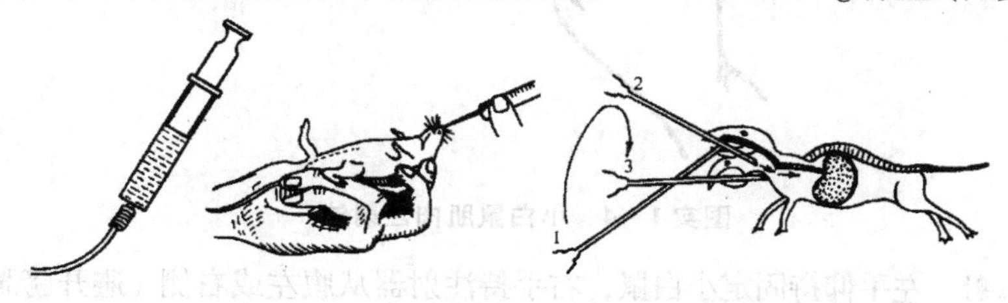

图实 1 -2 小白鼠灌胃器及小白鼠灌胃法

（2）*皮下注射* 如两人合作，一人左手抓小白鼠头部皮肤，右手抓鼠尾，另一人在鼠背部皮下组织注射药物。如一人操作，则左手抓鼠，右手将已抽好药液的注射器针头插入颈部皮下或腋部皮下，将药液注入，注射量每只不超过 0.5ml（图实 1 -3）。

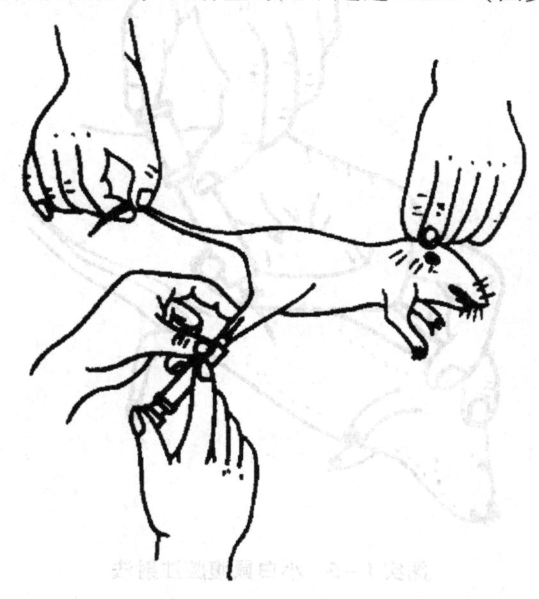

图实 1 -3 小白鼠皮下注射法

（3）肌肉注射　小鼠固定同上。将注射器针头插入后肢大腿外侧肌肉注入药液，注射量每腿 0.2ml（图实 1－4）。

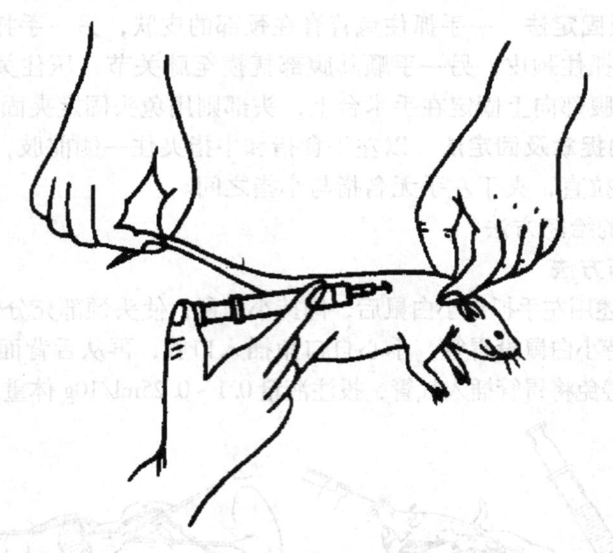

图实 1－4　小白鼠肌肉注射法

（4）腹腔注射　左手仰持固定小白鼠，右手持注射器从腹左或右侧（避开膀胱）朝头部方向刺入，首先刺入皮下，经 2～3mm 再刺入腹腔，此时针头与腹腔的角度约 45°，针头插入不宜太深或太近上腹部，以免刺伤内脏，注射量一般为 0.1～0.25ml/10g 体重（图实 1－5）。

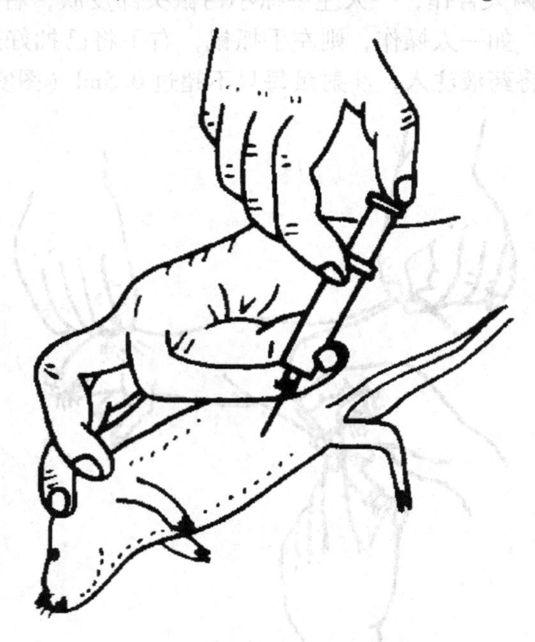

图实 1－5　小白鼠腹腔注射法

（5）尾静脉注射　将小白鼠放入特制圆筒或倒置的漏斗内，将鼠尾浸入 40～45℃温水中半分钟，使血管扩张，然后将鼠尾拉直，选择一条扩张最明显的小血管，用拇指及中指拉住尾尖，食指压迫尾根保持血管淤血扩张。右手持吸好药液的注射器（连接4号或5号针头）将针头插入尾静脉内，缓慢将药液注入。如注入药液有阻力，而且局部变白，表示药液注入皮下应重新在针眼上方注射（图实1-6）。

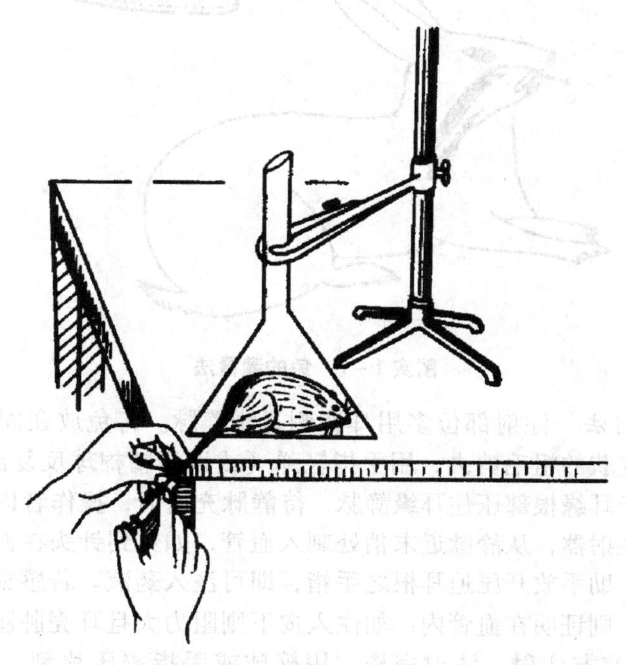

图实1-6 小白鼠尾静脉注射法

2. 大白鼠的给药方法

（1）*灌胃法* 将鼠固定在桌上，并握住头部，右手持连有注射器的塑料导管或已磨平的针头从口角处插入口腔，然后沿上颚进入食道。

（2）其余给药法同小白鼠。

3. 豚鼠的给药方法

（1）*灌胃法* 助手抓住豚鼠头颈部四肢，操作者将其中心有一小孔供导管通过的含嘴（开口器），放入豚鼠口内，旋转使舌压在其下。再将塑料导管或导尿管从含嘴孔插入8～10cm，然后注入药液。因豚鼠上腭近咽部有牙齿，易阻止导管插入，故应把豚鼠的躯体拉直，便于导管避开阻碍物而进入食道。

（2）*静脉注射法* 从耳静脉注入方法同兔耳静脉注射法，但较难成功。必要时在麻醉状态下作颈外静脉或股静脉切开注入。

（3）其余方法同小白鼠。

4. 家兔的给药方法

（1）*灌胃* ①将兔固定或放置在兔固定箱内。只需一人操作，右手固定开口器于兔口中，左手插胃管（也可用导尿管代）轻轻插入15cm左右。将导管口放入一杯水中，如无气泡从管口冒出，表示导管已插入胃中。然后慢慢注入药液，最后注入少量空气，取出导管和开口器；②如无兔固定箱，需两人合作，一人左手固定兔身及头部，右手将开口器插入兔口腔并压在兔舌上，另一人用合适的导管从开口器小孔插入食道约15cm左右。其余方法同①。灌药前实验兔要先禁食为宜，灌药量一般不超过20ml（图实1－7）。

图实1－7　兔的灌胃法

（2）耳静脉注射法　注射部位多用耳背侧耳缘静脉。将兔放在固定箱内或由助手固定。将耳缘静脉处皮肤的粗毛剪去，用手指轻弹（或以酒精棉球反复涂擦耳壳），使血管扩张。助手以手指于耳缘根部压住耳缘静脉，待静脉充血后，操作者以左手拇指及食指捏住耳尖部，右手持注射器，从静脉近末梢处刺入血管，如见到针头在血管内，即用手指将针头与兔耳固定之，助手放开压迫耳根之手指，即可注入药液。若感觉畅通无阻，并可见到血液被药液冲走，则证明在血管内；如注入皮下则阻力大且耳壳肿胀，应拔出针头，再在上次所刺的针眼前方注射。注射完毕，用棉球或手指按压片刻，以防出血，注射量0.5～2.5ml/kg体重（图实1－8）。

图实1－8　兔血管分布及兔耳静脉注射法

（3）皮下注射　一人保定兔，另一人用左手拇指及中指提起家兔背部或腹内侧皮肤，使成一皱褶，以右手持注射器，自皱褶下刺入针头，针头在表皮下组织时，松开皱褶将药液注入。

（4）肌肉注射　应选择肌肉丰满处进行，一般选用兔子的臀肌或大腿肌。一人保定好兔子，另一人右手持注射器，使注射器与肌肉呈60°角刺入肌肉中，为防止药液进入血管，在注射药液前应轻轻回抽针栓，如无回血，即可注入药液。

5. 青蛙或蟾蜍淋巴囊给药方法 青蛙皮下淋巴囊分布如图实1－9。

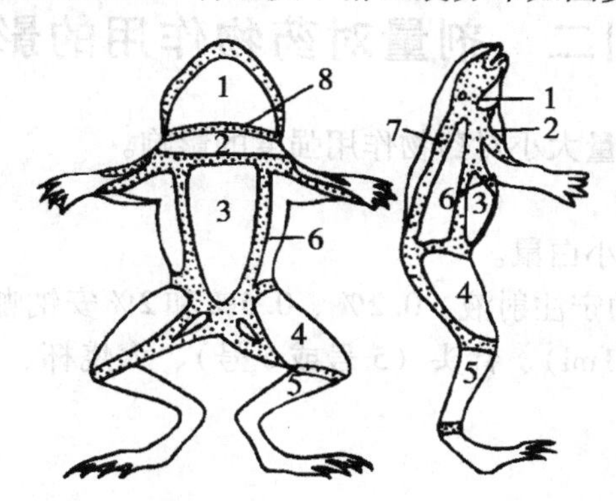

图实1－9 蛙皮下淋巴囊分布示意图

1. 颌下囊；2. 胸囊；3. 腹囊；4. 股囊；5. 胫囊. 6. 侧囊. 7. 头背囊；8. 淋巴囊间膈

蛙的皮下有数个淋巴囊，注入药液易吸收，一般以腹淋巴囊或胸淋巴囊作为给药部位。操作时，一手固定青蛙，使其腹部朝上，另一手持注射器针头从青蛙大腿上端刺入，经过大腿肌层和腹肌层，再浅出进入腹壁皮下至淋巴囊，然后注入药液。另外还可用颌淋巴囊给药法（图实1－10）。

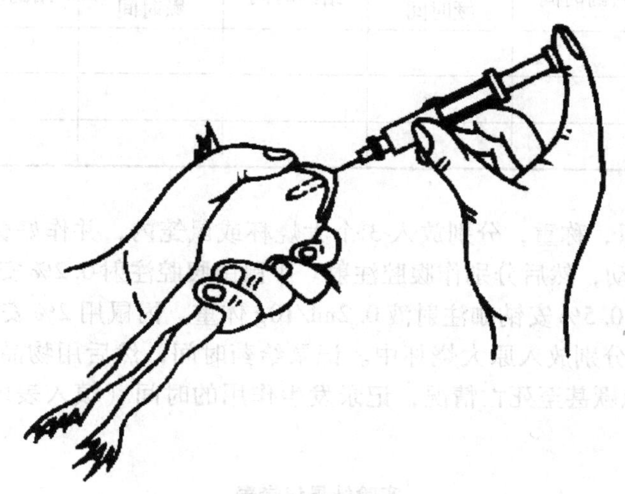

图实1－10 青蛙颌下淋巴囊给药

从口部正中前缘插针，穿过下颌肌层而进入胸淋巴腔。因蛙皮肤弹性差，不经肌层，药液易漏出。注射量：0.25～1.0ml/只。

6. 鸡翅静脉注射法 将鸡翅展开，露出腋窝部，拔去羽毛，可见翼根静脉。注射时，由助手固定好鸡，消毒皮肤，将注射器针头沿静脉平行刺入血管。

【总结与作业】

1. 分组按上述方法进行实际操作，反复练习，并总结体会。
2. 通过实际操作，说明实验动物捉拿及固定法要领及注射法注意事项。

实训二　剂量对药物作用的影响

【目的与要求】 认识剂量大小对药物作用强度的影响。

【实验动物与材料】

1. 动物 青蛙或蟾蜍、小白鼠。

2. 药品 0.1% 硝酸士的宁注射液，0.2%、0.5% 和 2% 安钠咖注射液。

3. 器材 玻璃注射器（1ml）、针头（5 号或 6 号）、大烧杯、鼠笼、普通天平、75% 酒精棉球等。

【内容与方法】

1. 取大小相似的青蛙（或蟾蜍）3 只，分别做好标记，由腹淋巴囊分别注射 0.1% 硝酸士的宁注射液 0.1ml、0.4ml、0.8ml。记录开始注射时间（时、分、秒）和开始发生惊厥的时间（时、分、秒）。后者（时间）减去前者（时间）的差数，即为给药后引起青蛙惊厥所需要的时间。填入表内。

实验结果记录表

给药量 / 蛙号	0.1ml		0.4ml		0.8ml	
	给药时间	产生惊厥时间	给药时间	产生惊厥时间	给药时间	产生惊厥时间
1						
2						
3						

2. 取小白鼠 3 只，称重，分别放入 3 个大烧杯或鼠笼内，并作好标记（标出甲、乙、丙）。观察其正常活动，然后分别作腹腔注射。甲鼠由腹腔注射 0.2% 安钠咖注射液 0.2ml/10g 体重，乙鼠注射 0.5% 安钠咖注射液 0.2ml/10g 体重，丙鼠用 2% 安钠咖注射液 0.2ml/10g 体重。给药后，分别放入原大烧杯中。记录给药时间，然后用物品将杯口盖住，观察有无兴奋、举尾、惊厥甚至死亡情况，记录发生作用的时间（填入表内）。比较 3 鼠有何不同（填入表内）。

实验结果记录表

鼠号	体重	给药浓度及剂量	用药后反应及出现时间
甲			
乙			
丙			

【总结与作业】

1. 分析实验结果，说明剂量与药物作用的关系。

2. 写出实训报告。

实训三　消毒药的配制及应用

【目的与要求】掌握常用消毒药的浓度配制及其在厩舍、场地、用具、病畜排泄物等环境的应用。

【实验材料】烧杯、量筒、玻棒、喷雾器、菌毒敌（含酚 41.0% ~49.0%）、氢氧化钠、氧化钙。

【内容与方法】分组后按照下列分工进行试验。

第一组　将菌毒敌按 1∶200 配制。在本校兽医院、实习牧场进行厩舍、场地、病畜排泄物等的消毒，并将部分溶液浸泡用具、器械等。

第二组　将氢氧化钠用热水配制成 2% 的溶液，对细菌（如鸡白痢）或病毒（如猪瘟）污染的畜栏、禽舍、场地、饲槽、车辆等进行消毒。配制溶液量根据畜栏、禽舍、场地面积大小而定。消毒厩舍时，应驱出畜禽，隔半天再用清水冲洗饲槽、地面后，方可让畜禽进入。

第三组　将氧化钙加水配制成 10% ~20% 的石灰乳，涂刷厩舍、墙壁、畜栏、地面和病畜排泄物。石灰乳应现用现配，不宜久放。也可用生石灰 10kg 加水适量，使之松散后，洒布在潮湿地面、粪池周围及污水沟等处进行消毒。如直接将生石灰撒布在干燥地面清毒效果差。

【总结与作业】扼要记录实验过程，写出消毒药的配制过程、畜禽舍的消毒步骤及其注意事项。

实训四　抗菌药物的药物敏感试验

【目的与要求】通过本试验掌握用试管倍比稀释法试验抗菌药的抗菌作用，为临床合理选药奠定基础。

【实验材料】

1. 药品　青霉素、链霉素、加葡萄糖和酚红（或溴甲酚紫）的肉汤培养基、新鲜的金黄色葡萄球菌和大肠杆菌悬液。

2. 器材　试管、酒精灯、微量注射器、微量吸管、恒温培养箱。

【内容与方法】

1. 取 A、B、C、D 四组试管，每组 10 支并分别编为 1 ~10 号，每管加入肉汤培养基 5ml。

2. 将青霉素、链霉素分别以适量注射用水溶解后，再以肉汤培养基稀释成 32 IU/ml 的浓度备用。

3. 将 32 IU/ml 的青霉素和链霉素分别在各组试管中从 1 号管至 8 号管作连续稀释，即吸取 5ml 药液加入 1 号管，混合均匀后，从 1 号管吸取 5ml 加入 2 号管混合均匀后，从 2 号管吸取 5ml 加入 3 号管，如此稀释至 8 号管混合均匀后吸取 5ml 弃去，使之成为 16 IU/ml、8 IU/ml、4 IU/ml、2 IU/ml、1 IU/ml、0.5 IU/ml、0.25 IU/ml、0.125 IU/ml 的浓度梯度。A 组和 B 组加青霉素并标以“青”字，C 组和 D 组加链霉素并标以“链”字，以示识别。

4. 向A组和C组管中加入金黄色葡萄球菌，向B组和D组管中加入大肠杆菌（每管加入0.01ml预先作100倍稀释的新鲜菌液），并振摇均匀。

5. 置恒温箱中37℃下培养6h，观察培养基颜色的变化。

【总结与作业】

1. 影响抗菌药物的药物敏感试验的因素有哪些？

2. 讨论后书写实验报告。

实训五　伊维菌素驱虫实验

【目的与要求】 通过本试验掌握伊维菌素驱虫作用及其用法，观察伊维菌素驱虫效果。

【实验材料】 病猪、搪瓷盆、镊子、毛剪、注射器、伊维菌素注射液、针头、酒精棉球。

【内容与方法】

1. 实验用猪的准备。经粪检，挑选蛔虫感染明显的猪。

2. 病猪皮下注射伊维菌素0.3g/kg体重。

3. 注射2～8h后，观察病猪的反应及排虫情况。

【总结与作业】

1. 将试验结果填入表内。

实验结果记录表

病猪体重	给药方法与剂量	给药后产生拉稀和排虫时间	排虫种类与数量

2. 讨论后书写实验报告。

实训六　盐类泻药的导泻作用机理

【目的与要求】 通过硫酸镁、硫酸钠对肠道的作用了解盐类泻药的作用机理。

【实验动物与材料】

1. 实验动物　家兔，每组1只。

2. 药物　6.5%和20%硫酸镁溶液、6.5%硫酸钠溶液、生理盐水、10%乌拉坦溶液。

3. 器械　剪刀1把，眼科镊1把，止血钳2把，细线一团，纱布1块，兔台1个，1ml注射器1个，针头3个，兔腿固定带4根，烧杯1个，20ml注射器1个，7号针头1个，剪毛剪 1 把，恒温水浴箱 1 个。

【内容与方法】取兔一只，称重，腹腔注射 10% 乌拉坦溶液，每 1kg 体重 10ml（每 1kg 体重 1g），麻醉后固定于手术台上，并在腹部剪毛，沿腹中线切开腹壁，取出距十二指肠较近的一段小肠（即以空肠为佳，若有肠内容物，应小心把肠内容物向后挤），在不损伤（坏）肠系膜血管的情况下，用不同颜色的线将肠管结扎四段，每段长约 2cm，每段的血管要比较均匀，使每段肠管互不相通，然后各段注入下列药物：

第一段：注入 6.5% 硫酸钠溶液 0.3ml

第二段：注入 6.5% 硫酸镁溶液 0.3ml

第三段：注入 20% 硫酸镁溶液 0.3ml

第四段：注入生理盐水 0.3ml

注入后，立即将肠管放入腹腔，并以浸有 39℃ 生理盐水的纱布覆盖，以保持其湿度和湿润，后将腹壁以止血钳封闭，经一小时后再打开腹腔，观察各段肠管的容积有何变化，并用注射器吸出各段的溶液（毫升数）进行比较，记录在下表中。

【注意事项】

1. 实验动物在试验前要给予充足的饮水。
2. 选择肠管的长度尽量相同。
3. 结扎时保证各段肠管互不相通。
4. 每段肠管血管分布要比较均匀。
5. 小心向后挤压肠内容物，使注射前每段肠管充盈度尽量相同。
6. 注射药物和抽取液体时不要损伤肠系膜血管和神经。

实验结果记录表

肠管结扎段号	1	2	3	4
药物	6.5% Na_2SO_4	6.5% $MgSO_4$	20% $MgSO_4$	生理盐水
肠管容积变化				
吸出溶液的毫升数				

【总结与作业】

1. 从实验结果说明 $MgSO_4$、Na_2SO_4 的导泻机理？
2. 比较两药作用的强弱并说明其原理。

实训七　消沫药的作用观察

【目的与要求】观察几种消沫药在体外的消沫作用，掌握消沫药作用机制。

【实验材料】

1. 药物　松节油、煤油、二甲基硅油、1% 皂角液（或 1% 肥皂水）。

2. 器械　空试管 4～5 支、滴管 3 支、玻璃棒 1 个、大烧杯 1 个、试管 3 个、吸管 1 个。

【内容与方法】取试管 4 只并编号，分别加入 1% 皂角液 5ml，振荡，使其产生大量泡沫，然后分别滴入松节油，煤油，二甲基硅油各 1 ~ 2 滴，第四管作对照，观察各管气泡消失的速度及量的多少，记录表内。

实验结果记录表

试管号	1	2	3	4
药物	松节油	煤油	二甲基硅油	1%皂角液
泡沫消失情况（快慢多少）				

【总结与作业】分析实验结果（阐明消沫机理），比较各药的作用。

实训八　不同浓度枸橼酸钠对血液的作用

【目的与要求】观察不同浓度枸橼酸钠对体外动物血液的作用，从而掌握枸橼酸钠的应用方法。

【实验材料】家兔，生理盐水、4% 枸橼酸钠溶液、10% 枸橼酸钠溶液，小试管、试管架、穿刺针、玻璃注射器（5ml）、针头（12 号）、恒温水浴锅、秒表、1ml 吸管、特种铅笔、小玻棒。

【内容与方法】取小试管 4 支，编号。前 3 管分别加入生理盐水、4% 枸橼酸钠溶液、10% 枸橼酸钠溶液各 0. 1ml，第 4 管空白对照。从家兔心脏穿刺取血约 4ml，迅速向每支试管中各加入兔血 0. 9ml，充分混匀后，放入 37℃ ±0. 5℃恒温水浴中，启动秒表计时，每隔 30s 将试管轻轻倾斜一次，观察血液是否流动，直到出现血凝为止。

分别记录各试管的血凝时间。

【注意事项】

1. 小试管的管径大小应均匀，清洁干燥。
2. 心脏穿刺取血动作要快，以免血液在注射器内凝固。
3. 兔血加入小试管后，需立即用小玻棒搅拌混匀，搅拌时应避免产生气泡。
4. 由动物取血到试管置入恒温水浴的间隔时间不得超过 3min。

【总结与作业】讨论各管出现的结果，分析其原因，并说明其在临床上的意义。写出实训报告。

实训九　利尿药与脱水药作用实验

【目的与要求】观察速尿与甘露醇对家兔的利尿、脱水作用，掌握其作用特点及应用。

【实验材料】家兔，生理盐水、2% 戊巴比妥钠注射液或 10% 乌拉坦注射液、20% 甘露醇注射液、1% 速尿注射液、台秤、注射器（2ml、10ml）、针头（7 号）、兔解剖台、手术剪、手术刀、缝针、缝线、止血钳、镊子、棉花、酒精棉盒、培养皿。

【内容与方法】

1. 取兔 1 只，称重，由耳静脉注入 2% 戊巴比妥钠注射液（每 1kg 体重 45mg）使之麻醉，仰卧固定于兔解剖台上，以酒精消毒腹部皮肤，于耻骨联合前缘腹中线切开皮肤约2～3cm，分离腹壁肌肉，剪开腹膜，暴露腹腔，找出膀胱，用套有小橡皮管的7号针头从膀胱底部刺入约2cm左右，以线连同膀胱一起结扎，固定针头，以培养皿置于小橡皮管外口之下，以备承接尿液，先计量正常10min内尿液的毫升数。

2. 静脉注射生理盐水25ml，观察10min并记录尿液毫升数。

3. 由耳静脉缓慢注入20%甘露醇（每1kg体重10ml），记录给药时间，观察经多少时间（min）后尿量开始增多，从增多时起，计量10min尿液的毫升数。

4. 待甘露醇作用消失后（即每分钟尿量接近正常时），由耳静脉缓慢注入1%速尿（每1kg体重0.5ml），记录给药时间，观察经多少时间（min）后尿量开始增多，从增多时起记录10min尿量（最好甘露醇与速尿各用1只兔），填入表内。

实验结果记录表

药名	给药时间	尿量增多时间	10min内尿液毫升数（ml）
给药前			
生理盐水			
20%甘露醇注射液			
1%速尿注射液			

【总结与作业】 根据实验结果，分析甘露醇与速尿对家兔利尿作用的影响，并从理论上分析出现这些特点的原因，写出实训报告。

实训十　水合氯醛的全身麻醉作用及氯丙嗪的增强麻醉作用

【目的与要求】 观察水合氯醛的全身麻醉作用及主要体征变化。了解氯丙嗪的增强麻醉作用。

【实验材料】 家兔，兔固定器、5ml注射器2支、1ml注射器1支、5号针头3个，10%水合氯醛注射液、2.5%氯丙嗪注射液。

【内容与方法】

1. 取兔3只，编号（甲、乙、丙），称体重，观察正常情况，如呼吸、脉搏、体温、痛觉反射、翻正反射、瞳孔大小、角膜反射、骨骼肌紧张度等。

2. 分别给各兔注射药物。甲兔按每1kg体重1.2ml的全麻醉量，静脉注射10%水合氯醛注射液；乙兔按每1kg体重0.6ml的半麻醉量，静脉注射10%水合氯醛注射液；丙兔先按每1kg体重0.12ml静脉注射2.5%氯丙嗪注射液，然后再按每1kg体重0.6ml的半麻醉量，静脉注射10%水合氯醛注射液。

3. 分别观察各家兔的反应及体征。将观察结果记入表中。

实验结果记录表

兔号	体重	药物	麻醉时间		用药前			用药后		
			出现时间	麻醉时间	痛觉反射	角膜反射	肌肉紧张	痛觉反射	角膜反射	肌肉紧张
甲		全麻量水合氯醛								
乙		半麻量水合氯醛								
丙		氯丙嗪＋半麻量水合氯醛								

【总结作业】全身麻醉时，为什么要观察体征？氯丙嗪作麻醉前给药有什么好处？

实训十一　普鲁卡因局部麻醉作用实验

【目的与要求】观察普鲁卡因对坐骨神经干的麻醉作用。

【实验材料】2%普鲁卡因溶液、0.5%稀盐酸溶液、探针、蛙板、大头针、手术剪、尖镊子、铁支架、玻璃分针、铁夹子、药棉、玻璃纸、小烧杯、计时器或秒表、青蛙或蟾蜍。

【内容与方法】

1. 取蛙一只，用探针破坏大脑后，腹部朝上，用大头针固定四肢于蛙板上，剖开腹腔，除去内脏，暴露两侧坐骨神经丛，用棉球擦去腹腔内的液体。

2. 从蛙板上取下蛙，用铁夹子轻轻夹住下颌部，悬挂于铁支架上。当蛙腿不动时，将其两后足蛙蹼分别浸入盛有0.5%稀盐酸溶液的烧杯内，测定自浸入酸液到引起举足反射所需的时间。当出现缩腿反应后，立即用水洗去蛙蹼上的酸液并拭干。

3. 在一侧神经丛下面放置玻璃纸，并将浸有2%普鲁卡因溶液的小棉球贴附在玻璃纸上面的神经丛上。约10min后再将两只蹼分别浸入酸液内，测定产生举足反射所需的时间有何变化。

【总结与作业】

1. 扼要记录实验过程和结果。

实验结果记录表

足蹼	药物	举足反射时间（s）	
		用药前	用药后
左			
右			

2. 分析为什么在一侧神经丛放置普鲁卡因棉球会产生上述结果？

实训十二 有机磷中毒及解救

【目的与要求】 通过实验观察，了解有机磷的中毒症状，比较阿托品与碘解磷定的解毒效果。

【实验材料】 家兔、10%敌百虫溶液、0.1%硫酸阿托品注射液、2.5%碘解磷定注射液、注射器（1ml、5ml）、8号针头、尺子、消毒棉球、毛剪、听诊器、台秤。

【内容与方法】

1. 取家兔3只，称重并标记（甲、乙、丙）后，分别观察其正常活动、唾液分泌情况，测其瞳孔大小、呼吸与心跳次数、胃肠蠕动，并剪去背部或腹部被毛，观察有无肌肉震颤现象，将观察结果详细记录。

2. 3只兔按每1kg体重1ml分别耳静脉缓慢注射10%敌百虫溶液，待症状明显时，观察以上指标有何变化，并记录。

3. 在中毒的3只家兔中，甲兔按每1kg体重1ml耳根部皮下注射0.1%硫酸阿托品注射液；乙兔按每1kg体重2ml耳静脉注射2.5%碘解磷定注射液；丙兔同时注射0.1%硫酸阿托品注射液和2.5%碘解磷定注射液，方法、剂量同甲、乙兔。注射完毕后，分别观察甲、乙、丙3只兔上述各项指标有何变化，并记录在表中。

实验结果记录表

编号	体重	药物	瞳孔大小	唾液分泌（口腔干湿度）	胃肠蠕动（排粪、尿情况）	肌肉震颤	呼吸次数	心率次数
甲		给药前						
		注射敌百虫后						
		注射阿托品后						
乙		给药前						
		注射敌百虫后						
		注射碘磷定后						
丙		给药前						
		注射敌百虫后						
		注射阿托品和碘解磷定后						

【总结与作业】 记录实验过程和结果，分析敌百虫中毒和毒理，阿托品、碘解磷定的解毒机理，并填写一份实训报告。

【注意事项】 本实验也可用1只家兔，先用阿托品解救，15min后，再用碘解磷定。也可每组1只家兔，3组分别按甲、乙、丙编号实验，最后将3组结果对比分析。

实训十三　亚硝酸盐的中毒及解救

【目的与要求】观察家兔亚硝酸盐中毒症状，了解亚甲蓝解毒效果。

【实验材料】家兔、5ml注射器、8号针头、塑料尺、酒精棉球、台秤、5%亚硝酸钠注射液、0.1%亚甲蓝注射液。

【内容与方法】家兔一只称重。观察正常活动情况，检查呼吸、体温、口鼻部皮肤、眼结膜及耳血管颜色。

按每1kg体重1~1.5ml耳静脉注射5%亚硝酸钠溶液，记录时间并观察动物的呼吸、眼结膜及耳血管颜色变化，开始发绀时，检测体温。

出现典型的亚硝酸钠中毒症状后，即可用0.1%亚甲蓝注射液按每1kg体重2ml静脉注射，观察并记录解毒结果。观察结果记于表中。

实验结果记录表

检查项目	中毒前	中毒后	解毒后
呼吸			
体温			
眼结膜			
耳血管			
其他			

【总结作业】根据实验结果，分析亚甲蓝解救亚硝酸盐中毒的原理及效果。

附　　录

附件1　停药期规定

	兽药名称	执行标准	停药期
1	乙酰甲喹片	兽药规范92版	牛、猪35日
2	二氢吡啶	部颁标准	牛、肉鸡7日，弃奶期7日
3	二硝托胺预混剂	兽药典2000版	鸡3日，产蛋期禁用
4	土霉素片	兽药典2000版	牛、羊、猪7日，禽5日，弃蛋期2日，弃奶期3日
5	土霉素注射液	部颁标准	牛、羊、猪28日，弃奶期7日
6	马杜霉素预混剂	部颁标准	鸡5日，产蛋期禁用
7	双甲脒溶液	兽药典2000版	牛、羊21日，猪8日，弃奶期48小时，禁用于产奶羊
8	巴胺磷溶液	部颁标准	羊14日
9	水杨酸钠注射液	兽药规范65版	牛0日，弃奶期48小时
10	四环素片	兽药典90版	牛12日、猪10日、鸡4日，产蛋期禁用，产奶期禁用
11	甲砜霉素片	部颁标准	28日，弃奶期7日
12	甲砜霉素散	部颁标准	28日，弃奶期7日，鱼500度日
13	甲基前列腺素 F_{2a} 注射液	部颁标准	牛1日，猪1日，羊1日
14	甲硝唑片	兽药典2000版	牛28日
15	甲磺酸达氟沙星注射液	部颁标准	猪25日
16	甲磺酸达氟沙星粉	部颁标准	鸡5日，产蛋鸡禁用
17	甲磺酸达氟沙星溶液	部颁标准	鸡5日，产蛋鸡禁用
18	甲磺酸培氟沙星可溶性粉	部颁标准	28日，产蛋鸡禁用
19	甲磺酸培氟沙星注射液	部颁标准	28日，产蛋鸡禁用
20	甲磺酸培氟沙星颗粒	部颁标准	28日，产蛋鸡禁用
21	亚硒酸钠维生素E注射液	兽药典2000版	牛、羊、猪28日
22	亚硒酸钠维生素E预混剂	兽药典2000版	牛、羊、猪28日
23	亚硫酸氢钠甲萘醌注射液	兽药典2000版	0日

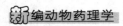

（续表）

	兽药名称	执行标准	停药期
24	伊维菌素注射液	兽药典2000版	牛、羊35日，猪28日，泌乳期禁用
25	吉他霉素片	兽药典2000版	猪、鸡7日，产蛋期禁用
26	吉他霉素预混剂	部颁标准	猪、鸡7日，产蛋期禁用
27	地西泮注射液	兽药典2000版	28日
28	地克珠利预混剂	部颁标准	鸡5日，产蛋期禁用
29	地克珠利溶液	部颁标准	鸡5日，产蛋期禁用
30	地美硝唑预混剂	兽药典2000版	猪、鸡28日，产蛋期禁用
31	地塞米松磷酸钠注射液	兽药典2000版	牛、羊、猪21日，弃奶期3日
32	安乃近片	兽药典2000版	牛、羊、猪28日，弃奶期7日
33	安乃近注射液	兽药典2000版	牛、羊、猪28日，弃奶期7日
34	安钠咖注射液	兽药典2000版	牛、羊、猪28日，弃奶期7日
35	那西肽预混剂	部颁标准	鸡7日，产蛋期禁用
36	吡喹酮片	兽药典2000版	28日，弃奶期7日
37	芬苯哒唑片	兽药典2000版	牛、羊21日，猪3日，弃奶期7日
38	芬苯哒唑粉（苯硫苯咪唑粉剂）	兽药典2000版	牛、羊14日，猪3日，弃奶期5日
39	苄星邻氯青霉素注射液	部颁标准	牛28日，产犊后4天禁用，泌乳期禁用
40	阿司匹林片	兽药典2000版	0日
41	阿苯达唑片	兽药典2000版	牛14日，羊4日，猪7日，禽4日，弃奶期60小时
42	阿莫西林可溶性粉	部颁标准	鸡7日，产蛋鸡禁用
43	阿维菌素片	部颁标准	羊35日，猪28日，泌乳期禁用
44	阿维菌素注射液	部颁标准	羊35日，猪28日，泌乳期禁用
45	阿维菌素粉	部颁标准	羊35日，猪28日，泌乳期禁用
46	阿维菌素胶囊	部颁标准	羊35日，猪28日，泌乳期禁用
47	阿维菌素透皮溶液	部颁标准	牛、猪42日，泌乳期禁用
48	乳酸环丙沙星可溶性粉	部颁标准	禽8日，产蛋鸡禁用
49	乳酸环丙沙星注射液	部颁标准	牛14日，猪10日，禽28日，弃奶期84小时
50	乳酸诺氟沙星可溶性粉	部颁标准	禽8日，产蛋鸡禁用
51	注射用三氮脒	兽药典2000版	28日，弃奶期7日
52	注射用苄星青霉素（注射用苄星青霉素G）	兽药规范78版	牛、羊4日，猪5日，弃奶期3日

（续表）

	兽药名称	执行标准	停药期
53	注射用乳糖酸红霉素	兽药典 2000 版	牛 14 日，羊 3 日，猪 7 日，弃奶期 3 日
54	注射用苯巴比妥钠	兽药典 2000 版	28 日，弃奶期 7 日
55	注射用苯唑西林钠	兽药典 2000 版	牛、羊 14 日，猪 5 日，弃奶期 3 日
56	注射用青霉素钠	兽药典 2000 版	0 日，弃奶期 3 日
57	注射用青霉素钾	兽药典 2000 版	0 日，弃奶期 3 日
58	注射用氨苄青霉素钠	兽药典 2000 版	牛 6 日，猪 15 日，弃奶期 48 小时
59	注射用盐酸土霉素	兽药典 2000 版	牛、羊、猪 8 日，弃奶期 48 小时
60	注射用盐酸四环素	兽药典 2000 版	牛、羊、猪 8 日，弃奶期 48 小时
61	注射用酒石酸泰乐菌素	部颁标准	牛 28 日，猪 21 日，弃奶期 96 小时
62	注射用喹嘧胺	兽药典 2000 版	28 日，弃奶期 7 日
63	注射用氯唑西林钠	兽药典 2000 版	牛 10 日，弃奶期 2 日
64	注射用硫酸双氢链霉素	兽药典 90 版	牛、羊、猪 18 日，弃奶期 72 小时
65	注射用硫酸卡那霉素	兽药典 2000 版	28 日，弃奶期 7 日
66	注射用硫酸链霉素	兽药典 2000 版	牛、羊、猪 18 日，弃奶期 72 小时
67	环丙氨嗪预混剂（1%）	部颁标准	鸡 3 日
68	苯丙酸诺龙注射液	兽药典 2000 版	28 日，弃奶期 7 日
69	苯甲酸雌二醇注射液	兽药典 2000 版	28 日，弃奶期 7 日
70	复方水杨酸钠注射液	兽药规范 78 版	28 日，弃奶期 7 日
71	复方甲苯咪唑粉	部颁标准	鳗 150 度日
72	复方阿莫西林粉	部颁标准	鸡 7 日，产蛋期禁用
73	复方氨苄西林片	部颁标准	鸡 7 日，产蛋期禁用
74	复方氨苄西林粉	部颁标准	鸡 7 日，产蛋期禁用
75	复方氨基比林注射液	兽药典 2000 版	28 日，弃奶期 7 日
76	复方磺胺对甲氧嘧啶片	兽药典 2000 版	28 日，弃奶期 7 日
77	复方磺胺对甲氧嘧啶钠注射液	兽药典 2000 版	28 日，弃奶期 7 日
78	复方磺胺甲噁唑片	兽药典 2000 版	28 日，弃奶期 7 日
79	复方磺胺氯哒嗪钠粉	部颁标准	猪 4 日，鸡 2 日，产蛋期禁用
80	复方磺胺嘧啶钠注射液	兽药典 2000 版	牛、羊 12 日，猪 20 日，弃奶期 48 小时
81	枸橼酸乙胺嗪片	兽药典 2000 版	28 日，弃奶期 7 日
82	枸橼酸哌嗪片	兽药典 2000 版	牛、羊 28 日，猪 21 日，禽 14 日
83	氟苯尼考注射液	部颁标准	猪 14 日，鸡 28 日，鱼 375 度日

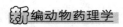

（续表）

	兽药名称	执行标准	停药期
84	氟苯尼考粉	部颁标准	猪20日，鸡5日，鱼375度日
85	氟苯尼考溶液	部颁标准	鸡5日，产蛋期禁用
86	氟胺氰菊酯条	部颁标准	流蜜期禁用
87	氢化可的松注射液	兽药典2000版	0日
88	氢溴酸东莨菪碱注射液	兽药典2000版	28日，弃奶期7日
89	洛克沙胂预混剂	部颁标准	5日，产蛋期禁用
90	恩诺沙星片	兽药典2000版	鸡8日，产蛋鸡禁用
91	恩诺沙星可溶性粉	部颁标准	鸡8日，产蛋鸡禁用
92	恩诺沙星注射液	兽药典2000版	牛、羊14日，猪10日，兔14日
93	恩诺沙星溶液	兽药典2000版	禽8日，产蛋鸡禁用
94	氧阿苯达唑片	部颁标准	羊4日
95	氧氟沙星片58	部颁标准	28日，产蛋鸡禁用
96	氧氟沙星可溶性粉	部颁标准	28日，产蛋鸡禁用
97	氧氟沙星注射液	部颁标准	28日，弃奶期7日，产蛋鸡禁用
98	氧氟沙星溶液（碱性）	部颁标准	28日，产蛋鸡禁用
99	氧氟沙星溶液（酸性）	部颁标准	28日，产蛋鸡禁用
100	氨苯胂酸预混剂	部颁标准	5日，产蛋鸡禁用
101	氨茶碱注射液	兽药典2000版	28日，弃奶期7日
102	海南霉素钠预混剂	部颁标准	鸡7日，产蛋期禁用
103	烟酸诺氟沙星可溶性粉	部颁标准	28日，产蛋鸡禁用
104	烟酸诺氟沙星注射液	部颁标准	28日
105	烟酸诺氟沙星溶液	部颁标准	28日，产蛋鸡禁用
106	盐酸二氟沙星片	部颁标准	鸡1日
107	盐酸二氟沙星注射液	部颁标准	猪45日
108	盐酸二氟沙星粉	部颁标准	鸡1日
109	盐酸二氟沙星溶液	部颁标准	鸡1日
110	盐酸大观霉素可溶性粉	兽药典2000版	鸡5日，产蛋期禁用
111	盐酸左旋咪唑	兽药典2000版	牛2日，羊3日，猪3日，禽28日，泌乳期禁用
112	盐酸左旋咪唑注射液	兽药典2000版	牛14日，羊28日，猪28日，泌乳期禁用
113	盐酸多西环素片	兽药典2000版	28日

（续表）

	兽药名称	执行标准	停药期
114	盐酸异丙嗪片	兽药典2000版	28日
115	盐酸异丙嗪注射液	兽药典2000版	28日，弃奶期7日
116	盐酸沙拉沙星可溶性粉	部颁标准	鸡0日，产蛋期禁用
117	盐酸沙拉沙星注射液	部颁标准	猪0日，鸡0日，产蛋期禁用
118	盐酸沙拉沙星溶液	部颁标准	鸡0日，产蛋期禁用
119	盐酸沙拉沙星片	部颁标准	鸡0日，产蛋期禁用
120	盐酸林可霉素片	兽药典2000版	猪6日
121	盐酸林可霉素注射液	兽药典2000版	猪2日
122	盐酸环丙沙星、盐酸小檗碱预混剂	部颁标准	500度日
123	盐酸环丙沙星可溶性粉	部颁标准	28日，产蛋鸡禁用
124	盐酸环丙沙星注射液	部颁标准	28日，产蛋鸡禁用
125	盐酸苯海拉明液射液	兽药典2000版	28日，弃奶期7日
126	盐酸洛美沙星片	部颁标准	28日，弃奶期7日，产蛋鸡禁用
127	盐酸洛美沙星可溶性粉	部颁标准	28日，产蛋鸡禁用
128	盐酸洛美沙星注射液	部颁标准	28日，弃奶期7日
129	盐酸氨丙啉、乙氧酰胺苯甲酯、磺胺喹噁啉预混剂	兽药典2000版	鸡10日，产蛋鸡禁用
130	盐酸氨丙啉、乙氧酰胺苯甲酯预混剂	兽药典2000版	鸡3日，产蛋期禁用
131	盐酸氯丙嗪片	兽药典2000版	28日，弃奶期7日
132	盐酸氯丙嗪注射液	兽药典2000版	28日，弃奶期7日
133	盐酸氯苯胍片	兽药典2000版	鸡5日，兔7日，产蛋期禁用
134	盐酸氯苯胍预混剂	兽药典2000版	鸡5日，兔7日，产蛋期禁用
135	盐酸氯胺酮注射液	兽药典2000版	28日，弃奶期7日
136	盐酸赛拉唑注射液	兽药典2000版	28日，弃奶期7日
137	盐酸赛拉嗪注射液	兽药典2000版	牛、羊14日，鹿15日
138	盐霉素钠预混剂	兽药典2000版	鸡5日，产蛋期禁用
139	诺氟沙星、盐酸小檗碱预混剂	部颁标准	500度日
140	酒石酸吉他霉素可溶性粉	兽药典2000版	鸡7日，产蛋期禁用
141	酒石酸泰乐菌素可溶性粉	兽药典2000版	鸡1日，产蛋期禁用
142	维生素 B_{12} 注射液	兽药典2000版	0日
143	维生素 B_1 片	兽药典2000版	0日

（续表）

	兽药名称	执行标准	停药期
144	维生素 B_1 注射液	兽药典 2000 版	0 日
145	维生素 B_2 片	兽药典 2000 版	0 日
146	维生素 B_2 注射液	兽药典 2000 版	0 日
147	维生素 B_6 片	兽药典 2000 版	0 日
148	维生素 B_6 注射液	兽药典 2000 版	0 日
149	维生素 C 片	兽药典 2000 版	0 日
150	维生素 C 注射液	兽药典 2000 版	0 日
151	维生素 C 磷酸酯镁、盐酸环丙沙星预混剂	部颁标准	500 度日
152	维生素 D_3 注射液	兽药典 2000 版	28 日，弃奶期 7 日
153	维生素 E 注射液	兽药典 2000 版	牛、羊、猪 28 日
154	维生素 K_1 注射液	兽药典 2000 版	0 日
155	喹乙醇预混剂	兽药典 2000 版	猪 35 日，禁用于禽、鱼、35kg 以上的猪
156	奥芬达唑片（苯亚砜哒唑）	兽药典 2000 版	牛、羊、猪 7 日，产奶期禁用
157	普鲁卡因青霉素注射液	兽药典 2000 版	牛 10 日，羊 9 日，猪 7 日，弃奶期 48 小时
158	氯羟吡啶预混剂	兽药典 2000 版	鸡 5 日，兔 5 日，产蛋期禁用
159	氯氰碘柳胺钠注射液	部颁标准	28 日，弃奶期 28 日
160	氯硝柳胺片	兽药典 2000 版	牛、羊 28 日
161	氰戊菊酯溶液	部颁标准	28 日
162	硝氯酚片	兽药典 2000 版	28 日
163	硝碘酚腈注射液（克虫清）	部颁标准	羊 30 日，弃奶期 5 日
164	硫氰酸红霉素可溶性粉	兽药典 2000 版	鸡 3 日，产蛋期禁用
165	硫酸卡那霉素注射液（单硫酸盐）	兽药典 2000 版	28 日
166	硫酸安普霉素可溶性粉	部颁标准	猪 21 日，鸡 7 日，产蛋期禁用
167	硫酸安普霉素预混剂	部颁标准	猪 21 日
168	硫酸庆大—小诺霉素注射液	部颁标准	猪、鸡 40 日
169	硫酸庆大霉素注射液	兽药典 2000 版	猪 40 日
170	硫酸黏菌素可溶性粉	部颁标准	7 日，产蛋期禁用
171	硫酸黏菌素预混剂	部颁标准	7 日，产蛋期禁用
172	硫酸新霉素可溶性粉	兽药典 2000 版	鸡 5 日，火鸡 14 日，产蛋期禁用
173	越霉素 A 预混剂	部颁标准	猪 15 日，鸡 3 日，产蛋期禁用

（续表）

	兽药名称	执行标准	停药期
174	碘硝酚注射液	部颁标准	羊90日，弃奶期90日
175	碘醚柳胺混悬液	兽药典2000版	牛、羊60日，泌乳期禁用
176	精制马拉硫磷溶液	部颁标准	28日
177	精制敌百虫片	兽药规范92版	28日
178	蝇毒磷溶液	部颁标准	28日
179	醋酸地塞米松片	兽药典2000版	马、牛0日
180	醋酸泼尼松片	兽药典2000版	0日
181	醋酸氟孕酮阴道海绵	部颁标准	羊30日，泌乳期禁用
182	醋酸氢化可的松注射液	兽药典2000版	0日
183	磺胺二甲嘧啶片	兽药典2000版	牛10日，猪15日，禽10日
184	磺胺二甲嘧啶钠注射液	兽药典2000版	28日
185	磺胺对甲氧嘧啶，二甲氧苄氨嘧啶片	兽药规范92版	28日
186	磺胺对甲氧嘧啶、二甲氧苄氨嘧啶预混剂	兽药典90版	28日，产蛋期禁用
187	磺胺对甲氧嘧啶片	兽药典2000版	28日
188	磺胺甲噁唑片	兽药典2000版	28日
189	磺胺间甲氧嘧啶片	兽药典2000版	28日
190	磺胺间甲氧嘧啶钠注射液	兽药典2000版	28日
191	磺胺脒片	兽药典2000版	28日
192	磺胺喹噁啉、二甲氧苄氨嘧啶预混剂	兽药典2000版	鸡10日，产蛋期禁用
193	磺胺喹噁啉钠可溶性粉	兽药典2000版	鸡10日，产蛋期禁用
194	磺胺氯吡嗪钠可溶性粉	部颁标准	火鸡4日、肉鸡1日，产蛋期禁用
195	磺胺嘧啶片	兽药典2000版	牛28日
196	磺胺嘧啶钠注射液	兽药典2000版	牛10日，羊18日，猪10日，弃奶期3日
197	磺胺噻唑片	兽药典2000版	28日
198	磺胺噻唑钠注射液	兽药典2000版	28日
199	磷酸左旋咪唑片	兽药典90版	牛2日，羊3日，猪3日，禽28日，泌乳期禁用
200	磷酸左旋咪唑注射液	兽药典90版	牛14日，羊28日，猪28日，泌乳期禁用
201	磷酸哌嗪片（驱蛔灵片）	兽药典2000版	牛、羊28日、猪21日，禽14日
202	磷酸泰乐菌素预混剂	部颁标准	鸡、猪5日

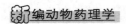

附件 2　不需要制订停药期的兽药品种

	兽药名称	标准来源
1	乙酰胺注射液	兽药典 2000 版
2	二甲硅油	兽药典 2000 版
3	二巯丙磺钠注射液	兽药典 2000 版
4	三氯异氰脲酸粉	部颁标准
5	大黄碳酸氢钠片	兽药规范 92 版
6	山梨醇注射液	兽药典 2000 版
7	马来酸麦角新碱注射液	兽药典 2000 版
8	马来酸氯苯那敏片	兽药典 2000 版
9	马来酸氯苯那敏注射液	兽药典 2000 版
10	双氢氯噻嗪片	兽药规范 78 版
11	月苄三甲氯铵溶液	部颁标准
12	止血敏注射液	兽药规范 78 版
13	水杨酸软膏	兽药规范 65 版
14	丙酸睾酮注射液	兽药典 2000 版
15	右旋糖酐铁钴液射液（铁钴针注射液）	兽药规范 78 版
16	右旋糖酐 40 氯化钠注射液	兽药典 2000 版
17	右旋糖酐 40 葡萄糖注射液	兽药典 2000 版
18	右旋糖酐 70 氯化钠注射液	兽药典 2000 版
19	叶酸片	兽药典 2000 版
20	四环素醋酸可的松眼膏	兽药规范 78 版
21	对乙酰氨基酚片	兽药典 2000 版
22	对乙酰氨基酚注射液	兽药典 2000 版
23	尼可刹米注射液	兽药典 2000 版
24	甘露醇注射液	兽药典 2000 版
25	甲基硫酸新斯的明注射液	兽药规范 65 版
26	亚硝酸钠注射液	兽药典 2000 版
27	安络血注射液	兽药规范 92 版
28	次硝酸铋（碱式硝酸铋）	兽药典 2000 版
29	次碳酸铋（碱式碳酸铋）	兽药典 2000 版
30	呋塞米片	兽药典 2000 版

（续表）

	兽药名称	标准来源
31	呋塞米注射液	兽药典2000版
32	辛氨乙甘酸溶液	部颁标准
33	乳酸钠注射液	兽药典2000版
34	注射用异戊巴比妥钠	兽药典2000版
35	注射用血促性素	兽药规范92版
36	注射用抗血促性素血清	部颁标准
37	注射用垂体促黄体素	兽药规范78版
38	注射用促黄体素释放激素A2	部颁标准
39	注射用促黄体素释放激素A3	部颁标准
40	注射用绒促性素	兽药典2000版
41	注射用硫代硫酸钠	兽药规范65版
42	注射用解磷定	兽药规范65版
43	苯扎溴铵溶液	兽药典2000版
44	青蒿琥酯片	部颁标准
45	鱼石脂软膏	兽药规范78版
46	复方氯化钠注射液	兽药典2000版
47	复方氯胺酮注射液	部颁标准
48	复方磺胺噻唑软膏	兽药规范78版
49	复合维生素B注射液	兽药规范78版
50	宫炎清溶液	部颁标准
51	枸橼酸钠注射液	兽药规范92版
52	毒毛花苷K注射液	兽药典2000版
53	氢氯噻嗪片	兽药典2000版
54	洋地黄毒甙注射液	兽药规范78版
55	浓氯化钠注射液	兽药典2000版
56	重酒石酸去甲肾上腺素注射液	兽药典2000版
57	烟酰胺片	兽药典2000版
58	烟酰胺注射液	兽药典2000版
59	烟酸片	兽药典2000版
60	盐酸大观霉素、盐酸林可霉素可溶性粉	兽药典2000版
61	盐酸利多卡因注射液	兽药典2000版

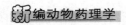

（续表）

	兽药名称	标准来源
62	盐酸肾上腺素注射液	兽药规范 78 版
63	盐酸甜菜碱预混剂	部颁标准
64	盐酸麻黄碱注射液	兽药规范 78 版
65	萘普生注射液	兽药典 2000 版
66	酚磺乙胺注射液	兽药典 2000 版
67	黄体酮注射液	兽药典 2000 版
68	氯化胆碱溶液	部颁标准
69	氯化钙注射液	兽药典 2000 版
70	氯化钙葡萄糖注射液	兽药典 2000 版
71	氯化氨甲酰甲胆碱注射液	兽药典 2000 版
72	氯化钾注射液	兽药典 2000 版
73	氯化琥珀胆碱注射液	兽药典 2000 版
74	氯甲酚溶液	部颁标准
75	硫代硫酸钠注射液	兽药典 2000 版
76	硫酸新霉素软膏	兽药规范 78 版
77	硫酸镁注射液	兽药典 2000 版
78	葡萄糖酸钙注射液	兽药典 2000 版
79	溴化钙注射液	兽药规范 78 版
80	碘化钾片	兽药典 2000 版
81	碱式碳酸铋片	兽药典 2000 版
82	碳酸氢钠片	兽药典 2000 版
83	碳酸氢钠注射液	兽药典 2000 版
84	醋酸泼尼松眼膏	兽药典 2000 版
85	醋酸氟轻松软膏	兽药典 2000 版
86	硼葡萄糖酸钙注射液	部颁标准
87	输血用枸橼酸钠注射液	兽药规范 78 版
88	硝酸士的宁注射液	兽药典 2000 版
89	醋酸可的松注射液	兽药典 2000 版
90	碘解磷定注射液	兽药典 2000 版
91	中药及中药成分制剂、维生素类、微量元素类、兽用消毒剂、生物制品类等五类产品（产品质量标准中有除外）	

主要参考文献

[1] 陈杖榴. 兽医药理学（第二版）[M]. 北京：中国农业出版社，2005.

[2] 中国兽药典委员会. 中华人民共和国兽药典（2005 版，一部）[S]. 北京：中国农业出版社，2006.

[3] 中国兽药典委员会. 中华人民共和国曾药典兽药使用指南（化学药品卷）[M]. 北京：中国农业出版社，2006.

[4] 周新民. 动物药理学 [M]. 北京：中国农业出版社，2001.

[5] 梁运霞，宋冶萍. 动物药理与毒理 [M]. 北京：中国农业出版社，2006.

[6] 陈杖榴. 兽医药理学 [M]. 北京：中国农业大学出版社，2003.

[7] 阎继业. 畜禽药物手册 [M]. 北京：金盾出版社，1997.

[8] 朱玉良. 兽医基础 [M]. 北京：农业出版社，1998.

[9] 邓旭明. 兽医药理学 [M]. 长春：吉林人民出版社，2001.

[10] 刘占民. 兽医学概论 [M]. 北京：中国农业出版社，2006.

[11] 林振武. 兽医药理学与毒理学基础 [M]. 北京：中国农业出版社，2000.

[12] 杨廷桂. 动物防疫与检疫 [M]. 北京：中国农业出版社，2001.

[13] 华南农学院. 兽医药理学. [M]. 北京：中国农业出版，2000.

[14] 国家药典委员. 中华人民共和国药典（二部）[S]. 北京：化学工业出版社，2005：670.

[15] 林小鲁. 氨甲环酸、酚磺乙胺与维生素 C 在输液中的配伍稳定性考察 [J]. 国际医药卫生导报. 2007（6）：58～60.

[16] 赖术，何胜，薛强等. 不同剂量序贯应用强心苷和钙剂对强心苷安全性的影响 [J]. 广西医科大学学报. 2005，22（2）：420～422.

[17] 张石革，马国辉，臧靖. 抗血栓药—华法林钠的进展与合理应用 [J]. 中国全科医学. 2005，20（8）：1 680～1 681.

[18] 王德荣，漆波，李金生等. 速尿与洋地黄制剂在治疗慢性心力衰竭的疗效观察 [J]. 现代医药卫生. 2007，23（9）：1 315～1 316.

[19] 那开宪，余平. 在慢性心力衰竭治疗中使用洋地黄应注意的问题 [J]. 中国临床医生杂志. 2007，35（5）：4～7.

[20] 冯淇辉等. 兽医药理学 [M]. 北京：中国农业出版社，1999.

[21] 曹礼静，古淑英. 兽药及药理基础 [M]. 北京：高等教育出版社，2005.

[22] 周新民，江善祥. 新编畜禽药物手册 [M]. 上海：上海科学技术出版社，2005.

[23] 中国兽药典委员会. 中华人民共和国兽药典（2005 版，二部）[S]. 北京：中国农业出版社，2006.